Führen mit Obeya

FÜHREN MIT OBEYA

Strategieentwicklung mit allen Beteiligten
in einem Raum

von

Tim Wiegel

Aus dem Englischen übersetzt von Meike Grow

Verlag Franz Vahlen München

Tim Wiegel ist ein engagierter Obeya-Coach, der aus erster Hand die bahnbrechenden Veränderungen in Teams miterlebt hat, wenn Strategie zu sinnvollem Handeln und Leistung führt. Mit dem Obeya Knowledge Network, der Beteiligung an der Obeya Association und regelmäßigen Blogposts auf ObeyaCoaching.com möchte er die Entwicklung des Wissens über Obeya in der Community und darüber hinaus vorantreiben.

Die Originalausgabe erschien 2021 unter dem Titel „Leading with Obeya: Using a Big Room to Lead Successful Strategies".

ISBN Print: 978 3 8006 6464 1
ISBN E-Book: 978 3 8006 6465 8

Satz: Fotosatz Buck
Zweikirchener Str. 7, 84036 Kumhausen
Druck und Bindung: Westermann Druck Zwickau GmbH
Crimmitschauer Str. 43, 08058 Zwickau

Umschlaggestaltung: Ralph Zimmermann – Bureau Parapluie
Bildnachweis: Jorine Zegwaard

Gedruckt auf säurefreiem, alterungsbeständigem Papier
(hergestellt aus chlorfrei gebleichtem Zellstoff)

Für Mieke und Lise

Inhaltsverzeichnis

Vorwort

In diesem Buch geht es um das Führen von Organisationen mittels Obeya, das bei richtiger Anwendung das menschliche Führungspotenzial maximal auszuschöpfen hilft. Im Bewusstsein unserer menschlichen Schwächen sind wir alle willens, aber nicht unbedingt immer in der Lage, das Nötige zu tun, um unsere Träume hinsichtlich einer Organisation zu verwirklichen. Ich bin fest davon überzeugt, dass das Führen mit Obeya – einem großen Raum, in dem wir unsere Arbeit in Bezug auf unsere Ziele visualisieren und damit auf unsere kognitiven Fähigkeiten eingehen – unser menschliches Potenzial maximiert, um Organisationen in ihrem Streben nach Großartigkeit zu unterstützen. Ich hoffe, dass vor allem solche Organisationen, deren Streben damit verbunden ist, diese Welt ein bisschen besser zu machen, von diesem Buch inspiriert werden und dadurch mehr bewirken können.

Apropos Großartigkeit – wer hat in letzter Zeit in seiner Organisation viel davon gesehen? Ich habe zahlreiche Organisationen erlebt, die sich auf den Weg zu einem Lean- oder agilen Wandel begeben, Verbesserungsprogramme angestoßen oder ihren Status quo beibehalten haben. Doch abgesehen von einigen wenigen war keine wirklich erfolgreich, was die Transformation ihrer Arbeits- und Denkweisen betraf – jedenfalls nicht, solange ich da war. Vielleicht bringe ich ja Unglück. Vielleicht lag es aber auch an etwas anderem.

Ich habe Organisationen und Managementteams gesehen, die mit scheinbar ähnlichen Problemen zu kämpfen hatten, und ich bin gespannt, ob Ihnen einige davon bekannt vorkommen:

- belanglose Strategieplanungssitzungen samt Folgedokumentationen, die irgendwann im Intranet Staub ansetzen,
- der Versuch, unzählige Projekte gleichzeitig voranzutreiben, wobei nichts wirklich fertig wird,
- im Krisenmodus feststecken infolge „betrieblicher Verbindlichkeiten“ (um Ihre Strukturprobleme in den Griff zu bekommen),
- lange, ermüdende Management-Meetings, die kaum Mehrwert zu schaffen scheinen, was auch allen klar ist,
- Verwaltungsaufwand aufgrund von Berichten, die niemand zu lesen scheint,
- isolierte Abteilungen, die kaum miteinander kommunizieren, geschweige denn zusammenarbeiten,
- vermehrte KPI-Steuerung durch das Topmanagement, das bemüht ist, die Kontrolle über das Geschehen in der Organisation zu erlangen,
- behaupten, die Mitarbeiter seien das höchste Gut, was allerdings niemand so empfindet,
- von außen neue Arbeitsweisen wie das agile Konzept übernehmen und transformieren, aber innen an alten Gewohnheiten festhalten,
- und so weiter und so fort …

Gewiss kommen mir hin und wieder Geschichten von Teams oder Abteilungen zu Ohren, die solche typischen Schwierigkeiten überwinden und große Erfolge erzielen konnten, allerdings scheint das sehr selten vorzukommen. In der Tat scheint das so selten vorzukommen, dass die Nachrichten über solche Fälle, wenn sie denn mal eintreten, schnell die Runde machen und dann viele andere Unternehmen versuchen, das dort Geschehene zu kopieren und auf ihre eigene Organisation zu übertragen. Denken wir nur an die Lean Tools von Toyota, die Scrum-Methoden von Nokia oder das Squads-and-Tribes-Modell von Spotify, die wir zu kopieren versucht haben, oder auch an den OKR-Ansatz von Google, dem wir nachzueifern versuchen. Aber es ist genau wie bei echten Kopien – die Qualität ist einfach nicht dieselbe, und auf manchen Kopien verblasst die Tinte nach einer Weile sogar vollständig.

Wenn ich Organisationen und deren Herangehensweise an Verbesserungen beurteile und mich daranmache, ihre Ziele zu erreichen, so läuft das oft auf eine Veränderungsinitiative hinaus, das sich auf operative Teams konzentriert, sich an manch neue und teils auch gehypte Arbeitsweisen und -formen hält, und letztlich von der Notwendigkeit getrieben ist, mehr Geld zu erwirtschaften oder weniger auszugeben. Aber da wir das so nicht beschreiben können, erzählen wir den Leuten, dass wir nach etwas wie „Agilität" suchen. Ich habe schon einige ziemlich agile Teams erlebt, die alle verstreut in unterschiedliche Richtungen entwickelten, aber nie in dieselbe. Doch leider hilft auch das nicht wirklich beim Erreichen der finanziellen Ziele.

Bedauerlicherweise hatte ich persönlich nie das Glück, eine Organisation kennenzulernen, die von der Basis bis zum Topmanagement beschlossen hatte, die Dinge radikal anders zu machen. Da fallen mir nur der niederländische ambulante Pflegedienst Buurtzorg ein, das Unternehmen Semco ... und schon zählen wir wieder die wenigen Unternehmen mit beachtlichen Erfolgen auf, die andere wiederum zu kopieren versuchen (und dabei scheitern).

Und jetzt komme ich auch noch und schreibe ein Buch für Sie mit einem Wort im Titel, der vermutlich zu Ihrer Definition eines neuen Hypes passt. Warum soll man überhaupt über Obeya lesen, nachdem man mein vielleicht etwas zynisches Vorwort bis hierher gelesen hat? Da habe ich wohl Glück gehabt, denn Obeya ist nichts Neues, sondern existiert schon seit Mitte der 1990er-Jahre, also bin ich nicht wirklich sicher, ob wir das einen Hype nennen können.

Allerdings wird die Nutzung des Obeya, also eines großen Raumes mit visuellen Elementen, keinen Mehrwert schaffen, solange Sie die Prinzipien nicht in die Praxis umsetzen. Diese Prinzipien lassen sich leicht bis zu ihrem Ursprung zurückverfolgen, der lange vor meiner Geburt lag (1981). Sie sind relativ einfach und Sie werden beim Blick darauf zustimmend nicken, aber dann werden Sie zurück an Ihre Arbeit gehen und sie wohl so verrichten, wie Sie es immer getan haben, ohne das geringste Zeichen von geändertem Verhalten. Also auch hier kein Hype, aber dafür eine Frage: was hält uns davon ab, einfach damit zu beginnen, eine Reihe von Prinzipien und Arbeitsweisen anzuwenden, die durch und durch sinnvoll sind?

Unterm Strich soll dieses Buch keinen neuen Hype schaffen. Es wird weder Ihre operativen Teams wie von Zauberhand in einen Hochleistungsmodus katapultieren, noch Ihre Erträge steigern, bevor das Quartal zu Ende geht. Dieses Buch wird Ihnen helfen, über die Art und Weise nachzudenken, wie wir unsere Organisationen in aller Regel führen. Es wird einige sehr kraftvolle Ideen vorstellen, die aus dem vergangenen Jahrhundert überliefert worden sind und auch heute noch in der Geschäftsliteratur aufgegriffen und aufgefrischt werden.

Viele dieser Ideen werden Sie aus DevOps, Lean- oder agilen Ansätzen kennen. Es ist ja so, dass es uns bisher kaum gelungen ist, Führungsteams einen Ansatz an die Hand zu geben, der ihnen hilft, diese Prinzipien in die Praxis umzusetzen. Führungsschulungen und Bücher liefern meist nur das Gesamtbild, was Verhaltensprinzipien und dergleichen betrifft. Prinzipien sind ja auch toll, aber leider sind wir in unseren Gewohnheiten gefangen. Wir lesen Bücher, hören Geschichten und versuchen, die Ratschläge eines Coaches zu befolgen. Doch obwohl wir die Ideen logischerweise auch großartig finden – wenn es an einer praktischen Methode fehlt, sie in unsere Alltagsroutine zu implementieren, denken wir ein- oder zweimal darüber nach und machen dann alles wieder so, wie wir es immer gemacht haben.

Der Wandel, der wirklich von Bedeutung ist und zu besseren Unternehmensergebnissen führt, kann Ihrer Organisation nicht auferlegt werden wie ein Zauber. Eine bessere und günstigere Gesundheitsversorgung, ein nachhaltigeres Wohnungswesen, höhere Gewinnmargen oder besser konstruierte Autos, die die Konkurrenz vernichtend schlagen, wird es nicht geben, nur weil Sie ein Programm auf den Weg bringen, das die Arbeitsweise Ihres Unternehmens „in Ordnung bringt“. Ergebnisse tauchen nicht einfach aus dem Nichts auf, weil sich Ihr Managementteam vielleicht bei einem Führungskräfte-Retreat ein paar Inspirationen holt. Ihre Teams werden nicht schneller arbeiten, wenn Sie mehr Leute einstellen. Ihre Qualität wird sich nicht bessern, weil Sie mehr Qualitätssicherungs-Experten hinzuziehen. Ihre Teams werden nicht agiler, weil Sie mehr Agile Coaches einstellen. Ihr Führungsteam wird nicht augenblicklich zum Gewinner-Team, weil Sie einen Raum gestalten und ihn Obeya nennen.

Wenn ich eines von den erfolgreichen Teams gelernt habe, die ich glücklicherweise persönlich kennenlernen durfte, dann Folgendes: Sie werden die Ziele Ihrer Organisation nur erreichen, wenn Sie in der Lage sind, eine engagierte, einheitliche, strukturierte Führung zu etablieren, die die Teams hingebungsvoll fördert und die Mitarbeiter zu einem Heer von kontinuierlichen Verbesserern heranbildet. Sie müssen sie mit sinnvoller Arbeit versorgen und ihnen bei der Wertschöpfung für die Kunden und dem Erreichen Ihrer Organisationsziele Raum für Wachstum und Erfolg lassen. All das kommt in den Geschichten und Kommentaren der Menschen zum Ausdruck, die ich für dieses Buch interviewt habe.

In diesem Buch geht es ebenso um Führung wie um die Einrichtung eines großen Raumes. Wenn Sie Ihr ganzes Handeln auf der Führungsebene nicht von Grund auf ändern, werden Sie nur das bekommen, was Sie immer bekommen haben. Wenn Sie gar nicht wirklich etwas ändern wollen, hätten Sie das Geld für dieses Buch wohl lieber sparen sollen. Aber wenn Sie für einen Wandel bereit sind, dann lesen Sie bitte unbedingt weiter.

Wie man sich in diesem Buch zurechtfindet.

Teil I
Was ist Obeya und woher kommt es?

Teil II
Wozu brauchen wir Obeya?

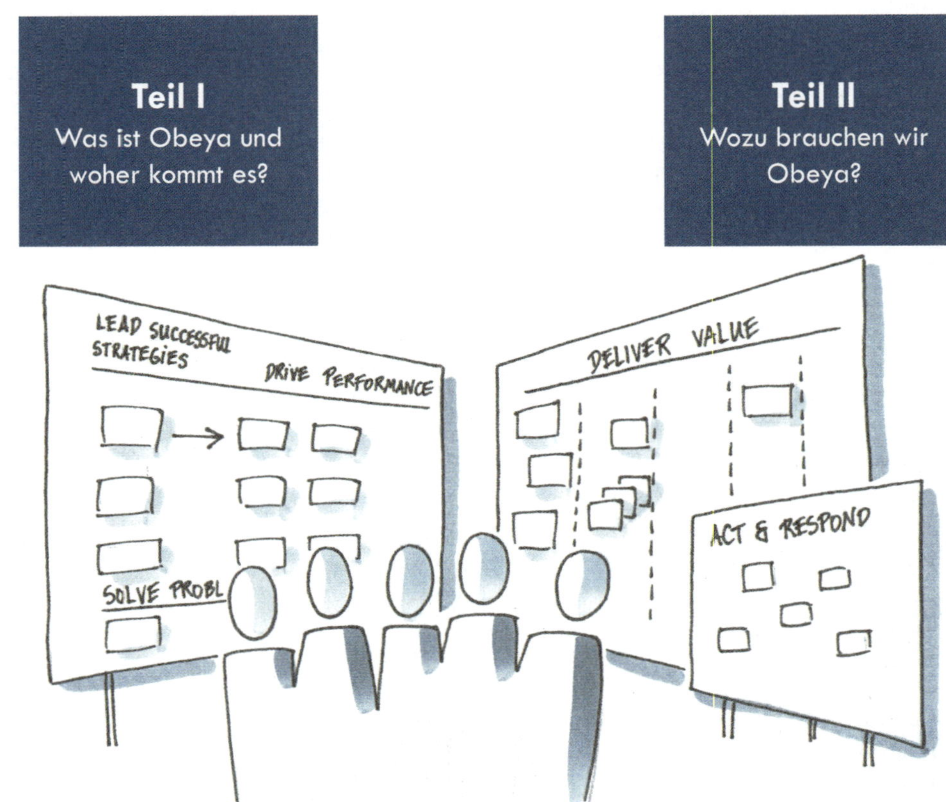

Teil III
Was wird in Bezug auf das Denken und Handeln vom Führungsteam erwartet?

Teil IV
Was befindet sich an den Wänden des Obeya?

Teil V
Wie fängt man an?

Teil I:

Einführung in Obeya und das Führungs-Referenzmodell

Dieses Buch richtet sich an Menschen, die sich für die Entwicklung von (ihren eigenen) Führungsqualitäten in jedweder Branche bzw. Organisationsart interessieren. Wenn Sie also Tag für Tag durch sinnvolle Tätigkeiten Ihren Zweck erfüllen und Ihre strategischen Ziele erreichen wollen, so wäre dies ein guter Anfang.

Obgleich die Grundprinzipien in diesem Buch von der Lean*-Denkweise inspiriert sind, können Sie dank unseres praktischen Erklärungsansatzes auch dann die ersten Schritte mit einem Obeya unternehmen, wenn Sie mit Lean- oder agilen Methoden bisher noch gar nicht in Berührung gekommen sind.

Doch das Wichtigste zuerst …

Was ist Obeya?

Das Wort Obeya stammt aus dem Japanischen und bedeutet „großer Raum". Der Bezug zu Japan kommt daher, dass dort der erste „Obeya" entstanden ist – als bei Toyota der Prius gebaut wurde.

Ein Obeya fungiert als Forum für Führungs- und operative Teams, in dem sie offen, sichtbar und respektvoll danach streben, die Umsetzung der Organisationsstrategie zu einem Teil ihrer tagtäglichen Arbeit zu machen. Wenn das gelingt, lassen sich egozentriertes Gebaren, verwirrende Prioritätensetzung, schlecht funktionierende Managementmethoden, Fehlausrichtungen, Orientierungslosigkeit bei selbstorganisierten Teams und etliche andere „traditionelle Managementprobleme" leichter vermeiden.

Was wir von einem Prius lernen können

1993 setzte Toyota das Obeya-Prinzip in die Tat um, als es den Prius[1] auf den Weg brachte. Und ob Ihnen das Auto gefällt oder nicht, im Vergleich zu vielen seiner Konkurrenten konnte Toyota die Produkteinführungszeit des Prius um etwa die Hälfte verkürzen, und dieser avancierte zum weltweit führenden Hybridauto. Die Herausforderung bestand damals darin, die Kraftstoffeffizienz eines normalen Autos zu verdoppeln. Und den Obeya richtete man als zentralen Ort ein, an dem das Team gemeinsam an der Entwicklung des Autos arbeitete.

In seinem Werk *The Toyota Way* (2003) über die Einrichtung des Obeya durch Takeshi Uchiyamada[2], den Chefingenieur und Leiter des Prius-Projektes, erklärt Jeff Liker: „Ein Chefingenieur zeichnet sich dadurch aus, dass er einfach alles weiß – nicht nur während der Entwicklung der Fahrzeugteile,

* Der Begriff ‚lean', wie er in diesem Buch verwendet wird, kann Toyota (unter Leitung der Familie Toyoda) zugeschrieben werden und bezieht sich auf die Werke von Autoren wie Ohno, Womack und Jones, Shook, Rother und anderen, die die Arbeitsweise des Toyota-Produktionssystems (TPS) beschreiben und darauf eingehen, warum und wie es seine Erfolge erzielt.

wo die Schrauben hinkommen, sondern auch, was der Kunde wünscht. Beim herkömmlichen Fahrzeugentwicklungssystem reiste der Chefingenieur umher und traf sich mit den maßgeblichen Leuten, um das Programm zu koordinieren."

Beim Prius lag die Herausforderung darin, dass er an utopische Fristen gebunden und ein Produkt war, das sich erheblich von den zuvor gebauten Autos unterschied. Auf altmodische Art war das in dem knappen Zeitrahmen nicht zu bewerkstelligen. Das Team musste mehr in weniger Zeit schaffen und dennoch dem Qualitätsversprechen von Toyota gerecht werden. „Was konnte Uchiyamada also tun, da er nun mal nicht ‚alles wusste'? Er umgab sich mit einem funktionsübergreifenden Team von Fachleuten und vertraute auf sie. Für den Prius stellte Uchiyamada eine Expertengruppe in dem ‚großen Raum' zusammen, um den Fortschritt des Programmes zu verfolgen und wesentliche Entscheidungen zu besprechen."

Abbildung 1.1 – Obeya und der Prius, mit 360-Grad-Kontext inklusive Mechanik und Marketing

Alle wichtigen Managementinformationen für das Projekt liefen in einem Bereich zusammen. Es gab eine Ansicht, eine Version der Wahrheit des Systems, um den Prius zu entwickeln und zu bauen, ihn fristgerecht und mit doppelter Kraftstoffeffizienz auf den Markt zu bringen.

Arbeiter und Manager verschiedener Disziplinen tauschten sich in einem Raum visuell über ihre Ansichten zum Produkt und dessen Leistung aus und brachten alles in einen soliden und sinnvollen Zusammenhang. Das funktionsübergreifende Team sah, lernte und agierte gemeinsam. Weil die Arbeit mit dem Prototyp-Auto und dem Kunden-Input an einem Ort stattfand, konnte der Fokus auf den Kundennutzen gerichtet und im ganzen Team ein umfassendes gemeinsames Verständnis rund um das zu liefernde Produkt erlangt werden.

Toyota nutzte das visuelle Management im Rahmen des Prius-Projektes und stellte dabei die beste Herangehensweise an die Entwicklung eines Produktes in den Mittelpunkt. Es war wie eine Entdeckungsreise, in einem unrealistischen Zeitrahmen einen komplett neuen Autotyp zu bauen. Es galt jede Menge Probleme zu lösen, auf die es schlicht keine einfachen Antworten gab, doch das Team arbeitete mit einer beispiellosen Effektivität.

Zwei Monate vor dem anvisierten Termin wurde der Prius präsentiert, was vollkommen unmöglich erschienen war, als das Team die Ankündigung erhalten hatte – ging es doch hier um etwas noch nie Dagewesenes. Toyota „hatte sein Versprechen gehalten und die doppelte Kraftstoffeffizienz eines vergleichbaren Benziners erreicht. Darüber hinaus fielen die Kosten mit 2,15 Millionen Yen (etwa 20.000 US-Dollar) sogar noch geringer aus, als im März in den Medien zu lesen war."

Dazu Jeff Liker, Autor von *The Toyota Way*: „Das Obeya-System ist zum Standardelement von Toyotas Produktentwicklungssystem für alle Fahrzeuge geworden – eine fundamentale Innovation in der funktionsübergreifenden Zusammenarbeit, die heute auf der ganzen Welt Nachahmer findet." Und der Prius ist nicht nur der meistverkaufte Hybrid der Welt, in Japan ist er sogar das meistverkaufte Auto überhaupt.

Mittels Obeya eine Organisation führen

In diesem Buch werden Sie feststellen, dass wir über das Konzept Obeya als Instrument für visuelles Management hinausgehen und es in den Bereich der Unternehmensführung mitnehmen. Das liegt daran, dass Teams, die ihre klassischen Managementaktivitäten in eine Arbeitsweise mit einem Obeya im Mittelpunkt umgestalten, einen Wandel durchmachen, zu dem sehr viel mehr gehört als das Befestigen visueller Elemente an der Wand. Dieser Wandel vollzieht sich in vielerlei Hinsicht – in der Arbeitsweise eines Teams, der Art der Interaktion mit den Kollegen, den Besprechungsterminen, der Sicht auf die Arbeit, dem Führungssystem, der Art des Coachings und in vielen anderen Dingen, über die Sie in diesem Buch lesen werden. Wenn Sie sich vornehmen, Ihre Organisation mittels Obeya zu führen, so werden Sie das Thema Führung vielleicht bald schon mit ganz anderen Augen sehen. Und wenn für den Rest dieses Buches von Obeya die Rede ist, so betrachten wir es in diesem größeren Kontext.

Die Teams, die ich bei ihrer Arbeit mit Obeya begleitet habe, bauten kein Auto. Sie konnten weder die Qualität der Sitze noch die Passgenauigkeit des Handschuhfaches prüfen, und sie konnten sich ebenso wenig davon überzeugen, dass das Schließen der Türen ein angenehmes Geräusch machte. Denn viele dieser Organisationen waren Dienstleistungsunternehmen wie Banken, öffentliche Dienste, Telekommunikations- oder Rundfunkdienste. Somit waren die meisten Beschäftigten dort Wissensarbeiter, die an Schreibtischen mit Computerbildschirmen saßen. Wenn mitten im Raum ein Auto-Prototyp steht, kann man ihn sehen, anfassen und spüren. Bei Wissensarbeitern ist es schwieriger, weil jede physische Repräsentation fehlt.

Die Teams, denen ich beim Einstieg in Obeya geholfen habe, waren Führungsteams, deren Produkt kein handfestes Auto war, sondern ein immaterielles Objekt: das Erreichen ihrer strategischen Ziele mit ihren operativen Teams. Also braucht der Obeya auf Führungsniveau Unterstützung im Hinblick auf die Strategieentwicklung und die Ausrichtung der Bemühungen auf das Erreichen eines Zieles, das fast so greifbar ist, als hätte man mitten im Raum ein Auto stehen – man will einen Zugang zu den Vorgängen in seiner Organisation haben. Also ist es im Grunde ein Obeya zur Führung einer Organisation. Und hier sei sofort betont, dass das nicht nur etwas für Leute in Führungspositionen ist, sondern für alle, die zum Erreichen strategischer Ziele beitragen – so wie auch der Prius ein funktionsübergreifendes Team hatte.

In einem Führungs-Obeya werden für gewöhnlich folgende Informationstypen abgebildet: eine Darstellung der Ziele (des Anliegens) der Organisation, eine Strategie unter Einbeziehung der Bedürfnisse der Kunden und Stakeholder, gefolgt von einer Definition und einem Überblick darüber, wie Wert geschaffen wird und wie die Organisation ihr Leistungsvermögen zu verbessern vermag, um diesen Wert zu schaffen. Meist ist der Obeya in verschiedene Bereiche mit jeweils eigenem Rhythmus und eigener Routine eingeteilt, die vorgeben, wann und wie er vom Führungsteam genutzt wird.

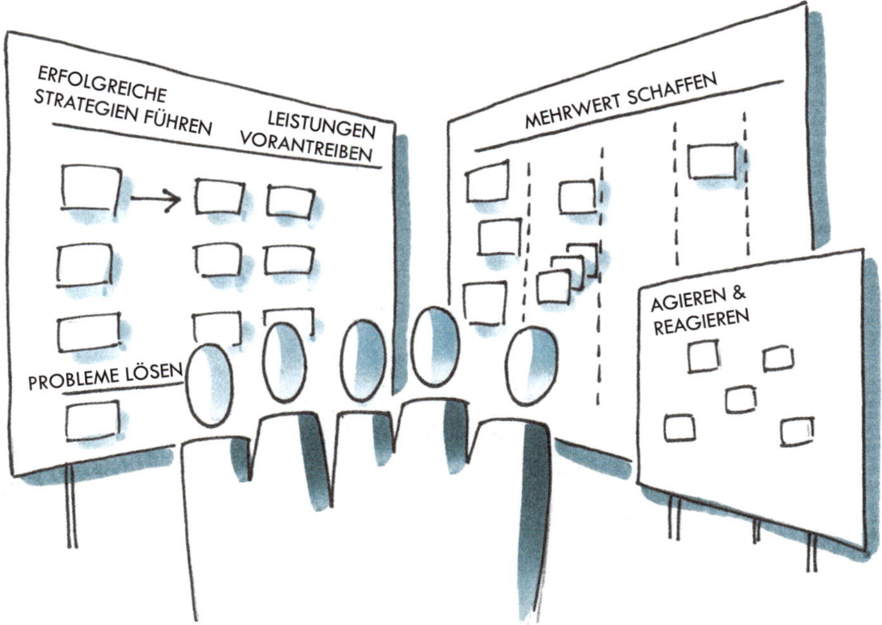

Abbildung 1.2 – Bereiche in einem Obeya zur Führung einer Organisation

Sie werden etliche verschiedene Gestaltungs- und Aufbaumöglichkeiten für Obeyas finden. Jeder sieht etwas anders aus, je nachdem, wer ihn eingerichtet hat und wo auf ihrem Weg die Teams sich gerade befinden (sie werden sicher Anpassungen vornehmen, wenn ihnen im Laufe des Lernprozesses klar wird, was sie besser machen können). Keiner ist „richtiger“ als der andere, allerdings gibt es ein paar empfohlene Bestandteile, auf die wir in Teil IV näher eingehen werden.

Heute wird das Konzept des Obeya von Organisationen auf aller Welt angewendet. Es reicht längst weit über die Produktentwicklung hinaus und funktioniert bei unterschiedlichsten Organisationsarten wie Boeing, Ford, Nike oder der ING Bank. Gesundheitswesen, Industrie, Finanzdienstleister und öffentliche Dienste übernehmen diese Arbeitsmethode, die sich nicht nur für große, internationale Unternehmen eignet, sondern auch für Start-ups und besonders Scale-ups, wo das Teilen von Kontext zu den alltäglichen Herausforderungen zählt.

Obeya wurde ursprünglich genutzt, um im Rahmen eines Programmes ein Produkt (Auto) zu entwickeln. Doch wenn wir es zur Unterstützung der Führungsfunktion einer Organisation nutzen, so hat es das Potenzial, die Strategie auszurichten, den Fokus zu schärfen, sinnvollen Kontext zu teilen sowie Lern- und Verbesserungsfähigkeiten für Führungs- und operative Teams herbeizuführen.

> „Der festgelegte Rhythmus mit verbindlicher Themenauswahl und Meeting-Häufigkeit hat uns für jedes Treffen klare Ziele und Tagesordnungen vorgegeben. Vor allem die kurzen, regelmäßigen Updates (15-minütige Meetings) zu Problemen, die einer Lösung bedurften, und Dingen, die man wissen musste, waren deutlich besser als die Debatten über verschiedenste Elemente und Inhalte, die üblicherweise bei Meetings aufkamen. Das allwöchentliche, detaillierte Zahlen-Update half uns dabei, schneller als gewohnt Kontext zu schaffen, denn so mussten wir die Zahlen nicht mehr häppchenweise in verschiedenen Formaten und Momenten unter der Woche ausgeben."
>
> **– Pauline van Brakel, Chief Product Officer**

Bei Obeya geht es nicht nur um Visuelles

Das Ziel von Obeya für Führungsteams besteht im Wesentlichen darin, das menschliche Führungspotenzial komplett auszuschöpfen. Bei der Nutzung eines visuellen Management-Tools wie Obeya kommt es darauf an, auf unsere kognitiven Sinne (bzw. deren Grenzen) einzugehen und eine Arbeitsweise einzuführen, die durch Wiederholung und Übung (Kata) neue und erwünschte Verhaltensweisen herausbildet, um neue, effektive Gewohnheiten zu schaffen.

Von nun an reden wir über die Anwendung von Obeya in Form eines Führungs-Obeya, und wenn wir vom „Team" sprechen, so meinen wir jenes, das diesen besonderen Obeya nutzt, um seine strategischen Ziele zu erreichen. In den meisten Fällen sind das Teams von Menschen in Führungspositionen, die in Verbindung mit operativen Teams und dem Topmanagement strategische Ziele erreichen.

Warum sollte man Obeya anwenden?

Ich habe etlichen Teams beim Einstieg in Obeya geholfen, und nach ein paar Monaten fragten sie sich: „Wie konnten wir unsere Organisation eigentlich führen, bevor wir das hatten?“ Diese Arbeitsweise hat etwas überaus Kraftvolles und auch sehr Einleuchtendes und birgt wahrlich das Potenzial, alte Führungsmuster zu ändern – und genau in dieser Änderung von Verhaltensmustern liegt ihre Stärke.

> „Die Anwendung von Obeya bietet zwei wesentliche Vorteile: (1) die Fähigkeit, schwierige Kompromisse einzugehen, um zugunsten der Strategie knappe Ressourcen optimal einzusetzen, und (2) die Abstimmung mittels eines Rahmenwerkes, das den Fokus des Teams auf eine gemeinsame Mission richtet."
>
> – Fred Mathyssen, Senior Director

Man stelle sich ein Meeting vor, auf dem der Energiepegel steigt statt abfällt! Fassen wir ein paar der Vorteile zusammen, die bei der Anwendung von Obeya zu erwarten sind:

Warum sollte man Obeya anwenden?

Bessere Abstimmung zwischen Teams und Ausrichtung des Ziels	Bei der Strategie, zwischen Teams, innerhalb Teams = sinnvollere Arbeit
Effektivere Meetings	Das Wichtigste zuerst, minimaler Zeitaufwand, klare Verantwortlichkeiten
Bessere Einblicke und Entscheidungsfindung	Verzerrungen vermeiden (so weit wie möglich), von verfügbarem (visuellem) Kontext, Fakten und Zahlen ausgehen anstatt von Annahmen
Mitarbeiterentwicklung	Aufbau von Führungs- und Verbesserungsfähigkeiten
Vertrauen & Zusammenarbeit	Transparenz durch Visualisierung und Dialog schafft Vertrauen in Teams, Up- und Downstream
Nutzen	Effektiver Wegbereiter für Veränderung Sichtbare Ergebnisse Verstaubte und langweilige Meetings fallen weg

Abbildung 1.3 – Gründe für die Anwendung von Obeya

Was man vor dem Einstieg wissen sollte

Der Kontext, in dem Obeya entstanden ist

Wie ich bereits erklärt habe, wurde Obeya als Konzept von Toyota ins Leben gerufen. Und wenn wir den Kontext verstehen, in dem Obeya seinen Ursprung hat, wissen wir auch, wie und warum es damals an jenem Ort funktioniert hat. Denn der Kontext gibt Auskunft über die Denkweise, aus der die Idee entsprang und sich bewährte. Darüber hinaus wird er Ihnen helfen, potenzielle Aspekte zu erkennen, die Sie unter Umständen in Ihrem eigenen Obeya angehen möchten.

Das Obeya-Konzept stammt von Toyota, einer Organisation mit einer schon fest verankerten Verbesserungsphilosophie, die bekanntlich die Ideen und Konzepte von Leuten wie Kiichoro Toyoda, W. Edwards Deming, Kaoru Ishikawa und natürlich Taiichi Ohno, dem „Vater“ des Toyota-Produktionssystems, wie wir es heute kennen, erfolgreich übernommen hat. Wenn Sie deren Werke lesen, werden Sie erstaunlich viele Bezüge zu den aufgemotzten „modernen“ Methoden und Ideen aus den Lean, agilen und DevOps-Bereichen in verschiedenen Branchen entdecken.

Es wäre vermessen zu behaupten, dass wir in diesem Buch die Lean- bzw. agilen Prinzipien und Werte angemessen erläutern könnten, denn dafür wären wohl mehrere Bücher nötig. Aber eine Zusammenfassung der relevanten Denkweisen, die beim Obeya eine große Rolle spielen, können wir Ihnen allemal bieten. Gewiss ist diese Zusammenfassung alles andere als perfekt, aber sie kann Ihnen durchaus helfen zu überprüfen, ob diese Denkweisen in Ihrem Obeya Anwendung finden, und wenn nicht, ob das positiv oder negativ ist.

Nun möchte ich Ihnen noch weiterführende Lektüre zu Lean- und agilen Prinzipien ans Herz legen, um die Fähigkeit Ihres Teams zu verbessern, mit (und vielleicht sogar unabhängig von) Obeya in Ihrer Organisation mehr zu erreichen:

- *Toyota Production System* (Ohno, 1978)
- *Lean Thinking* (Womack & Jones, 1998)
- *The Toyota Way* (Liker, 2004)
- *Agile manifesto* (Agilemanifesto.org, 2001)
- *DevOps Handbook* (Kim, Humble, Debois & Willis, 2011)
- *Toyota Kata* (Rother, 2009) und
- *The Triumph of Classical Management Over Lean Management* (Emiliani, 2018)

Lean- & agile Elemente bei Obeya

Beständigkeit des Ziels:

Langfristige Zielsetzung und Umsetzung

Kundenwert definieren

Strategie auf allen Ebenen sichtbar abgestimmt

Respekt für Menschen:

Menschliche Interaktion steht über Prozessen und Tools

Außerordentliche Mitarbeiter hervorbringen

Fähigkeiten herausbilden

Unermüdliche Reflexion

Führungskräfte als Mentoren

Fakten und Wissen sind dort, wo die Arbeit verrichtet wird

Pull-Prinzip:

Angebot nach der Nachfrage ausrichten

Möglichst klein und schnell liefern

Just In Time

First Time Right

Minimum Viable Products

Auf Änderungen reagieren

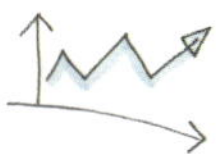

Kontinuierliche Verbesserung:

Systeme visualisieren, um Probleme aufzudecken, zu prüfen und zu lösen

Fluss maximieren

Iterativ verbessern

Autonomie/Eigenständigkeit

Hypothesen verifizieren, wissenschaftlicher Ansatz

Abbildung 1.4 – Auflistung einiger der wichtigsten Lean- und agilen Elemente, nach denen man im Obeya Ausschau halten sollte

Im Obeya werden wir uns um die Anwendung dieser Prinzipien bemühen. Doch lassen Sie sich von der scheinbaren Einfachheit dieser Konzepte nicht täuschen, denn in der Praxis ist es unglaublich schwer, sie dauerhaft und qualitativ so umzusetzen, dass sie auch Ergebnisse einbringen. Und wenn das Team nicht gewillt ist, diese Prinzipien zumindest ansatzweise anzuwenden, so werden Sie am Ende ein Tool in einem Kontext anwenden, dem die Eigenschaften fehlen, mit denen es einst erfolgreich gewesen war.

Zum Glück liegt das oberste Ziel dieser Prinzipien nicht nur in der Fähigkeit, Obeya anzuwenden, sondern in der Schaffung der Bedingungen für eine erfolgreiche Organisation. Viele der Obeya-Prinzipien basieren auf dem gesunden Menschenverstand, und der Obeya dient als Instrument, das Ihnen dabei helfen soll, sie mit visuellen Materialien, Rhythmus und Routine in die Praxis umzusetzen.

Jeff Sutherland[3], einer der Gründungsväter von Scrum (einer Methode der Übertragung agiler Prinzipien auf die Softwareentwicklung), sagte einmal: „Scrum ist eine Methode zur Umsetzung der Lean-Prinzipien in der Softwareentwicklung. Genau genommen bietet es den Vorteil, dass Sie, sofern Sie sich genau daranhalten und es gut umsetzen, Lean so anwenden, wie Mary und Tom Poppendieck es beschrieben haben, ohne es überhaupt zu verstehen." Ich möchte annehmen, dass das auch für die Anwendung von Obeya gilt. Wenn Sie es sinnvoll nutzen, werden Sie viele der hier genannten Prinzipien aus einer Führungsperspektive heraus anwenden.

> **TIPP** – Wenn Sie wissen wollen, ob Ihr Team diese Prinzipien anwendet, halten Sie Ausschau nach sichtbaren Anzeichen und Beweisen in Ihrem Obeya – während der Sitzung (Verhaltensweisen) bzw. an den Wänden (Visuelles). Folgende Fragen könnten Sie stellen:

1. Können wir die strategischen Ziele erkennen und wie wir auf sie hinarbeiten?
2. Decken wir die Probleme, die uns am Erreichen dieser Ziele hindern, tatsächlich auf oder bleiben sie im Verborgenen?
3. Versuchen wir, die Ziele zu erreichen, oder versuchen wir, unser System zu verbessern?

Sind sie bereit für einen Paradigmenwechsel?

Toyota war überaus erfolgreich bei der Schaffung einer systematischen Arbeitsweise, dem Aufbau seiner Kultur der stetigen Verbesserung und der Stärkung des Respekts für die Menschen. Langsam, aber sicher haben sie sich seit dem Zweiten Weltkrieg an die Spitze der Autoindustrie gesetzt und Global Players wie General Motors und Volkswagen hinter sich gelassen.

> „Es kann sehr schwierig sein, die Führungsspitze von dieser Arbeitsweise zu überzeugen und sie auf eine Standardmethode der Festlegung und Überwachung von Strategie und Leistungen auszurichten."
>
> **– Fred Mathyssen, Senior Director**

In diesem Kontext hat Obeya seinen Ursprung und es ist hilfreich, die Erwartungen an den Führungsstil in einem Obeya zu kennen. Wohlgemerkt passt der Stil, den wir in einem Obeya anstreben, genau zu der allerneuesten (und ältesten) Managementliteratur – von Covey bis Mintzberg und von Deming bis Sinek. Hier ein paar Stil-Unterschiede, die beim traditionellen Managementverhalten bzw. bei einem Verhalten zu erwarten sind, das auf Lean-Führungsprinzipien basiert und im Obeya wünschenswert ist:

Traditionelles Managementverhalten	Führungsverhalten im Obeya
Als Führungskraft muss ich auf alles eine Antwort haben.	Als Führungskraft muss ich die Dinge aufspüren, die ich nicht weiß, um sie mir dann anzueignen.
Rot ist schlecht, wir wollen ausschließlich Grün.	Rot heißt, wir wissen, wo unsere Probleme und Verbesserungschancen liegen. Wenn wir nur Grün sehen, sind wir nicht in der Lage, Probleme aufzudecken, und somit sind wir ebenso wenig in der Lage, bei unserer Arbeit besser zu werden.
Den Leuten die Lösung vorgeben.	Die Leute coachen und so ihre Fähigkeiten ausbilden, selbst die Lösung zu finden.

Traditionelles Managementverhalten	Führungsverhalten im Obeya
Wir lassen den einen Krisenbekämpfer im Team hochleben.	Jeder muss in der Lage sein, Probleme strukturell zu lösen.
Beim ersten Anzeichen von Schwierigkeiten bieten wir ohne langes Nachdenken sofort Lösungen an.	Bevor wir über Lösungen reden, nehmen wir uns Zeit für die Ursachenforschung, sodass wir kluge Entscheidungen treffen können.
Die Wahrheit steht in der Excel-Tabelle.	Die Wahrheit ist dort, wo die Arbeit stattfindet.
Wir belohnen das Erreichen kurzfristiger Ziele.	Wir belohnen nachhaltige Verbesserungen im System, die uns langfristige Ziele zu erreichen helfen.

Tabelle 1.1 – Unterschiede zwischen traditionellem Management und dem Führungsstil im Obeya

Rechnen Sie nicht damit, dass Sie einen effektiven Obeya einrichten und nutzen können, während Sie an einem traditionellen Managementverhalten festhalten. So wie sich Teams grundlegend ändern müssen, wenn sie neuartige Arbeitsweisen wie Scrum übernehmen, ist es jetzt an der Zeit, dass sich auch das Management darauf einstellt. Manager, die sich auf eine Obeya-Reise begeben, sollten sich gut darüber informieren, was von ihnen erwartet wird, um Enttäuschungen zu vermeiden.

Die Abkehr von traditionellen Managementmethoden und die Verbesserung unserer Verhaltensweisen sind ein nie endender Prozess und es gibt keinen abschließenden „Reifegrad". Stattdessen werden erfahrene Führungskräfte erkennen, dass es immer Raum für Verbesserungen gibt. Einen Coach zum Nachdenken über sein Verhalten aufzufordern oder Peer-Review-Sitzungen anzuberaumen, lässt sich wohl kaum vermeiden, und sei es nur, um unseren voreingenommenen Hang zur Selbstüberschätzung anzugehen oder uns der Herausforderung zu stellen, unsere eigenen Schwächen zu erkennen.

Viele Teams, die das Gefühl haben, etwas verbessern zu müssen, setzen zuallererst bei ihrer Kultur an. Sie nehmen vielleicht eine Bewertung vor, indem sie ihren Team-Persönlichkeiten Farben zuordnen oder ihre Werte niederschreiben, und unterzeichnen später eine Charta mit dem Versprechen, diese Werte und Vereinbarungen zu befolgen und sie in ihrer Alltagspraxis anzuwenden. Vielleicht schauen sie sogar zuerst auf die Kultur des operativen Teams und nicht auf ihre eigene Führungsebene, wenn es um Verbesserungsmöglichkeiten geht.

Allerdings erleben wir immer wieder, dass Veränderung nicht stattfindet, wenn man nur darüber nachdenkt, sie findet nur statt, wenn wir unsere Arbeitsweisen im Alltag tatsächlich ändern. Es heißt ja auch: „Wir können unseren Weg zu einer neuen Handlungsweise nicht denken, aber wir können unseren Weg zu einer neuen Denkweise handeln".

TIPP – Behalten Sie beim Lesen dieses Buches die Änderungen im Hinterkopf, die Sie in und mit Ihrem Team gern sehen würden. Welche Werte und Einstellungen müssen sich Ihrer Meinung nach ändern, wenn Sie Obeya erfolgreich anwenden wollen?

Welchen Bezug gibt es zur OKR-Methode?

Die OKR-Methode (Objectives and Key Results) wird heute von immer mehr Organisationen übernommen. Vielleicht haben Sie davon gehört oder arbeiten schon damit und fragen sich, wie sich das alles mit Obeya in Zusammenhang bringen lässt.

Genau wie Obeya bieten auch die OKRs ein System, um Ziele zu setzen, Schlüsselergebnisse zu definieren und deren Erreichen zu überwachen – durch Dialog, Engagement und Abstimmung der Mitarbeiter in der Organisation und in einem Rhythmus, der dem Bedarf entspricht, die Fähigkeit zur Reaktion auf Veränderungen herauszubilden.

Der Obeya bietet eine großartige Plattform zur Unterstützung der Anwendung der OKRs und zu deren Kombination mit anderen relevanten Aspekten der Führung von Organisationen. Die Nutzung des Obeya als Instrument zur Visualisierung der OKRs hilft dabei, einen Überblick über die Beiträge der einzelnen Personen zum großen Ganzen zu bekommen. Außerdem stellt sie volle Transparenz her.

Der Obeya schließt Objectives und Key Results mit ein und fügt diesen Informationen den nötigen Kontext hinzu, damit das Führungsteam Tag für Tag Entscheidungen treffen, Probleme lösen und erforderliche Maßnahmen einleiten kann. So könnten wir neben den Zielen und messbaren Ergebnissen beispielsweise auch strukturelle Probleme, den täglichen Kontext, Portfolio-Informationen und die tatsächlichen Arbeitsabläufe an den Wänden eines Obeya entdecken. Denn die halten uns nicht nur auf dem übergeordneten strategischen Weg (OKRs sollten möglichst quartalsweise oder monatlich geprüft werden), sondern helfen auch der Führung im Obeya dabei, angemessen auf Schwierigkeiten zu reagieren, die heute oder morgen ihrer Aufmerksamkeit bedürfen.

Führen mit Obeya setzt zum großen Teil auf kontinuierliche Verbesserung, wobei alles in einem größeren Zusammenhang betrachtet wird und es nicht um das Erreichen einzelner Ziele geht. Eine potenzielle Fehlerquelle bezüglich der OKRs besteht darin, dass sie auf das Konzept des Management by Objectives (Lamonte & Niven, 2017)[4] zurückgehen. Wenn also die an der Zielsetzung Beteiligten nicht gut dafür ausgebildet sind oder nicht genügend Einblick in den Gesamtzusammenhang ihres Organisationssystems haben (der im Obeya geschaffen wird), fördern sie am Ende womöglich Verhaltensweisen, die dem Einzelnen zugutekommen und nicht dem großen Ganzen. Mehr dazu in Teil II.

Obeya ergänzt die OKRs, indem es das ganze Spektrum der Führungsverantwortlichkeiten und -prinzipien für das Denken und Handeln berücksichtigt.

Führen mit Obeya – Referenzmodell

Obeya für Führungsteams hilft durch die Unterstützung der Stärken und die Vermeidung der Schwächen menschlicher Kognition und der daraus resultierenden Entscheidungsfindung. Es ist im Wesentlichen das Forum, in dem die Mitarbeiter Ihrer Organisation sich abstimmen, fokussieren und ihre Organisation (bzw. ihren Teil davon) dahingehend vorwärtsbringen, dass sie ihre strategischen Ziele erreicht.

Der Zweck des Referenzmodells* zum Führen mit Obeya besteht darin, die Bereiche und Prinzipien bestimmen zu helfen, die den wesentlichen Teil eines Obeya zur Führung von Organisationen ausmachen. Das Referenzmodell ist auf der Grundlage von Lean- und agilen Prinzipien, Werten und Erkenntnissen entwickelt worden. Es hat Peer-Reviews durch mehr als ein Dutzend Coaches aus der Praxis und Mitglieder des Obeya Knowledge Network durchlaufen, ist in verschiedenen Obeya-Ausführungen für Teams in die Praxis umgesetzt worden und wird international bei Schulungen genutzt.

Das Referenzmodell liefert Anleitungen zur Transformation und Entwicklung eines Führungs-Obeya, die sich auf jeder Ebene Ihrer Organisation anwenden lassen. Jede Situation ist anders und es gibt keine Universalempfehlung dafür, wie ein Obeya aussehen muss. Was bei einem HR-Team in einem Wirtschaftsunternehmen funktioniert, muss sich noch lange nicht für die operative Abteilung einer NGO eignen. Da die Kerntätigkeiten des Führungsteams jedoch grundsätzlich dieselben bleiben, behalten die fünf Tätigkeitsbereiche und sieben Prinzipien für das Denken und Handeln für jedes Führungsteam ihre Gültigkeit.

* Von nun an Referenzmodell genannt.

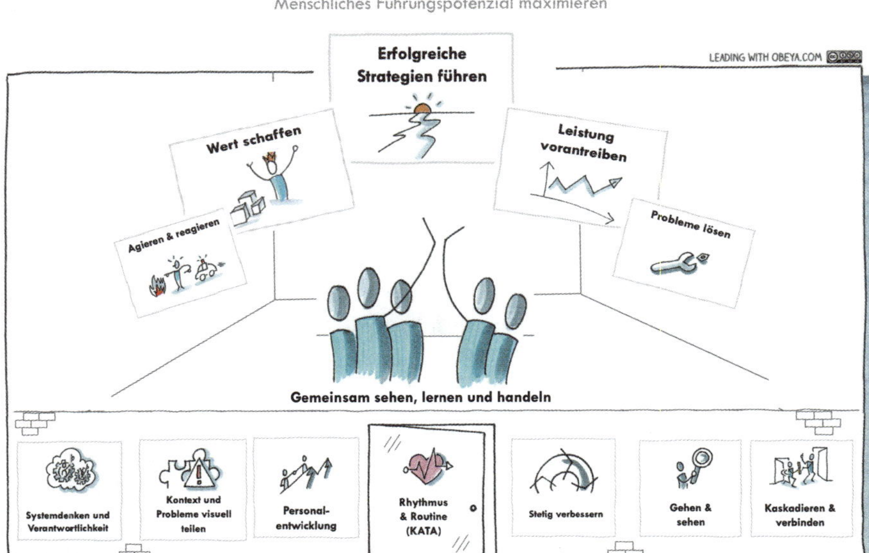

Abbildung 1.5 – Führen mit Obeya: Referenzmodell

Es gibt zwei Arten von Aspekten im Referenzmodell: die sichtbaren, die Sie sehen können, wenn Sie einen Obeya betreten, und die unsichtbaren, die Sie nur erkennen, wenn Sie beobachten, wie das Führungsteam den Obeya nutzt. Wichtiger Hinweis: wenn der Obeya funktionieren soll, müssen sämtliche Aspekte repräsentiert sein, Rosinenpicken gibt es nicht. Gewiss können Sie erst einmal mit einem Bereich anfangen, aber dann werden Sie sehr bald feststellen, dass die anderen zu kurz kommen. Mein Rat: nennen Sie es (noch) nicht Obeya, wenn Sie nur eine Portfolio-Wand vor sich haben und noch keine Verbindung zur Strategie, zu den Leistungen, zur Problemlösung, zur Reaktion auf die Alltagsrealität und zur Anwendung der entsprechenden Team-Verhaltensprinzipien hergestellt haben.

Visuelle Bereiche

Die Führungsaufgaben sind in dem Raum in fünf sichtbare Bereiche unterteilt und beschreiben die Schlüsselaspekte der Arbeit, die ein Führungsteam verrichten sollte. Diese Bereiche werden in Teil IV dieses Buches behandelt.

Verhaltensprinzipien

Diese Prinzipien schildern die Art und Weise, in der das Team denkt und handelt. Die Anwendung dieser Prinzipien wird sichtbar, wenn das Führungsteam den Raum nutzt und mit den Leuten interagiert, nicht unbedingt wenn es nur die Wände betrachtet. Da die Prinzipien bei der Einrichtung des physischen Obeya und zu Beginn des „Transformationsprozesses" des Teams eine wichtige Rolle spielen, werden sie in Teil III dieses Buches erläutert.

ERFOLGREICHE STRATEGIEN FÜHREN 	Als Ausgangspunkt für jedes Team beschreibt dieser Bereich das Anliegen und die Ziele der Organisation. Er legt den Grundstein für alles, was wir tun, und legt den Aufbau für alles andere im Obeya fest. **Beispielelemente:** ein Anliegen, strategische Kompetenzen, Kunden- und Stakeholder-Analyse, Marktanalyse.
LEISTUNGEN VORANTREIBEN 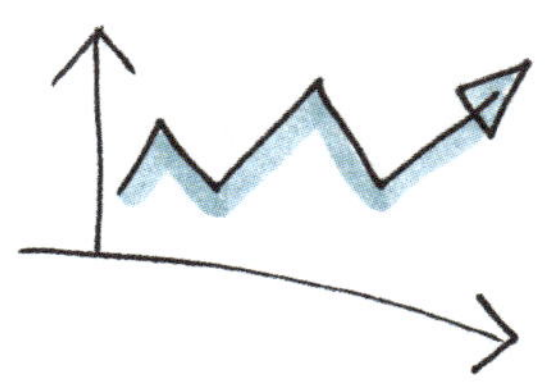	Erfüllt unsere Organisation das gewünschte Leistungsniveau, sodass wir in der Lage sind, unsere Ziele zu erreichen? Können wir unsere Annahmen zur Geschäftsentwicklung prüfen? Sollten wir den Kurs wechseln oder beibehalten? Welche Probleme müssen wir lösen? Diese Fragen müssen hier beantwortet werden. **Beispielelemente:** Metriken und Indikatoren, die helfen sollen, die Leistungen unserer Organisation sichtbar zu machen und voranzutreiben.
MEHRWERT SCHAFFEN 	Dieser Bereich zeigt die Tätigkeiten an, die wir planen, um für unsere Kunden einen Mehrwert zu schaffen. Das bedeutet, dass wir unser Liefersystem offenlegen, darüber entscheiden, wie wir unsere begrenzten Kapazitäten optimal einsetzen, und unsere Pläne unseren Stakeholdern mitteilen. **Beispielelemente:** Roadmap, Portfolio-Trichter, Value Stream Map, Produkt-Backlog und strategische Planung.
AGIEREN & REAGIEREN 	Wir haben einen Kurs ausgegeben, wissen aber nicht, was morgen kommt. Wir müssen in der Lage sein, schnell und effektiv auf Veränderungen zu reagieren. Teams müssen unterstützt und Hindernisse effektiv aus dem Weg geräumt werden. So sind wir auf alles gefasst, was die Zukunft für uns bereithält. **Beispielelemente:** Leadership Aktions-Board, Inbox.

PROBLEME LÖSEN 	In diesem Bereich bedienen wir uns einer strukturierten Problemlösungsmethode, um sicherzugehen, dass wir die Grundursachen unserer Organisationsprobleme endgültig beseitigt haben. Also gehen wir von der Fehlersuche und Krisenbekämpfung zu einer nachhaltigen Verbesserung unseres Systems über. **Beispielelemente**: Toyota Kata Storyboards, A3-Reports zum Verbesserungsprozess, Metriken.

Tabelle 1.2 – Visuelle Bereiche für den Obeya

GETEILTEN KONTEXT UND PROBLEME VISUALISIEREN 	Wir müssen die Grenzen unseres Gehirns berücksichtigen und Voreingenommenheit und Annahmen vermeiden. Darum teilen wir den Kontext offen sichtbar und decken Probleme visuell auf, was uns enorm dabei hilft, bessere Entscheidungen zu treffen und die Komplexität zu bewältigen.
STETIG VERBESSERN 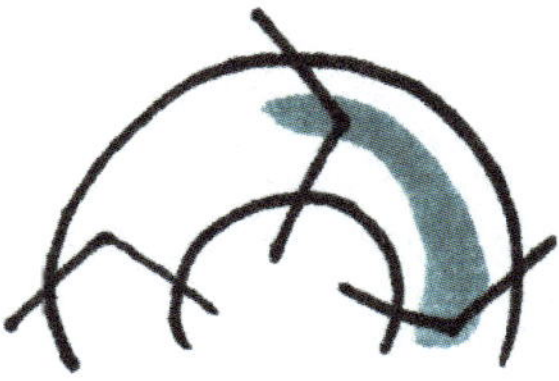	In diesem Bereich bedienen wir uns einer strukturierten Problemlösungsmethode, um sicherzugehen, dass wir die Grundursachen unserer Organisationsprobleme endgültig beseitigt haben. Also gehen wir von der Fehlersuche und Krisenbekämpfung zu einer nachhaltigen Verbesserung unseres Systems über. **Beispielelemente**: Toyota Kata Storyboards, A3-Reports zum Verbesserungsprozess, Metriken.
HINGEHEN UND SICH EIN BILD MACHEN 	Statt nur auf der Grundlage von Berichten zu managen, besuchen wir regelmäßig die Basis, um Unterstützung zu geben und unsere Annahmen zu hinterfragen. Nur die Leute an der Basis können uns zeigen, wie die Dinge wirklich liegen.

SYSTEMDENKEN UND VERANTWORTLICHKEIT 	Statt ein Team oder einen Teil der Organisation zu suboptimieren, ist uns klar, dass wir das Ganze zum Laufen bringen müssen, wenn wir bessere Ergebnisse für unsere Kunden und Stakeholder wollen. Die Verantwortlichkeit für unser System wird visualisiert und zeigt sich in unserem Verhalten.
MITARBEITER FÖRDERN 	Wir respektieren die Menschen, indem wir sie schulen und ihre Entwicklung fördern. Weil wir in unsere Mitarbeiter investieren, indem wir sie Coaching und Verbesserungsroutinen lehren, bauen wir ein Heer von fähigen Mitarbeitern, Verbesserern und Führungskräften auf, das unsere Organisation gedeihen lässt.
KASKADIEREN & VERBINDEN 	In unserer Organisation sind alle Teams miteinander verbunden, top-down und bottom-up, durch den gesamten Wertestrom hindurch und persönlich statt per E-Mail. Bei unseren Interaktionen stellen wir sicher, dass wir verstehen, was gebraucht wird, und wir denken über unsere Absichten nach, die Effektivität unserer Aktivitäten zu verstärken.
RHYTHMUS & ROUTINE 	Unser Verhalten als Einzelpersonen und als Teams lässt sich nur verbessern, wenn wir einfach damit anfangen. Mittels Kata stellen wir den Takt unserer Meetings und Routinen ein und sorgen so dafür, dass wir absolut effektiv darin werden, überall in der Organisation zur richtigen Zeit die richtigen Entscheidungen zu treffen. Bei Bedarf schaffen es die Probleme an einem einzigen Tag von der Basis bis zum Topmanagement.

Tabelle 1.3 – Verhaltensprinzipien

Wie sieht ein Obeya aus?

Viele der Bilder, die Sie zum Thema Obeya im Internet finden, zeigen einen rechteckigen Raum, an dessen vier Wänden bestimmte Kategorien von Informationen präsentiert werden. In der Realität sieht das allerdings ein wenig anders aus, vor allem weil es an verfügbaren Räumen mit nur vier Wänden mangelt. Die schöneren Obeyas, die ich gesehen habe, hatten alle Fenster und eine eher offene Atmosphäre. In die kleinsten Obeyas passten vielleicht acht Leute und der größte verteilte sich über zwei Gebäude in verschiedenen Ländern und bot genügend Raum für Meetings von bis zu 30 Leuten (was jedoch alles andere als perfekt war).

Wenn Sie noch nie einen Obeya gesehen haben und sich auch nicht vorstellen können, wie so etwas aussehen könnte, finden Sie hier zwei Beispiele, damit Sie sich ein Bild davon machen können. Die Bereiche des Referenzmodells wurden in die Bilder eingefügt. Wenn Sie mehr darüber wissen möchten, was an den Wänden eines Obeya zu sehen ist und was die nachfolgenden Bilder nicht zeigen, lesen Sie dazu „Teil IV: Was befindet sich an den Wänden."

Beispiel 1: Strategieprogramm an einer einzigen Wand

Dieser Obeya wurde für ein Strategieprogramm eingerichtet. Auf seiner linken Seite befindet sich der Strategie-Bereich, der für jede strategische Kompetenz eine horizontale Struktur schafft. Dann folgt der Bereich „Leistungen vorantreiben" mit den Metriken, die die strategischen Kompetenzen in etwas Messbares übertragen. Weiter rechts kommt der Bereich „Mehrwert schaffen", wo jeder strategischen Kompetenz Meilensteine zugeordnet werden. Rechts davon befindet sich der Bereich, in dem Probleme gelöst werden, und am Ende schließt sich der Bereich „Agieren & reagieren" an.

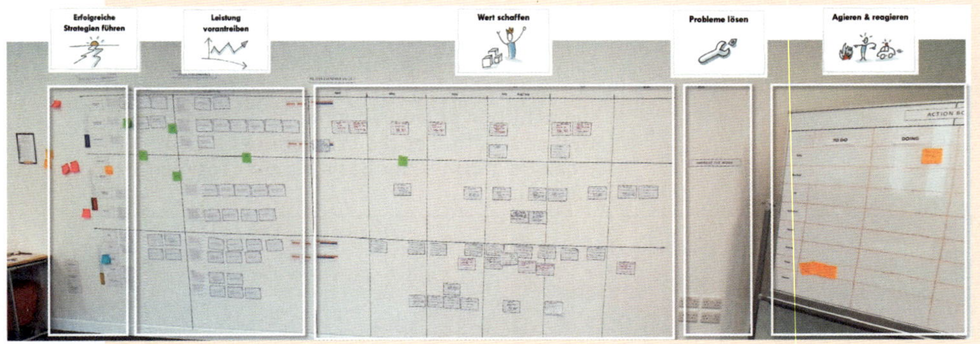

Abbildung 1.6 – Beispiel-Obeya für ein Programm, Verlauf von links (Strategie) nach rechts (Handeln)

Beispiel 2: Abteilung, die mit mehreren Wänden arbeitet

Bei diesem Aufbau sehen wir, dass der Bereich „Erfolgreiche Strategien führen" ganz oben die strategischen Kompetenzen definiert und sich im weiteren Verlauf nach unten der Bereich „Leistungen vorantreiben" mit den Metriken befindet. Links finden wir einige Verbesserungs-Kata-Storyboards, die den Bereich „Probleme lösen" bilden, und links davon liegt der Bereich „Mehrwert schaffen". Ganz rechts kommt schließlich „Agieren & reagieren".

Abbildung 1.7 – Beispiel-Obeya für eine Abteilung, Verlauf von oben nach unten, verschiedene Bereiche

Es ist äußerst schwierig, einen Obeya zu erklären, wenn man nicht direkt in einem steht – und Sie sollen es nun anhand eines Buches verstehen. Damit das besser gelingt, will Ihnen so viel Kontext wie möglich vermitteln, und deshalb gibt es in diesem Buch nicht nur jede Menge Bilder und Zeichnungen, sondern es geht auch um die praktische Anwendung von Obeya.

Wie funktioniert Obeya in der Praxis?

Fred Mathyssen, ehemals Senior Director of Global Operational Excellence bei Nike, war so freundlich, seine Geschichte zu erzählen und darzulegen, wie sein Unternehmen den Einstieg in Obeya geschafft und es auf mehrere Standorte in der ganzen Welt übertragen hat, auch in den USA, Europa und China.

Wie haben Sie den Einstieg gefunden?

Wir haben mit Obeya angefangen, um die Komplexität zu vereinfachen. Wenn Sie in einem hochkomplexen internationalen Unternehmen eine Führungsposition innehaben, werden Sie aus allen Richtungen mit Anliegen überschüttet. In all meinen bisherigen Führungsfunktionen hatte ich immer damit zu kämpfen, die Komplexität zu vereinfachen.

Bei Nike hatten wir etliche laufende Projekte und zu viele Metriken. Es liegt in der Natur einer Matrixorganisation, dass mehrere Manager die Prioritäten eines Teams oder einer Funktion beeinflussen. Wir wussten nie so genau, ob wir an den richtigen Dingen arbeiteten, um die Gesamtstrategie zu unterstützen. Wir mussten sichergehen, dass wir bei der Arbeit die richtigen Prioritäten setzten, die der Unternehmensstrategie nützen würden, während die sich in der gesamten Organisation verbreitet.

Bei meinen ersten Experimenten mit Obeya war ich für eine Abteilung namens „Lean Business Enablement" verantwortlich, die diverse europäische Projekte mit Schwerpunkt auf Finanzen, Lieferketten und Informationstechnologie realisierte. Dass in meinem Zuständigkeitsbereich auch die europäischen Lean-Bestrebungen lagen, vereinfachte den Einstieg in ein Obeya-Experiment, bei dem zum ersten Mal ein Raum zum Einsatz kam.

Wir sagten: „Wir müssen eine Möglichkeit finden, die wichtigsten Projekte an die Wand zu bringen, inklusive der Informationen darüber, wer daran arbeitet und wie der Stand der Dinge ist." Zuallererst musste das dem Team vermittelt werden. Damals kannte ich den Begriff ‚Obeya' noch gar nicht. Ich erfuhr erst von Steve Bell, dem damaligen Chefcoach beim Lean Business Enablement Program am Hauptsitz von Nike in Oregon, der zu jener Zeit auch gerade sein Buch *Lean IT* schrieb, dass es für diese Art Raum eine Bezeichnung gab.

Das Team zeigte sich von diesem Experiment ganz begeistert. Ein Teammitglied brachte es am besten auf den Punkt: „Wenn es nicht im Obeya ist, arbeite ich nicht daran". Und darauf lief es mehr oder weniger hinaus, was die Klarheit und die fokussierte Arbeit im Obeya betraf. Wir konnten uns einfach viel schneller verständigen und unsere Arbeit priorisieren.

Sehen heißt Glauben bei Obeya. Als wir unseren Obeya zum Laufen gebracht hatten, kamen Leute vom ganzen Campus vorbei und warfen einen Blick in diesen Raum, von dem sie so viel gehört hatten.

Der CIO von Nike war so begeistert davon, dass er ein Video von unserem Obeya-Raum finanzierte und damit diese Arbeitsweise als Vorbild für die gesamte Organisation propagierte. Und bald stellte sich heraus, dass diese Arbeitsweise noch mehr bewirkte, als wir bei unserem Experiment erwartet hatten.

Wie haben Sie ihn genutzt?

Wir wurden mit der Zeit immer besser und entwickelten und erweiterten das Obeya-Konzept. Man bat mich darum, die Leitung der Organisation Technology Europe an unserem Hauptsitz in den Niederlanden zu übernehmen. Eigentlich überstieg das meine Führungskompetenzen, weil mein Technologie-Background sehr überschaubar war. Wir sollten wir also ohne dieses Wissen das Team dazu bringen, fokussiert zu sein und an den richtigen Dingen zu arbeiten?

Kurzerhand entschloss ich mich, den Obeya als Mittel zum Führen der Organisation zu nutzen, die nicht nur Projekte realisierte, sondern auch Dienstleistungen bereitstellte. Also richteten wir einen Raum ein, in dem wir eine erweiterte Anwendung des Obeya umsetzten.

Wir gingen so vor, dass wir zunächst auf das frühere Experiment zurückblickten, um daraus zu lernen. Dann beschlossen wir, viel mehr Aspekte der Gesamtunternehmensstrategie sowie der globalen und europäischen Strategie mit einzubeziehen, damit wir das große Ganze an der Wand sehen konnten.

Wir brauchten ein paar Offsites, bei denen wir all unsere gesammelten Informationen zu aussagekräftigen Erkenntnissen im Obeya aufbereiteten. Und das war schwieriger als gedacht, denn wir lebten ja in der Matrix, hatten also mehrere VPs, die die Richtung vorgaben, viele laufende und neu angefragte Projekte, straffe Budgets, jede Menge Metriken und begrenzte Ressourcen. Aber nichtsdestotrotz entwickelten wir den Raum weiter, machten Fehler, wurden aber immer besser!

Der Raum war groß und enthielt alle relevanten Informationen, die wir für Mitarbeiterversammlungen, wöchentliche, monatliche und vierteljährliche Reviews sowie für Arbeitssitzungen der Projektteams brauchten. Als unser European General Manager zu einem vierteljährlichen Geschäftsbericht anreiste, brauchte es keine großen PowerPoints ... sämtliche relevanten Informationen befanden sich im Obeya.

Wir setzten auch tägliche Standups mit unserem eigenen Team an, um die Dinge mit höchster Priorität auf europäischer Ebene zu besprechen, an denen wir arbeiteten. Wenn ein größeres Problem berichtet wurde, nutzten wir den Raum, um es zu erörtern und ihm auf die Spur zu kommen. Fast alles, was wir auf diesen Meetings erfahren wollten, stand an der Wand, also warum sollten wir das nicht nutzen?

Vor dem Raum hing ein Veranstaltungsplan mit den Meetings, die in dem Obeya stattfinden sollten. So konnten wir sicherstellen, dass der Raum zu den Zeiten der anberaumten Sitzungen frei war und dennoch den Leuten zur Verfügung stand, die ihn für Meetings brauchten und mit den Informationen an den Wänden arbeiten wollten.

Beim ersten Technologie-Obeya hatten wir einen Raum mit einer ganz normalen Tür, der eine eher geschlossene Umgebung darstellte. Also verlagerten wir den Obeya irgendwann an einen anderen Standort in der Nähe der Kaffee-Ecke und richteten dort einen großen Eingang mit Glastüren ein. Die Offenheit des Raumes regte die Neugier unseres Teams und der Besucher an und das förderte den Informationsaustausch ... eine Schlüsselkomponente des Obeya.

In dem Obeya hatten wir eine Metrik an der Wand, die die Mitarbeiter betraf. Sie lautete ganz einfach: „Würdest du einem Freund empfehlen, bei Nike zu arbeiten?" Und diese Metrik hing auch an allen Wänden der Abteilungsebene. Während der Befragung baten wir die Leute um anonymes Feedback. Dieses wurde dann vom Management geprüft, es wurden korrektive Maßnahmen festgelegt und Teams zugeordnet. Die Einzelheiten dieser Informationen wurden in einem Gemeinschaftsbereich ausgestellt und auf monatlichen Mitarbeiterversammlungen genutzt, wo es Status-Updates gab.

Das war in der Tat eine Erweiterung des Obeya nur zu diesem speziellen Thema, wir haben das nicht mit allen Metriken im Obeya gemacht. Wir als

Führungskräfte achten darauf, dass wir für unsere Mitarbeiter das Richtige tun. Diese Rückmeldung an unsere Teamkollegen war sehr wichtig für uns, um deutlich zu machen, dass wir unseren Worten Taten folgen ließen: wir würden ihr Feedback berücksichtigen. So haben wir zum Beispiel unser Schulungsprogramm offengelegt und offen darüber gesprochen, welche Teams den Plan befolgten. Damit wollten wir sicherzustellen, dass unsere Mitarbeiter ihre Weiterbildung priorisierten.

Abbildung 1.8 – Obeya-Raum von Nike bei der Präsentation 2014

Wie haben Sie ihren Obeya dann mit Blick auf andere Bereiche der Organisation weiterentwickelt?

Irgendwann hatten wir dann einen zentralen Obeya für Nike Technology – bestehend aus mehreren Abteilungen, Infrastructure, Application Services, Portfolio Management, Business Integration, Functional Liaisons und lokalen Tech-Teams in den Ländern.

Also richteten wir in jeder Abteilung Obeya-Wände ein, die mit Bezug auf den zentralen Obeya die Abläufe im realen Geschäftsalltag unterstützen sollten.

Nicht alle Maßnahmen wurden gleichermaßen erfolgreich umgesetzt. Wir erkannten, dass eine wesentliche Triebkraft für einen erfolgreichen Obeya der Manager war, der ihn nutzte. Einer unserer Manager lehnte den Obeya rundum ab. Doch nach ein paar Monaten sah er langsam die Klarheit und den Fokus, die sich mit dem Obeya einstellten, und er machte eine komplette Kehrtwende. Sein Obeya war immer topaktuell und wurde von ihm und seinem Team aktiv genutzt. Früher gab es nur die Option, eine unüberschaubare Menge an verfügbaren Berichten durchzugehen, aber man verlor sich in all den Einzelheiten. Und heute gibt es einen Bereich, in dem die wirklich wichtigen Dinge an einer Wand zusammengefasst werden.

Umzug in die USA

Als ich die Leitung der Global Operational Excellence innehatte, lag der Fokus wieder eher auf der Logistik und der Lagerung unserer Produkte. Einmal hatten wir Schwierigkeiten in einem unserer Vertriebszentren. Das stieß auf großes Interesse bei unserem Topmanagement am globalen Hauptsitz, das sichergehen wollte, dass wir den Standort auf seine vorgesehene Kapazität hochfahren konnten.

Also saßen wir in einem kleinen Raum, dessen Wände mit Haftnotizen übersät waren, und versuchten, die Möglichkeiten zu nutzen und unsere Bemühungen zu priorisieren. Also griff ich auf das zurück, von dem ich bereits wusste, dass es uns Klarheit bringen würde – den Obeya. Wir bereiteten eine Präsentation darüber vor, was wir bräuchten, um den Obeya-Raum einzurichten. Sobald das genehmigt war, hatten wir binnen einer Woche den physischen Bereich geschaffen. Weil wir über die Erfahrungen verfügten, unsere Hausaufgaben gemacht hatten und von der Führung unterstützt wurden, war Vieles möglich.

Das lokale Managementteam übernahm das Konzept und das breitete sich wellenartig auf die anderen Vertriebszentren aus, die sich von unserer Arbeitsweise inspirieren ließen. Es entstand ein gesunder Wettbewerb zwischen den Teams, die ihre eigenen Obeyas einzurichten begannen. Innovation und Weiterentwicklung bei der Nutzung von Obeyas in Ihrer Organisation sind etwas Gutes und lassen sich vereinfachen, wenn man voneinander lernt. Dieses Lernen ist außerdem ein wichtiger Aspekt bei der Schaffung von Synergien zwischen den Obeyas.

Eine unserer damaligen Herausforderungen bestand darin, dass es so viele Projekte gab, an denen die Leute arbeiteten, dass wir sie nicht alle gleichzeitig realisieren konnten. Wir wollten uns aber nichts entgehen lassen und schufen deshalb eine sogenannte ‚Opportunity Pipeline', um dafür zu sorgen, dass uns die großartigen Ideen von der Belegschaft nicht verloren gingen.

Wenn man einen Obeya betreibt, so erfordert das ein strenges Steuerungsmodell. Ein Beispiel dafür ist die Einrichtung eines Änderungskontrollteams, das regelmäßig zusammenkam und entschied, welche Arbeiten zu priorisieren waren. Das Meeting wurde durch unsere visuellen Elemente in dem Raum unterstützt: die Opportunity Pipeline, eine Value Stream Map, Übersichten über die Teams, Schlüsselmetriken und sämtliche ausgeführten Projekte.

Irgendwann in dieser Phase begannen wir sogar, im Zuge unserer Obeya-Bemühungen mit einem Drittanbieter im Logistikbereich zu arbeiten. Das war spannend, denn damit dehnten wir unsere Arbeitsweise im Grunde über die Grenzen der Organisation Nike hinaus aus. Von da an betrachteten wir Obeyas nicht mehr nur innerhalb der Organisation, sondern auch in Verbindung mit unserem größeren Netzwerk.

Obeya für das Topmanagement

Aus unternehmerischer Sicht wurde es notwendig, unseren Umgang mit den Projekten und Metriken in unseren Vertriebszentren auf der ganzen Welt zu standardisieren. Im Grunde genommen hatte unser Vice President auf seiner Ebene dasselbe Anliegen wie ich, als ich mit dem ersten Experiment begann: wie geht man mit der ganzen Komplexität um und wie stellt man sicher, dass man sich auf das Wichtige konzentriert? Wenn man eine Reihe globaler Metriken hat und sie von ganz oben auf all diese Abteilungen ausrichtet, dann entsteht überall viel mehr Konsistenz. Also richteten wir schließlich auch für ihn einen Obeya ein.

Es dauerte eine Weile, die Metriken zu definieren und damit zu beginnen, sie monatlich zu erfassen. Zunächst bedeutete das viel Aufwand, aber wir optimierten die Methoden und machten sie deutlich effizienter. Und er lieferte den entscheidenden Beitrag bei der Festlegung der wichtigsten Metriken, die für die Betreibung der Lieferkette erforderlich sind.

Doch der Aufbau eines Obeya auf dieser Ebene in der Organisation stellte uns vor eine weitere Herausforderung, denn die Menge der laufenden Projekte hier war exorbitant. Hängt man sie alle an die Wand? Dafür reicht der Platz nicht aus. Also Rosinenpicken? Wenn ja, welche würde man dann auswählen? Und wenn diese nur 60 Prozent des gesamten Projektbudgets repräsentieren, wie soll man dann mit den übrigen 40 Prozent umgehen? Wir führten endlose Diskussionen rund um die Frage, ‚was wir hier eigentlich wirklich bauen'.

Darin liegt die Kunst: wie man herausfindet, was man an dieser Wand haben möchte. Und dafür muss man keine Aufgaben an alle anderen delegieren, sondern eine Richtung vorgeben, sich gemeinsam mit dem Team darin vertiefen, sie zum Funktionieren bringen und verbessern. Es erfordert spezielle Fähigkeiten, das Wesentliche des eigenen Tuns zu erfassen, zu erklären und an den Wänden zu visualisieren. Und wenn es einmal dort ist, muss man lernen, die richtigen Gespräche zu führen, die ebenso fokussiert sind wie die visuellen Materialien an der Wand. Einfach die Diskussion zu eröffnen wie bei herkömmlichen Meetings, führt eher zu viel Gerede, aber zu keiner sinnvollen, knappen Konversation.

Bei einer solchen Besprechung müssen sich die Leute wohl dabei fühlen, den „korrekten" Status ihrer Projekte zu melden. Das erfordert auch den Aufbau von Vertrauen, was eine enorme Verantwortung für die oberste Führungskraft darstellt. Wir können zwar sagen ‚Probleme sind gut', aber nicht jeder wird das so empfinden. Das braucht Zeit.

Als ich die Entwicklung dieses Raumes auf der VP-Ebene beobachtete, wurde mir klar, wie viel ich aus meinen früheren Erfahrungen gelernt hatte, denn ich konnte in jenem Raum so einige der Tücken beobachten. Aufgrund seiner globalen Verantwortlichkeiten hatte der VP nicht genügend Zeit, um vor Ort bei seinem Team zu sein und an einem großartigen Raum zu arbeiten, aber dennoch musste er seine eigenen Vorstellungen und Forderungen darlegen. Der VP nutzte die Meetings in dem Raum, um bezüglich der relevanten

Informationen voll auf dem Laufenden zu sein, sodass er dann seinem Vorgesetzten berichten konnte. Mithilfe des Obeya fanden wir heraus, wie wir die relevanten Schlüsselinformationen abbilden können, um unsere Warenlager auf der ganzen Welt auf sehr praktische und effektive Art zu managen.

Tipps von Fred:

- Sorgen Sie dafür, dass der Obeya Ihrem Team gehört, es muss sich engagieren und verantwortlich fühlen.
- Richten Sie die Bemühungen Ihrer Abteilung auf die Unternehmens- und Funktionalstrategien aus.
- Holen Sie die Führung mit ins Boot und geben Sie ihr die Gelegenheit, den so geschaffenen Mehrwert zu erfahren.
- Lassen Sie sich von den Informationen an der Wand nicht einschüchtern, Sie können das sehr effizient angehen, weil es auch eine Menge Meetings, PowerPoints und Berichte erspart.
- Lernen Sie, die Informationen zusammenzufassen, niemand will sich in endlosen Details verlieren.
- Geben Sie sich Mühe mit dem Steuerungsmodell, denn es ermöglicht bei Bedarf knackige Updates und Kurskorrekturen.
- Richten Sie Ihre jährlichen Mitarbeiterbeurteilungsgespräche auf den Obeya aus, denn Ihr Team sollte sich auf die Abteilungsziele zur Unterstützung der Unternehmensstrategie konzentrieren und sie umsetzen.

Teil II:

Warum Obeya für das Führen von Organisationen relevant ist

Bevor wir uns der Nutzung von Obeya als Führungskonzept widmen, müssen wir das Problem verstehen, das wir zu lösen versuchen, weil wir uns sonst womöglich zu unnötigen Aktionen verleiten lassen. Obeya ist eine überaus relevante und wirkungsvolle Lösung für Ihre Führungsherausforderungen, doch auch hier müssen wir zuerst verstehen, warum das so ist. Bevor wir uns also an die Gestaltung Ihres Obeya machen, sollten wir uns vergewissern, dass wir auf einer Linie sind, was die Konzepte von Führung und strategischem Management betrifft.

Die Führungsherausforderung

Meiner Ansicht nach gibt es drei einfache, aber wesentliche Aufgaben, mit denen sich Menschen in Führungspositionen innerhalb von Organisationen befassen sollten:

1. Das Ziel bzw. den Zweck der Organisation festlegen
2. Dafür sorgen, dass die Bemühungen von Teams und Einzelpersonen in der Organisation auf das Erreichen des Zieles ausgerichtet sind
3. Teams und Einzelpersonen so unterstützen, dass sie tatsächlich dazu imstande sind, das Ziel zu erreichen

Grundsätzlich sollte in der Organisationsstrategie enthalten sein, wie die Führung diese drei Aufgaben zu erfüllen beabsichtigt. Allerdings scheint das nicht so einfach zu sein, wie es klingt.

Führungskräfte* (was auf jeden in Ihrer Organisation zutreffen könnte) sind in aller Regel kluge und fleißige Menschen. Sie sind verantwortlich für das Erreichen der Ziele und die dazu erforderlichen Mittel, was sich auf viele Menschen innerhalb und außerhalb ihrer Organisation auswirkt. Man erwartet von ihnen, dass sie schwierige Situationen überblicken, bestmögliche Einschätzungen vornehmen und sich um die fehlerfreie Umsetzung perfekter Entscheidungen kümmern. Obendrein sollen sie sich der Kontrolle ihrer Teams und Peers, des gehobenen Managements, der Aktionäre und auch der Stakeholder stellen.

Um das alles hinzubekommen, muss die Führung in der Lage sein, sich tagtäglich durch die Informationsflut zu kämpfen, die praktisch dauerhaft auf sie einströmt – via E-Mail, Medien, Chat Apps, Big Data Reports, riesige Unternehmensinformationssysteme etc. Keine einfache Aufgabe – erst recht nicht in einer Zeit, in der so viele Informationen auf die Menschen einprasseln wie nie zuvor und in der Organisationen weitaus komplexer geworden sind als zu Beginn der industriellen Revolution. Das Angebot und die Verarbeitung von Informationen sowie die entsprechenden Technologien schreiten schneller voran, als der Mensch biologisch gesehen mithalten kann.

* Wenn in diesem Buch von Führung die Rede ist, meinen wir alle Leute in Führungspositionen, ungeachtet ihrer Stellung in der Hierarchie.

Wie also mit all dem fertigwerden, wenn man die kompetente Führungsperson sein möchte, die alle erwarten? Wie soll man solide strategische Entscheidungen treffen, wenn man nicht das große Ganze überblicken und sich gleichzeitig mit den Details auseinandersetzen kann?

Natürlich liegt die Antwort in der Anwendung von Obeya, aber so weit sind wir noch nicht. Obeya ist ein Instrument, das der Führung bei der erfolgreichen Umsetzung der Strategie hilft. Doch weil es nicht die eine weithin anerkannte Definition von Strategie gibt, wollen wir auch hier sichergehen, dass wir einer Meinung sind.

Obeya ist ein Instrument zur Umsetzung der Strategie, aber was genau ist Strategie eigentlich?

Der Begriff „Strategie" leitet sich aus dem altgriechischen Wort strategeos ab und bedeutet „Feldherrnkunst".[5] Er stammt aus einer Zeit, in der Armeen von Feldherren befehligt wurden, die mit Eroberungsmissionen betraut waren. Wie es scheint, hat die Menschheit das ihre ganze Geschichte hindurch getan, sodass wir den Begriff Strategie noch heute darauf beziehen, wie wir unsere Organisationen leiten und sie auf eine Mission führen, um einen bestimmten Zweck zu erfüllen.

Damit wir uns zu diesem sehr weit gefassten und doch zentralen Thema dieses Buches nicht in Vermutungen ergehen, sollten wir die Feldherrnkunst in einem moderneren und spezifischeren Kontext definieren. Hier eine simple und doch effektive Definition: Strategie ist „die Summe aller Schritte, die eine Organisation zu unternehmen beabsichtigt, um ihre langfristigen Ziele zu erreichen".[6] Diese Definition schneidet drei wichtige Punkte an:

1. Beabsichtigen heißt, dass wir aktiv nach den besten Möglichkeiten suchen, unsere Ziele zu erreichen – durch Lernen und eine sorgfältige Prüfung unserer Erfahrungen aus Vergangenheit und Gegenwart.
2. Beabsichtigen heißt auch, dass wir nie sicher sein können, was passiert, und dass wir darauf vorbereitet sein müssen, dass die Realität uns einen Schlag ins Gesicht verpasst, während wir den eingeschlagenen Kurs verfolgen.
3. Wenn eine Strategie nicht in die Tat umgesetzt wird, ist es keine Strategie, sondern nur eine Idee.

Abbildung 2.1 – Strategie: von der Zielsetzung bis zur Umsetzung

Beim Führen von Organisationen geht es um die Entwicklung sinnvoller, kohärenter Aktivitäten im Einklang mit den Menschen der Organisation, wobei die knappen Ressourcen so genutzt und zugeteilt werden, dass wir unsere (langfristigen) Ziele erreichen können.

TIPP – Sie können die Effektivität Ihrer strategischen Führung ganz einfach testen, indem Sie die Antworten auf folgende Fragen aufschreiben:

1. Welche strategischen Ziele müssen erreicht werden, damit Sie als Team bzw. Organisation erfolgreich sind?
2. Haben die Leute an der Basis das Gefühl, durch ihre Tätigkeiten einen positiven Beitrag zu einem Ziel zu leisten, für das sie sich engagieren?
3. Fördern Ihre Ziele ein kohärentes Vorgehen in der gesamten Organisation?

Haben Sie die Fragen beantwortet? Wie würden Ihrer Meinung nach andere in Ihrer Organisation antworten? Wenn Sie jetzt zu einem operativen Team gingen und ihm diese Fragen stellten, was für Antworten würden Sie erwarten?

Wie wir Strategien auf herkömmliche Art ‚umsetzen'

Laut einer Studie war die Strategische Planung 2017 das vorrangige Management-Tool (Rigby & Bilodeau, 2018).[7] Sie beginnt mit der Ausarbeitung eines strategischen Planes, häufig auf Jahresbasis. Traditionell sollen Manager auf allen Organisationsebenen dafür sorgen, dass für die Abteilung ein Plan bereitgestellt wird.

Da die strategische Planung aufgrund der erforderlichen Finanzplanung und Buchhaltung auf Jahresbasis stattfindet, kann sie zu einem ziemlich trockenen administrativen Aufwand verkommen, der einfach erledigt werden muss, um das Budget für das darauffolgende Jahr zu sichern.

Bald darauf, nachdem die Pläne geprüft sind und das Budget zugewiesen ist, wird der Plan kommuniziert, bei einer Präsentation vorgestellt, vielleicht auch per Videobotschaft und Town Hall Meeting. Dann verwalten wir die Strategie und stützen uns dabei auf Berichte, die monatlich geprüft und mit rotem, gelbem bzw. grünem Status versehen werden. Und schließlich gehen wir wieder zur Tagesordnung über und erwarten ungeduldig die Ergebnisse unserer strategiebezogenen Bemühungen.

Wenn nun alles gut liefe, so würden wir davon ausgehen, dass unsere Organisation optimal abgestimmt, kompetent und effektiv am Erreichen ihrer Ziele arbeitet, stimmt's? Die Mitarbeiter erscheinen Tag für Tag am Arbeitsplatz, empfinden ihre Arbeit als sinnvoll, weil sie ihren Beitrag zu etwas Größerem leisten. Teams und Abteilungen organisieren sich selbst und stimmen ihre Anstrengungen so ab, dass sie in einer kohärenten Vorgehensweise münden, die den strategischen Wert maximiert, während die Kunden in Begeisterung versetzt werden. Unsere Produkteinführungszeit ist verkürzt reduziert, die Gewinnmargen steigen, die Kunden sind zufriedener denn je und die Konkurrenz hinkt meilenweit hinterher. Geradezu meisterhaft setzen wir unsere Strategie in die Tat um!

Strategie ist mehr als nur ein Plan

Doch irgendwie scheint es so nicht zu laufen. Mike Tyson sagte einst: „Jeder hat einen Plan, bis er einen Schlag ins Gesicht bekommt". Auch wenn mittels eines Plans eine Richtung für die Zukunft vorgegeben worden ist, holt uns schon nach wenigen Wochen die Realität ein und wir kümmern uns wieder um die Dinge, die direkt vor uns liegen. Weg ist der Fokus auf der fernen Zukunft und zurück sind die Probleme von gestern, die wir noch nicht zu lösen geschafft haben. So sieht bei allzu vielen Unternehmen die Realität der Strategieumsetzung aus.

Der CEO fühlt sich machtlos, weil er keine Ahnung hat, ob die soeben von ihm ausgegebene Strategie erfolgreich umgesetzt wird – funktioniert sie überhaupt richtig, wird sie befolgt und wird sie in den kommenden Monaten irgendwelche Ergebnisse hervorbringen? Die einzige Möglichkeit zur Überwachung der Fortschritte besteht in der Erstellung von Metriken, die von der Basis durch die Schichten der Managementhierarchie nach oben gelangen. Und wenn der Bericht endlich in der obersten Ebene ankommt, sieht die Welt schon ganz anders aus.

Für die Führung von Organisationen brauchen wir die Mittel, um Fakten zusammenzutragen, unsere strategischen Hypothesen zu prüfen sowie schnell und in kurzen Zyklen auf neue Entwicklungen zu reagieren, sodass wir unsere strategischen Entscheidungen weiterverfolgen oder ändern können. Doch auf der Führungsebene halten Organisationen gern an klassischen Meetings und (digitalen) Berichten fest.

Mehr Teams, größere Herausforderung

Mit der Anzahl Ihrer Teams wächst die Führungsherausforderung. Ich habe einst binnen einer Woche zwei Obeyas besucht, die in Sachen Organisationsgröße nicht weiter voneinander entfernt sein könnten. Der eine gehörte einem Startup mit drei Teams und der andere einem internationalen Unternehmen mit über 15 000 Mitarbeitern. Während das Führungsteam des Startups in der Lage war, eng mit seinen Teams an der Basis zu interagieren sowie Feedback zu Projekten, Fortschritten und Ergebnissen aus erster Hand zu erhalten, wurden dem Führungsteam in dem großen Unternehmen tonnenweise Informationen präsentiert, die weder aus erster oder zweiter, ja noch nicht mal aus dritter Hand kamen.

Bei der Ausfertigung von KPIs und Fortschrittsberichten hat man sich schon vieler Interpretationen und Abstraktionen bedient und gewiss haben auch Geschäftspolitik und Voreingenommenheit eine Rolle gespielt. Dadurch wurde mir klar, wie unfassbar schwierig das Führen von Organisationen ist, wenn man so weit von dem Ort entfernt ist, wo der wirkliche Wert der Organisation geschaffen und die Strategie tatsächlich umgesetzt wird (an der Basis). Ohne die Mittel zur Schaffung von Kohärenz und Verbindung zur Basis in der gesamten Organisation kann einem die Aufgabe, eine Strategie auszugeben, schon Respekt einflößen. Die Truppen sind da, wo der Anführer ihre wahre Schlagkraft findet.

Anzeichen für eine erfolglose Strategieumsetzung

1961 geschah etwas, das zur vielzitierten Anekdote wurde, die noch heute gern erzählt wird. Als Präsident Kennedy zum ersten Mal die NASA besuchte und einen Hausmeister fragte, was er so tat, antwortete der: „Ich helfe dabei, einen Mann auf den Mond zu schicken!“ Ein großartiges Beispiel für jemanden, der das Ziel verinnerlicht und es in sinnvolles Handeln übertragen hat.

Zu den zentralen Aufgaben der Führung gehört die Übertragung des Zweckes und der Ziele der Organisation in sinnvolle Arbeit für ihre Beschäftigten. Wenn das gelingt, wird das Mitarbeiterengagement zunehmen. Doch was ist Mitarbeiterengagement eigentlich? Man kann es definieren als „emotionale Verbundenheit des Mitarbeiters mit seiner Organisation und deren Zielen“. (Kruse, 2012)[8] Es meint die intrinsische Motivation der Mitarbeiter, ihre Arbeit wichtig zu nehmen und zu dem Zweck und den Zielen der Organisation beizutragen.

Und warum sollte uns das überhaupt interessieren? Weil viele Studien gezeigt haben, dass sich Mitarbeiterengagement enorm auf die Unternehmensleistung auswirkt. In einer Publikation des *Harvard Business Review* bemerken Beck & Harter (2014)[9] aufgrund ihrer Forschungen: „Wenn ein Unternehmen in allen Geschäftsbereichen das Mitarbeiterengagement dauerhaft steigert, wird alles besser … einschließlich der Kundenmetriken; einer höheren Profitabilität, Produktivität und Qualität (weniger Mängel); weniger Fluktuation; weniger

Fehlzeiten und Schwund (sprich: Diebstahl) und weniger sicherheitsrelevante Vorkommnisse."

Im Rahmen einer kleinen Umfrage befragten wir die Leute zu ihrem Führungssystem (Wiegel, 2020)[10]. Unter anderem wollten wir herausfinden, ob der Hausmeister die Ausnahme von der Regel war. Und so stellte sich fast 60 Jahre später heraus, dass die Arbeit an der Basis häufig nicht als zweckdienlich empfunden wird. Gerade einmal 48 Prozent der Befragten gaben an, dass ihre Tätigkeit mit den strategischen Zielen in Verbindung stehen könnte.

Da überrascht es kaum, dass nur 58 Prozent der Befragten das Gefühl hatten, ihre Arbeit sei ein Beitrag zu etwas Nützlichem. Wenn die Feldherrnkunst also darin besteht, die Mission zum Erfolg zu führen, die Mehrheit ihren Beitrag dazu aber gar nicht sieht und fast die Hälfte der „Armee" das Gefühl hat, dass sie eigentlich keine sinnvolle Arbeit verrichtet – wie soll man denn da erfolgreich sein?

Zur Arbeit zu gehen und irgendwas zu tun, von dem man gar nicht weiß, ob es überhaupt für irgendwen eine Rolle spielt, ist ermüdend und birgt die Gefahr von Burn-out. Man nimmt an, dass „es wesentlich zur Verhinderung von Burn-out beiträgt, wenn man Nützlichkeit empfindet, für andere etwas bewirkt oder das Gefühl hat, die Welt ein wenig besser zu machen. Sinnhaftigkeit kann den negativen Aspekten eines Jobs oft entgegenwirken. Weitere Motivatoren sind Autonomie und vernünftige, schwierige Herausforderungen." (*Psychology Today*, 2020)[11]

Gewiss verbringen Führungskräfte sehr viel Zeit damit, Zielvorgaben festzulegen und dafür zu sorgen, dass die Organisation sie erreichen kann. Doch auf Nachfrage gaben nur 32 Prozent der Umfrageteilnehmer an, dass die Führung in ihrer Organisation einen Großteil ihrer Zeit damit verbringe, die strategische Richtung vorzugeben und die Teams bei deren Erfüllung zu unterstützen. Also was macht der Feldherr denn nun den ganzen Tag?

Vermutlich schlagen sie sich mit Problemen herum, die für viele Organisationen typisch sind. Auf der nachfolgenden Seite befindet sich eine Tabelle mit vier Kategorien von ständigen Managementproblemen. Es ist eine unvollständige, bezeichnende Auflistung von Symptomen, die auf meinen persönlichen Erfahrungen beruht, dem Feedback von zahlreichen Teilnehmern an meinen Schulungen und vielen Gesprächen in Organisationen, die ich gecoacht habe.

Falschausrichtung des Ziels	Kein Sinn für Prioritäten oder Fortschritte	Verantwortlichkeitsfragen	'Primal management'
Gegensätzliche Ziele und KPIs zwischen Silos	Auslastung bei 120 Prozent, über 100 Projekte in der Pipeline und nichts wird erledigt	Krisenbekämpfer werden belohnt und steigen in die Führung auf (wo sie noch mehr Krisenbekämpfer einstellen)	Reagierend, Fokus auf Kurzfristigem (Hinterhereilen statt Vorangehen)
Einführung von Tools und Methoden ohne positive Geschäftsergebnisse	Mangelnde Sichtbarkeit der Systemleistung (= unvorhersehbare Ergebnisse, kein Fokus auf Verbesserungen)	Mangelnde Eigeninitiative und Ermächtigung von Front-Line-Teams	„Wir sind zu beschäftigt, um uns zu verbessern."
Jährliche Top-down-Planung ohne Bezug zur Realität an der Basis	Fortschritte bei strategischen Zielen sind unklar	Endlose Meetings mit wenig Mehrwert und kaum sinnvoller Arbeit	Erhöhte Top-down-Berichtslast und Mikromanagement

Abbildung 2.2 – Typische Problemsymptome, die das Führen von Organisationen erschweren

Alle, denen ich bisher begegnet bin, kennen diese Probleme aus ihren Organisationen – zumindest in mittelgroßen bis großen. Meiner Ansicht nach gibt es vier wesentliche Gründe für die Hartnäckigkeit dieser Problemsymptome beim Führen von Organisationen:

1. Die Komplexität der Organisationen.
2. Ihr Gehirn (und das der anderen).
3. Ein Jahrhundert fehlerhafter Managementphilosophie.
4. Nichtbeachtung des Führungssystems.

Im Rest dieses Kapitel schauen wir uns diese Gründe genauer an.

Grund 1: Komplexität der Organisationen

Gewiss ist Ihre Organisation, sofern sie aus mehr als ein paar Teams besteht, ein komplexes System. Ein komplexes System erkennt man zum Beispiel daran, dass es kein vorhersehbares Ergebnis liefert, wenn man etwas hineingibt. Bei Organisationen, die Produkte bzw. Dienstleistungen für Kunden bereitstellen, wird das eingegebene Input in dem System verarbeitet, aber es gibt eine Variabilität, was Qualität, Kosten und Lieferung(szeit) betrifft, die sich von nur einer Person schwer voraussagen lässt. Die Leadership Systems Survey zeigt, dass 94 Prozent der Befragten, die in einer Organisation mit mehr als zehn Beschäftigten arbeiten, diese für eine komplexe Organisation halten[12].

Wenn wir nur einen einzigen Teil unseres Systems verstehen und verbessern, kann man nicht absehen, wie sich das auf Systemebene verhält. Hier sind Kontext, Übersicht und Einblicke in die Funktionsweise des Systems gefragt:

„Komplexe Systeme weisen üblicherweise einen hohen Grad an Vernetzung von eng verbundenen Komponenten auf und außerdem ein Systemverhalten, das sich nicht nur durch das Verhalten der Systemkomponenten erklären lässt." (Kim, Humble, Debois & Willis, 2013)[13]. Anders ausgedrückt: wenn Sie sich bessere Leistungen auf Organisationsebene wünschen, müssen Teams und Abteilungen ihre Silos verlassen und gemeinsam das größere Bild ins Auge fassen, um das Schlachtfeld zu überblicken und in der Lage zu sein, solide taktische Entscheidungen zu treffen. Wenn Sie also das allgemeine Verständnis des Systems verbessern, stärken Sie die Fähigkeit Ihrer Organisation, Änderungen vorzunehmen und das Ergebnis des Organisationssystems positiv zu beeinflussen. Und das führt zu weniger Komplexität und mehr Vorhersehbarkeit.

TIPP – Versuchen Sie festzustellen, ob Ihre Organisation die folgenden Merkmale aufweist, damit Sie erkennen, ob sie ein komplexes System ist:

- enthält viele interagierende Teile,
- nicht-lineare Interaktionen,
- enthält Feedbackschleifen,
- Ursache und Wirkung vermischt,
- kann sich selbst organisieren und anpassen.

Dieser letzte Punkt erklärt vielleicht halbwegs, warum Ihre Organisation – selbst wenn es Bemühungen gibt, neue Modelle und trendige Strukturen einzuführen – immer zu ihren alten Verhaltensweisen zurückzukehren scheint.

Komplexität heisst, dass ihr Input als Führungskraft das Output nicht diktieren Wird

Das Problem mit der Komplexität besteht darin, dass sie sich durch die Regeln des traditionellen Managements weder biegen oder brechen lässt. Systeme tun einfach nicht das, was Sie wollen, nur weil Sie es wollen. Ein strategischer Plan allein reicht nicht aus. Die Bereitstellung einer Strategie erfordert etwas mehr, als nur die Leute über die Richtung zu informieren, die Sie einschlagen möchten.

Auch ein neues Organigramm oder eine neue Teambildung im Rahmen einer Strategie durch agile oder Lean-Transformationen wird nichts ausrichten. ‚Kultur folgt Struktur' lautet die Grundannahme des Larmanschen Gesetzes[14], das besagt, dass die Kultur (die Werte und Verhaltensweisen der Organisation) den Status quo selbst aufrechterhalten wird, wenn das eigentliche System nicht als Ganzes kompromisslos (neu) definiert und umgesetzt wird.

Stofberg (2016)[15] behauptet, dass Organisationen, die ja von Natur aus organisch sind, wie ein „Biotop" gemanagt werden sollten: ein natürliches Ökosystem mit einer Vielfalt von Organismen, in dessen Bedingungen Innovation gedeihen kann. Allerdings hört ein Biotop nicht auf die Anweisungen eines CEO – wie also managen wir, um ein erwünschtes Ergebnis zu erzielen? Beziehungsweise können wir überhaupt managen?

Jede Führungskraft mit Erfahrungen in der Übermittlung strategischer Botschaften in die Organisation weiß, dass sie absolut keine Garantie dafür hat, dass sie das Organisationssystem ändern, geschweige denn die erwünschten Ziele erreichen wird. Aber dennoch scheinen wir unsere Organisationen genau so zu behandeln. Wir sind noch immer dabei zu lernen, dass wir den Erfolg in unserer Organisation nicht mechanisch vorantreiben können, als reparierten wir eine Waschmaschine. Wir müssen lernen, das Verhalten lebender, nicht-mechanischer Wesen zu ändern (Taleb, 2012)[16].

Sie können nicht in ein Ökosystem gehen, ihm Ihre Zielvorgaben mitteilen und dann hoffen, dass es darauf reagieren und sie erfüllen wird. Stattdessen müssen Sie versuchen, es zu begreifen, von ihm zu lernen, sein Wesen zu respektieren und es ferner zu pflegen und mit ihm zu wachsen, um Ergebnisse zu erzielen. Die Pflege eines komplexen Systems erfordert Engagement, Gespür und Prüfung, die Anerkennung des Umstandes, dass wir vieles nicht verstehen, sowie die Bereitschaft, darüber zu lernen. Man kann Komplexität akzeptieren und darf sie nicht außer Acht lassen.

Abbildung 2.3 – Eine Katze lässt sich nicht reparieren wie eine Waschmaschine

Viele als komplex geltende Dinge lassen sich nicht so leicht managen, weil wir uns mit unseren Teams einfach nicht genug Zeit genommen und Mühe gemacht haben, die verschiedenen Elemente und Beziehungen in diesem komplexen System zu verstehen, auch in Bezug auf unsere Ziele. Das müssen wir zuallererst tun, wenn wir uns an einen Obeya machen.

Führungskräfte müssen lernen, Beziehungen und Bündnisse mit anderen Menschen aufzubauen, um erfolgreich zu sein. Sie werden Leistungen nicht nur durch organischen Wandel (menschlich, organisationsbezogen, kulturell) vorantreiben müssen, sondern auch durch mechanischen Wandel (Prozesse, Systeme, Maschinen, Buchhaltungsstrukturen), wenn sie sich der Komplexität der Organisation annehmen. Darauf werden Sie im Obeya stoßen, menschliche Interaktion ist ein zentraler Faktor im Umgang mit dieser Komplexität, weil jeder Mensch ein Puzzleteil dieses komplexen Systems besitzt.

Grund 2: Ihr Gehirn (und das der anderen)

Wir sind primitivere Geschöpfe als uns lieb ist. Unser Gehirn hat sich über Tausende von Jahren Stück für Stück zu dem entwickelt, was es heute ist, und viele der Verhaltensweisen, die wir tagtäglich erkennen lassen, werden von Teilen unseres Gehirns beeinflusst, die sich vor sehr langer Zeit herausgebildet haben. Gewiss können wir auf unseren Frontalkortex zurückgreifen, der uns hilft, wirklich kluge, wohldurchdachte und intelligente Überlegungen anzustellen, doch wenn wir in einen Stress- oder Angstmodus geraten, fallen wir in unsere primitiveren Denk- und Handlungsweisen zurück. Und wenn Burn-out ein Zeichen für Stress am Arbeitsplatz ist, so ist die Tatsache, dass die Niederlande[17] zwischen 2006 und 2016 einen Anstieg der gemeldeten Burn-out-Fälle bei Arbeitnehmern um 106 Prozent verzeichnet haben, wohl kein gutes Zeichen. Unsere primitiven Gehirne arbeiten immer härter und manchmal zu hart daran, in komplexen Organisationen möglichst gute Entscheidungen zu treffen.

Die vielen Aspekte des Gehirns

Ein paar Dinge sollten wir über die Arbeitsweise unseres Gehirns wissen, denn die wirkt sich unmittelbar auf die Arbeit der Menschen im Berufsumfeld aus. Dadurch wird klar, warum manches funktioniert und anderes nicht, und es hilft uns, unsere Bemühungen in die richtigen Bahnen zu lenken, wenn wir die Art und Weise unserer Interaktionen und unserer (strategischen) Entscheidungsfindung verbessern wollen, um unser Ziel zu erreichen.

Frontallappen – verbunden mit Belohnung, Aufmerksamkeit, Kurzzeitgedächtnisaufgaben, Planung und Motivation.
Temporallappen – verarbeitet Sinneseindrücke in abgeleitete Bedeutungen für das entsprechende visuelle Erinnerungsvermögen, Sprachverstehen und Emotionen.
Scheitellappen – wird aktiviert, wenn man etwas auf einen Haftnotizzettel schreibt und diesen in einem relevanten Bereich anbringt. Auch bei der Arbeit mit Zahlen aktiv.
Occipitallappen – für visuelle Interpretation und Bewegung, etwa beim Aufspüren von Auslösern (z. B. Hindernissen) oder bei der Registrierung der Bewegung eines Meilensteines, der verschoben wird.
Mandelkern – Verarbeitung von Erinnerungen, Entscheidungsfindung und emotionale Reaktionen (inklusive Angst, Besorgnis und Aggression).

Abbildung 2.4 – Die während eines Meetings bei der Arbeit aktiven Bereiche des Gehirns

Werden ihre Entscheidungen als Führungskraft von Voreingenommenheit beeinflusst?

Forschungen zufolge treffen Manager ihre Entscheidungen spontan und mit wenig Hang zur Untermauerung dieser Entscheidungen mit Fakten und Zahlen.[18] Das ist kein Wunder, denn das primitive Gehirn versorgt uns mit vielen nützlichen und sehr reaktionsschnellen Denk- und Handlungsweisen. Diese Voreingenommenheiten haben uns auf unserem Evolutionspfad sehr geholfen, verleiten uns aber auch oft dazu, bei Wahrnehmung und Entscheidungsfindung zu impulsiven Reaktionen zu neigen statt zu bewusstem Denken (Kahneman, 2006)[19]. Es gibt mehr als 150 solcher Verzerrungen im Cognitive Bias Codex (Benson, 2016)[20], die sich spürbar auf unser aller Denken und Handeln auswirken – Tag für Tag, Stunde für Stunde und Minute für Minute. Viele davon können, wenn sie im modernen Arbeitsumfeld angewendet werden, zu unproduktiven Denk- und Verhaltensweisen führen. Hier ein paar Beispiele für Stolperfallen, in die wir leicht geraten können, wenn wir uns dieser Verzerrungen nicht bewusst sind:

- **Voreilige Schlüsse ziehen**
  - *Attributionsfehler* – Wir sehen etwas im Kontext und schreiben sofort bestimmte Eigenschaften zu. Zum Beispiel sind wir geneigt, einen Bettler für einen Menschen zu halten, der zum Lernen oder Arbeiten zu faul ist. Zu dieser Schlussfolgerung kommen wir viel schneller als wir brauchen würden, um uns über die wahre potenzielle Ursache zu erkundigen. Dasselbe gilt auch für Geschäftsprobleme – wenn zum Beispiel eine Vertriebspipeline austrocknet, muss es an den Vertriebsleuten liegen, die ihre Arbeit nicht vernünftig machen. Oder wenn unsere Kosten zu hoch sind, müssen wir Mitarbeiter entlassen, weil sie in der Produktion den größten Kostenfaktor darstellen.
  - *Bestätigungsfehler* – Sobald uns die erste Voreingenommenheit erwischt, geraten wir schnell in die nächste, was uns empfänglicher für Beweise oder Informationen macht, die bestätigen, was wir uns selbst bereits als Schlussfolgerung zurechtgelegt haben. Wenn zum Beispiel der CEO den Vertriebschef nicht mag, weil dieser sein Konzept ablehnt, so sieht er sinkende Vertriebspipelinezahlen womöglich als Bestätigung dafür, dass der Vertriebschef keine sehr gute Arbeit abliefert. Und mit dieser Auffassung übergeht er alle anderen potenziellen Gründe, etwa dass die Konkurrenz ein neueres, besseres Produkt auf den Markt gebracht oder dass unsere Produktqualität nachgelassen hat. Wir sehen die Dinge vor unseren Augen nicht mehr objektiv, sondern versteifen uns auf die Informationen, die uns sagen, dass wir Recht haben, und entkräften bzw. missachten jene, die uns sagen, dass wir im Unrecht sind.

- **Krisenbekämpfung/sich im Betriebsalltag verlieren**
  - *Delmore-Effekt*[21] – Lässt uns den Fokus auf kleinere und einfachere Aufgaben legen, die weniger wichtig, aber leichter zu erledigen sind als die größeren (womöglich eher strategischen) Aufgaben.
  - *Hyperbolisches Diskontieren*[22] – Wenn wir etwas tun können, wofür wie kurz darauf belohnt werden, tun wir lieber das als etwas, wofür es die Belohnung erst in ferner Zukunft gibt. In der Tat diskontieren wir Belohnungen, die nicht umgehend erfolgen, und geben eher den tiefer hängenden Früchten den Vorzug. Somit arbeiten wir nicht an der langfristigen Strategie, sondern an kurzfristigen Erfolgen, auch wenn diese nicht zu den langfristigen Zielen beitragen.

- **Komplexität vermeiden**
  Wir neigen dazu, Komplexität zu vermeiden, denn die erfordert Zeit und jede Menge Aufwand. So könnte man auch sagen, dass etwas komplex ist, weil wir einfach noch nicht verstehen, wie es funktioniert. Einfach wirkende Dinge sind uns lieber als komplexe, vermutlich weil wir mit ihnen leichter umgehen können. Also kümmern wir uns eher um einfachere als um komplexere Probleme.

- **Ersetzen von Fragen**
  Wir ersetzen schwierige Fragen durch einfachere (Kahneman, 2009)[23]. Wenn wir beispielsweise den Projektmanager fragen: „Wie läuft Ihr Projekt?“, so wird dieser die Frage wahrscheinlich umdeuten in: „Wie denken Sie heute über Ihr Projekt?“. Und das führt vermutlich zu einer deutlich subjektiveren Antwort als erwünscht. Wir sollten es vermeiden, Fragen zu ersetzen, und deshalb formulieren wir bei den Routinen des Obeya die Fragen ganz sorgfältig, wie Sie in Teil IV sehen werden.

- **Wir treffen Entscheidungen zu unserem eigenen Vorteil (nicht unbedingt für andere)**
  Wir neigen zu Entscheidungen, die in unserem eigenen Interesse liegen, und obwohl sie unserem egoistischen Bedürfnis nach persönlichem Gewinn nachkommen, treffen wir sie nicht unbedingt bewusst[24]. Mehrere Funktionsweisen in unserem Gehirn diktieren uns Entscheidungen zu unserem eigenen Nutzen oder solche, mit denen wir eher die Ideen bzw. Leute unterstützen, die wir ohnehin favorisieren. Deshalb wollen wir Entscheidungen in einem Umfeld treffen, in dem alle Mitglieder des Führungsteams auf Augenhöhe und von objektiven Informationen umgeben sind, die jeden wichtigen Aspekt des Systems hervorheben, in dem wir Entscheidungen treffen.

- **Unser Gehirn denkt sich Sachen aus**
  Unser Verstand denkt sich Dinge aus, die gar nicht da sind, bzw. blendet gern Informationen aus, die nicht zu unseren vorbestimmten Zielen beitragen. Wenn wir unser Wahrnehmungs-Input nicht mit visuellem Management und Routinen untermauern, wird unser Verhalten weit-

gehend von dem Versuch unseres Gehirns beeinflusst, die Realität mit minimalem Aufwand zu interpretieren und lieber die Abkürzung zu nehmen, als die komplizierten Tatsachen rund um unsere (geschäftlichen) Herausforderungen zu analysieren. Das heißt, dass ich als Führungskraft Entscheidungen fällen werde, die ich zwar für richtig halte, die aber nicht unbedingt dem Gemeinwohl zugutekommen. Statt zu lernen und darüber nachzudenken, was meiner Meinung nach gut für die Organisation wäre, entscheide ich mich für eine Richtung, die auf dem basiert, was in meinem Hirn bereits vorgeformt ist, und finde bzw. denke mir Beweise aus, um weiterzumachen, während ich unbewusst Signale oder Belege ignoriere, die darauf hinweisen, dass das Gemeinwohl unter meinem Handeln leidet.

- **Überschätzung und mangelnde Lernbereitschaft**
  Wir überschätzen gern unsere Fähigkeiten, auch im Verhältnis zu den Fähigkeiten anderer Menschen. Dadurch ist es schwerer, unsere Schwächen einzugestehen, um Hilfe zu bitten oder von anderen zu lernen. Das gilt eher für westliche Kulturen als für den Fernen Osten.[25]

Soweit eine Liste mit nur wenigen Dingen, die uns allen passieren, wenn wir uns nicht aktiv davor hüten, in diese Verzerrungsfallen zu geraten. Aber wie schaffen wir das?

Auf die bewusste Intelligenz zugreifen

Kahneman (2009) sagt, dass wir auf zwei Denksysteme zugreifen können, die er ganz einfach (und bewusst) System 1 und System 2 nennt. System 1 ist unser Überlebenssystem – immer eingeschaltet und extrem reaktionsschnell. Es hilft uns beispielsweise dabei, akuten Gefahrensituationen zu entkommen, etwa wenn wir im Wald einem Bären begegnen. System 2 springt viel langsamer an und wir haben nur begrenzten Zugang dazu, weil es deutlich mehr Energie erfordert. Wir müssen es bewusst in Gang setzen, etwa um während einer Jonglierübung eine Matheaufgabe zu lösen.

Für Organisationen wird es schwierig, wenn wir System 2 zur Lösung komplexer Probleme benötigen und zugleich auch das Bewusstsein brauchen, um dieses System überhaupt hochzufahren. Viele komplexe Probleme, die uns heute in Organisationen begegnen, werden unter Zeitdruck überbracht und oft von extremen Informationsfluten begleitet, die nicht nur das eigentliche Problem betreffen, sondern zum Teil auch überflüssig und verwirrend sind. Also bräuchten wir sehr viel von System 2, um der Lösung der Komplexität gewachsen zu sein, die mit der effektiven Umsetzung der Strategie einhergeht. Nur hindern uns gleichzeitig Informationsüberflutung und Zeitdruck daran, eben dieses System zu aktivieren.

Im Obeya helfen uns Rhythmus und Routinen dabei, Zeit freizuschaufeln, um unser System 2 einsetzen zu können. Damit steht uns dann mehr von System 2 zur Verfügung, um komplexe Probleme anzugehen, statt uns auf die Abläufe des Meetings zu konzentrieren.

System 1	System 2
• schnell	• langsam
• oberflächlich	• aufmerksam
• unterbewusst	• bewusst
• kurzfristig	• langfristig, das große Ganze
• Überleben	• Fortschritt
• hohe Verfügbarkeit	• begrenzte Verfügbarkeit
• energiesparend	• hoher Energieverbrauch

Abbildung 2.5 – Denkeigenschaften der Systeme 1 und 2

Darüber hinaus setzen wir im Obeya unser Gehirn aktiver ein, indem wir verschiedene Stimuli mit ständigem Bezug auf Ziele und Fakten nutzen. Anders als beim Lesen von E-Mails oder Berichten geht es hier um aktive Beanspruchung. Die Leute bewegen sich in dem Raum und machen auf Verschiedenes aufmerksam. Es gibt nicht hier den Redner und da die Zuhörer, und es sitzen auch nicht acht Leute an einem Tisch, von denen sich nur zwei aktiv an der Diskussion beteiligen. Stattdessen gibt es eine lebensgroße visuelle Struktur mit Fakten und Daten, wo Leute stehen und aktiv an der Beantwortung von Fragen mitarbeiten, die für die Kunst der Organisationsführung unverzichtbar sind. Im Endeffekt bedeutet das, dass Ihr Gehirn mehr synaptische Aktivität aufbringt als bei den verstaubten alten Meetings, die jeder kennt (Attolico, 2018).[26] Das führt zu mehr Beanspruchung und zu einem stärkeren Erinnerungsvermögen und unterstützt die Denkweise des Systems 2.

Abbildung 2.6 – (Leicht verzerrte) Darstellung, wie sich verschiedene Arten der Informationsübermittlung auf die Hirntätigkeit und den Austausch mit anderen Menschen auswirken können, nach Attolico (2018)

Grund 3: Ein Jahrhundert falsch ausgelegter Managementphilosophie

Management by Objectives

Im 20. Jahrhundert gab es einige einflussreiche Vordenker der Managementphilosophie. Einer von ihnen war Peter Drucker, ein Wirtschaftswissenschaftler, der das Konzept „Management by Objectives" (MbO) bekanntgemacht hat. Viele haben das System übernommen, das die Grundlage dafür bildet, wie wir heute in den „verwestlichten" Gesellschaften das Rechnungs- und Berichtswesen handhaben. Die Philosophie ist großartig, nur leider sind wir nicht in der Lage, ihren Erwartungen gerecht zu werden.

Das Konzept des MBO beruht darauf, dass der Manager nach dem Erfolg seiner Arbeit bewertet wird, wobei das Erreichen der ihm bzw. ihr gesetzten Ziele gemessen wird. Es geht davon aus, dass alle Manager klug und kreativ genug sind, um das Erreichen dieser Ziele sicherzustellen. Und wenn sie das nicht sind, sind sie der Aufgabe wohl nicht gewachsen.

Diese Art der Bewertung und des Systems, das auf Ergebnisse setzt, findet auch in vielen Schulsystemen Anwendung. Wer die erforderlichen Noten nicht erringt, fällt durch und wiederholt das Jahr. Also sucht man nach Wegen, um Prüfungen zu bestehen, sei es durch Prüfungsvorbereitung (statt der Aneignung von Kenntnissen und Fertigkeiten) oder durch Betrug. Es kommt eigentlich nur darauf an, das Ziel zu erreichen.

Wenn wir im Hinblick auf ein gesetztes Ziel einen Grün-Status erreichen, erwarten wir Lob und Belohnung. Wenn es ein Rot-Status ist, müssen wir uns auf ein ernstes Gespräch mit dem Chef einstellen oder noch Schlimmeres befürchten. Durch die Fixierung auf das Erreichen der KPIs bei gleichzeitiger Vernachlässigung der Einschätzung, wie dieser KPI eingehalten wird, kann eine Menge schiefgehen, was die Verantwortlichkeit beim Erreichen jener Ziele betrifft.

Ein hartnäckiges Problem bei unserer Sicht auf das Management besteht darin, dass das wichtigste Kriterium für die Bewertung seines Erfolgs oft das Geld ist. Nur daran machen wir den Wert eines Unternehmens fest und nicht selten ist es der Hauptgrund für Motivation und entsprechendes Verhalten. Ich habe überhaupt kein Problem damit, auf faire und verantwortungsvolle Art Geld zu verdienen. Doch wenn Sie eine gesunde Organisation haben wollen, die für ihre Kunden die Qualität verbessert, sollten Sie nicht das Geld zur Hauptantriebskraft für Erfolg machen, sondern das Ergebnis, erfolgreich zu sein (neben vielen anderen Ergebnissen wie etwa Kundenzufriedenheit).

Das Belohnungszentrum im Gehirn beeinflusst das Verhalten so stark, dass Menschen bei der persönlichen Zielsetzung dazu neigen:

- sich auf ihre eigenen Ziele zu fokussieren und den Erfolg des großen Ganzen zu vergessen, was bei Organisationen, Teams und Mitarbeitern zu Siloverhalten führt;
- von Anreizsalienz[27] angetrieben zu werden, was sie weiter auf Ziele hinarbeiten lässt, die längst veraltet sind bzw. aufgrund geänderter Umstände depriorisiert werden sollten;
- alles in ihrer Macht Stehende zu tun, um das Ziel zu erreichen, selbst wenn das bedeutet, Dinge tun zu müssen, die an ethische Grenzen oder sogar darüber hinaus gehen;
- Probleme zu verbergen, die womöglich ein Scheitern beim Erreichen des Zieles offenbaren könnten, aus Angst vor Bestrafung oder Anzeichen von Inkompetenz;
- sich vom Streben nach Verbesserung zu lösen, sobald das Ziel erreicht ist, weil es dafür keine Belohnung mehr gibt. So etwas könnte sogar die Latte für den Bonus des Folgejahres höher legen, was nicht unbedingt wünschenswert ist, weil dann das Ziel und die damit verbundene Belohnung schwerer erreichbar wären.[28]

Das ist ja auch alles gar nicht schlimm, denn wir sind schließlich alle nur Menschen. Man kann niemanden dafür bestrafen, dass er nach Belohnungen für sich selbst strebt. Aber man kann anfangen, Belohnungen (und damit auch Motivation) neu zu überdenken. Und ich glaube, das täte der Welt wirklich gut, denn es gibt jede Menge Beispiele für Krisen und Skandale, deren Ursache das blinde und unerbittliche Verfolgen von Zielen war. Hier nur zwei davon:

- Die Finanzkrise von 2008 – Das Ziel bestand darin, durch Hypothekenverkäufe mehr Geld zu machen. Alle Zahlen waren grün, die Menschen verdienten Unsummen, aber das Hypothekensystem hat immensen Schaden genommen.
- Der Diesel-Skandal bei Volkswagen von 2015 – Das Ziel beim Bau dieser Autos bestand darin, die Grenzwerte beim Abgastest einzuhalten, und nicht tatsächlich sauberere Autos zu bauen.

Eine andere Auffassung davon, worauf das Management den Fokus richten sollte

Interessanterweise gab es im vergangenen Jahrhundert noch einen einflussreichen Vordenker, der Druckers Konzept vom Management By Objective ablehnte. Er hieß W. Edwards Deming und spielte eine bedeutende Rolle bei der Propagierung eines kontinuierlichen Verbesserungszyklus bei japanischen Autoherstellern in den 1950er-Jahren. Er widersprach ausdrücklich der Meinung von Drucker, dass Zielsetzung und Vernachlässigung des Systems zu Leistungssteigerung führen würde. Deming zufolge sollte der Fokus auf dem Prozess liegen, der zum Erreichen von Zielen führt, und jedes Ziel sollte immer in Bezug auf den Mehrwert für die Kunden und Stakeholder geprüft werden.

Ironischerweise schien die Botschaft von Deming die westlichen Managementmethoden nicht übermäßig zu beeinflussen, stieß aber dafür in Japan auf große Resonanz. In der Tat trifft man beim Studium des Toyota-Produktionssystems (die Grundlage des Lean-Konzeptes) auf starke Bezüge und Belege für die praktische Umsetzung von Demings Ideen der kontinuierlichen Verbesserung in der Arbeitsweise von Toyota.

Im Obeya geht es nicht um das Erreichen von Zielen. So wie man mehrjährige Projekte unmöglich planen kann, kann man auch unmöglich mehrjährige Zielsetzungen festlegen, für eine Zukunft, die wir noch gar nicht kennen. Man muss die Richtung – seinen Nordstern – kennen und all seine Konzentration und seine Bemühungen nachhaltig in diese Richtung lenken. Allerdings nicht durch eine Vordefinierung messbarer Zielvorgaben und die Vernachlässigung ihrer Intentionen im Hinblick auf die Bemühungen ihres Erreichens. Das Ziel besteht jetzt in der kontinuierlichen Verbesserung, mit Respekt für den Menschen.

Wir legen das Hauptaugenmerk auf die Verbesserung unserer Arbeitsweise, während wir unsere Fortschritte stetig überwachen, uns neuen Herausforderungen stellen, Experimente durchführen und gemeinsam mit unseren (nächsten) Kunden nachdenken, wie wir die gewünschten strategischen Resultate erzielen können. Und wenn wir schon dabei sind – die Führungskräfte werden nicht nur diese Herangehensweise übernehmen, sondern auch ihre Teammitglieder dabei beraten, eine kraftvolle und nachhaltige Lernkompetenz in unserer Organisation aufzubauen, die ihre Stärken dann weiter ausbauen wird.

Peter F. Drucker (1909 – 2005)

William Edwards Deming (1900 – 1993)

Management by Objectives: dominante *westliche* Managementauffassung	**Continuous Improvement: dominante *östliche* Managementauffassung**
Das Ziel erreichen, egal wie	Das Ziel erreichen durch sorgsames Studium und nachhaltige Verbesserung des Systems
Besonderheiten in der Praxis: • Führungskräfte müssen auf alles eine Antwort haben • Auf Chancen beruhend • Getrieben vom Eigeninteresse	Besonderheiten in der Praxis: • Das Wissen kommt von da, wo die Arbeit stattfindet • Beständigkeit des Zwecks, kontinuierliche Verbesserung • Respekt für Menschen

Abbildung 2.7 – Die Auffassungen von Drucker und Deming verfolgten dasselbe Ziel, nur die Wege dorthin unterschieden sich

Teams, die sich Demings Auffassung von der Leistungsverbesserung erfolgreich aneignen, haben kein Problem damit, Maßstäbe zu erhöhen, wodurch Berichte rot werden statt grün. Sie sind intrinsisch motiviert, ihre Arbeitsweise zu verbessern, und sehen ein rotes Signal tatsächlich als Anleitung, die ihnen hilft, sich auf das zu konzentrieren, was sie verbessern müssen. Vorbei ist die Zeit der Wassermelonen-Berichte*. Oder? Was also hält uns zurück?

Umgang mit Zielen und Metriken im Obeya

Das Konzept Management By Objective gilt als Ursache für etliche, äußerst hartnäckige Probleme in unserer heutigen Welt. Und das liegt nicht nur an den Leuten, die Zielvorgaben hinterherjagen, sondern auch daran, wie die Ziele gesetzt und gemanagt wurden. Forschungen zu KPIs im Vertriebskontext aus dem Jahr 2008 (Franco-Santos & Bourne)[29] haben zehn häufige Probleme mit der Zielsetzung ergeben. Hier sei unbedingt erwähnt, dass die Organisationen aus diesen Forschungen, wie viele andere auch, die Leistungen der Mitarbeiter in Bezug auf die Organisations-KPIs an ihre Boni und finanziellen Belohnungen knüpften. Deming sagte einst: „Wo Angst herrscht, bekommt man die falschen Zahlen." Und ich würde gern einen weiteren Einzeiler hinzufügen, um das Wesentliche dieses Kapitels zusammenzufassen: „Wenn Geld zu verdienen ist, wird das System missbraucht."

Schauen wir uns ein paar bekannte Zielsetzungsprobleme und den Umgang mit ihnen im Obeya an. Die Zielsetzungsprobleme in der nachfolgenden Tabelle stammen aus den oben erwähnten Forschungen von Franco-Santos

* Ein Wassermelonen-Bericht ist einer, der außen grün und innen rot ist. Also obwohl er grün anmutet, ist die zugrunde liegende Leistung sehr schwach.

& Bourne (2008), in der rechten Spalte sehen wir den Umgang mit diesen Problemen im Obeya.

Zielsetzungsproblem	Umgang damit in Ihrem Obeya
Die Zielsetzung basierte hauptsächlich auf früheren Leistungen und wurde von den Leuten, die diesem Ziel zugeteilt wurden, welches mit einem Bonus einherging, bald als zu hoch oder zu niedrig empfunden, und das wirkte sich auf die Erreichbarkeit dieses Zieles aus.	Es sollte keinen Zusammenhang geben zwischen Meeting-Zielen im Obeya und persönlichen Bonus-Bezügen. Das verhindert ein auf persönliche Vorteile gerichtetes Verhalten auf Kosten der Teambemühungen, auf Systemebene Ergebnisse zu erzielen.
Ziele wurden dem Vertriebspersonal unangemessen zugeteilt.	Leistung entsteht durch Teamarbeit im Obeya; alle arbeiten auf das Gesamtergebnis hin.
Manche Ziele basierten auf falschen Leistungsmaßstäben – das nannte man oft „Ziel erreicht, aber am eigentlichen Anliegen vorbei".	Die Metrik soll in erster Linie die Leistung des Systems verständlich machen, also sollen wir vor allem daraus lernen und begreifen, was auf Systemebene getan werden muss, um das Erreichen der Ziele zu ermöglichen.
Ziele basierten ausschließlich auf Finanzkennzahlen – selbst wenn Faktoren wie Kundenbeziehungen absolut entscheidend waren.	Im Obeya sind die Finanzen nur eine der Metriken. Das Gleichgewicht zwischen allen (wichtigen) Erfolgsfaktoren wird überwacht, wobei finanzielle Aspekte sich auf einer Ebene befinden mit Themen wie Kunden- und Mitarbeiterzufriedenheit sowie der sozialen Verantwortung des Unternehmens (je nachdem, was Ihr Team auswählt).
Der Datenanalyseprozess, auf den die Ziele sich stützten, war dürftig und ließ es an Genauigkeit fehlen.	Aufgrund der Anwendung des Musters der kontinuierlichen Verbesserung werden Metriken und Ziele stetig überwacht und auf ihre Relevanz in Bezug auf unser System hin untersucht.
Ziele wurden nicht regelmäßig überprüft – und von den Ereignissen überholt.	Im Obeya schauen wir uns alle zwei Wochen die Leistungen und Fortschritte auf Systemebene an. Jedes Meeting beginnt mit potenziellen Planänderungen bzw. den Problemen, auf die wir dabei stoßen.
Ziele werden den Leuten „gegeben" – also entsteht keine Eigenverantwortung.	Im Obeya formulierte Ziele stammen aus der Strategie und werden per Handschlag zwischen Mitarbeitern und Teams vereinbart. Dazu gehört immer auch ein Statement der Person, die an einem Ziel arbeiten wird: „Das, denke ich, müssen wir als nächstes tun und das brauche ich dafür von Euch."

Zielsetzungsproblem	Umgang damit in Ihrem Obeya
Die Wechselbeziehungen von Zielen wurden nicht berücksichtigt – das führte zu Unvereinbarkeit.	Im Obeya betrachten wir die Leistung als Ganzes und bringen alle Erfolgsfaktoren miteinander in Einklang, sodass wir verstehen, wie jedes Element vom anderen beeinflusst wird.
Vereinbarte Aktionspläne waren die Ausnahme und nicht die Regel.	Rhythmus und Routinen umfassen regelmäßige leistungsbezogene Sitzungen, um aus unseren Aktionen und Experimenten zu lernen, und das beste weitere Vorgehen berücksichtigt die Erkenntnisse aus den Ergebnissen.

Tabelle 2.1 – Umgang mit der Zielsetzung im Obeya

Grund 4: Nichtbeachtung des Führungssystems

„Jede Analyse der Führung, die nur die Führungspersonen betrachtet, muss scheitern."[30]

– Haslam, Reicher & Platow

Was ist ein Führungssystem?

Wenn wir mit einer total vereinfachten Sichtweise einen Blick in eine Organisation werfen, sehen wir zwei Typen von Menschen: die einen denken an lang- bzw. längerfristige Ziele und versuchen dafür zu sorgen, dass wir diese erreichen, und die anderen verrichten die Arbeit, die tatsächlich für die Kunden wertvoll ist. Jeder hat sein eigenes Tätigkeitsgebiet und Berufsbild sowie seine Abläufe und Arbeitsweisen. Also können wir festhalten, dass in der Organisation als Ganzem zwei Systeme am Werk sind, die voneinander abhängen.

Wertesystem

- Schafft Mehrwert
- Erzeugt und liefert Produkte und Dienstleistungen

Führungssystem

- Legt den Zweck und die Ziele fest
- Setzt die Strategie (das Konzept) um
- Unterstützt Teams beim Erreichen der Ziele

Abbildung 2.8 – Führungssystem und Wertesystem

Wertesystem*

Hier verrichten operative Teams „wertschöpfende" Tätigkeiten, um für Kunden wertvolle Produkte oder Dienstleistungen herzustellen, auszuliefern und/oder bereitzustellen**. Im Wertesystem werden Patienten geheilt, Bankkonten für Kunden eröffnet und Autos zusammengebaut, sodass man sie nutzen kann.

Das Konzept dieses Systems sieht vor, das wertvolle Ergebnis für die Kunden zu maximieren und dafür zu sorgen, dass sie das Gewünschte bekommen, und zwar wann sie es wollen und zu den Bedingungen, zu denen sie es wollen. Im Kontext dieses Buches gehören zum Wertesystem außerdem Funktionen, die entweder für die Organisation einen Mehrwert schaffen (z. B. Werbung für Produkte und Dienstleistungen zur Gewinnsteigerung), für ihre Mitarbeiter (z. B. die Bereitstellung von HR-Dienstleistungen) oder ihre Stakeholder (z. B. Buchhaltung und regulatorisches Berichtswesen).

Abbildung 2.9 – Führungssystem und Wertesystem in der Fahrradfabrik

Am Beispiel einer Fahrradfabrik gehört zum Produktionssystem alles, was am Arbeitsplatz passiert, sowohl was Produkte (z. B. Fahrräder) als auch Dienst-

* Kenner des Toyota-Produktionssystems werden das als besagtes „Produktionssystem" erkennen, allerdings in einem breiteren Kontext angewendet, um die Dienstleistungen einzubeziehen. Das Wesentliche dabei ist, dass der tatsächliche Wert in diesem System geschaffen wird.

** Mit „Kunden" meinen wir alle, die von unserem Team, unserer Abteilung oder unserer Organisation ein Produkt bzw. eine Dienstleitung erhalten. Dazu gehören sowohl zahlende Kunden, Patienten und Nutzer öffentlicher Dienste, aber unter Umständen auch andere Teams innerhalb Ihrer Organisation, die die von Ihnen erzeugten Produkte bzw. Dienstleistungen nutzen.

leistungen (z. B. die Website für Bestellungen, um die Fahrräder zu verkaufen) betrifft.

Führungssystem

Das Führungssystem* liefert den Rahmen, die Unterstützung und das Fundament für das Wertesystem. Es gibt Ziele vor, legt Konzepte fest, die die Bedürfnisse der Stakeholder berücksichtigen (z. B. gesetzliche Bestimmungen oder Umweltschutzziele) und schafft ein überlappendes System, das mehrere Produkte und/oder Dienstleistungen unter dem Dach des Organisationszweckes zusammenbringt.

Das Führungssystem muss letztlich dafür sorgen, dass eine Strategie erstellt und so auf das Produktionssystem abgestimmt wird, dass die Schaffung des Mehrwertes optimal mit der Nutzung der begrenzten Ressourcen der Organisation in Einklang gebracht wird, um das Ziel auf bestmögliche Art zu erreichen. Und das fasst in etwa die Hauptaufgabe der Führung zusammen.

Wir sehen nur den Erfolg von Führungskräften, nicht den der Führung

Vor Jahren war ich mit meinem alten Kollegen und Freund Bart Stofberg im Einsatz, um einem Managementteam bei der Ausarbeitung seiner neuen Strategie und seines neuen Betriebsmodells zu helfen. Eine der Fragen, die er dafür vorschlug, lautete: „Wie definiert Ihr Team Erfolg?" Eine scheinbar einfache Frage, die ganz sicher jeder beantworten kann, dachte ich damals. Denn wie wollen wir uns auf eine Priorisierung unserer Arbeit einigen, uns mit Teams abstimmen oder überhaupt jeden Tag zur Arbeit kommen, wenn wir uns darüber nicht im Klaren sind?

Dann lernte ich aus den Interviews mit den einzelnen Teammitgliedern eine wichtige Lektion. Einige von ihnen hatten sofort eine Antwort parat, andere brauchten zwei oder drei einstündige Sitzungen, um eine geeignete Definition hervorzubringen. Und dennoch hatte jeder eine andere Meinung zu der Frage, „wann wir erfolgreich sind". Ich war erstaunt, dass eine scheinbar so einfache Frage so schwierig zu beantworten sein konnte, und auch dass sie innerhalb eines Teams, das wochenweise zusammenarbeitete, so unterschiedlich beantwortet wurde. In den vergangenen 13 Jahren bin ich nur wenigen Teams begegnet, die wirklich eine einheitliche Auffassung von ihrem eigenen Zweck und ihrer Arbeit hatten sowie auch davon, in welcher Beziehung sie zum Gesamtzweck der Organisation stehen.

---

* Der Begriff „Führungssystem" bezieht sich darauf, wie die Führung in der gesamten Organisation formell und informell ausgeübt wird. Er bildet die Grundlage für Schlüsselentscheidungen und die Art, wie sie getroffen, kommuniziert und ausgeführt werden. Er umfasst Strukturen und Mechanismen für die Entscheidungsfindung, die gegenseitige Kommunikation, die Auswahl und Entwicklung von Führungskräften und Managern sowie die Stärkung von Werten, ethischem Verhalten, Richtungsvorgaben und Leistungserwartungen." (Baldridge Glossary, 2019)

Abbildung 2.10 – Führungskräfte, die sich nur auf ihr eigenes Puzzleteil konzentrieren, statt das Ganze im Blick zu haben

Autonomie ohne Abstimmung endet im Chaos

Wenn jedes Teammitglied seiner Führungsverantwortung nachkommt, die Teams auf das Erreichen eines bestimmten Zieles hin abzustimmen, wir uns aber über das Ziel nicht so ganz im Klaren sind, wie wirkt sich das auf unsere Organisation aus, was die Ausrichtung betrifft?

Bei meinem Interview mit Fred Mathyssen bezeichnete dieser das Phänomen eines neuen Managers, der seine eigenen Methoden einführt und dabei die vorhandenen übergeht, als „Spezialität des Tages". Alle Investitionen, Projekte, Lernerkenntnisse etc. werden verworfen.

Doch selbst wenn sämtliche Manager an Ort und Stelle bleiben, werden sowohl die Vielfalt der einzelnen Führungsstile als auch die persönlichen Interpretationen der Ziele die Komplexität in unseren Organisationen verstärken. Die Interaktionen mit einer Führungskraft werden zu anderen Ergebnissen führen als die Interaktionen mit einer anderen Führungskraft. Und eine große Prioritäten- und Verhaltensvielfalt im Management gilt nicht unbedingt als Zeichen für effizientes, kohärentes Handeln, erst recht nicht wenn die Funktion für Kohärenz und Ausrichtung in der Organisation sorgen soll.

Probleme mit individualistischer Führung

Wenn das Motto lautet „jeder Mann und jede Frau für sich selbst" – mit welchen Problemen müssen wir dann auf der Führungsebene rechnen?

- Potenzielle Diskontinuität in der Führungsqualität – wenn Führungskräfte gehen, geht die Qualität mit ihnen.
- Mangelnde Ausbildung interner Fähigkeiten – keine Möglichkeit zum Aufbau interner Führungsqualitäten.

- Silodenken – Abteilungen werden von ihren eigenen Zielen angetrieben, nicht von den gemeinsamen.
- Variabilität in der Qualität – Unstimmigkeiten in der Herangehensweise.
- Unzulängliche Methoden/Arbeitsweisen – Anwendung von Arbeitsweisen, die für den anderen kontraproduktiv sind.
- Unzulängliche Abstimmung – wir brauchen mehr Meetings und arbeiten womöglich an nicht dazugehörigen Projekten, statt ein Projekt gemeinsam zu beenden.
- Krisenbekämpfungsmodus – statt das System strukturell in Ordnung zu bringen, reagieren wir nur auf die Probleme innerhalb unseres eigenen Kontextes.

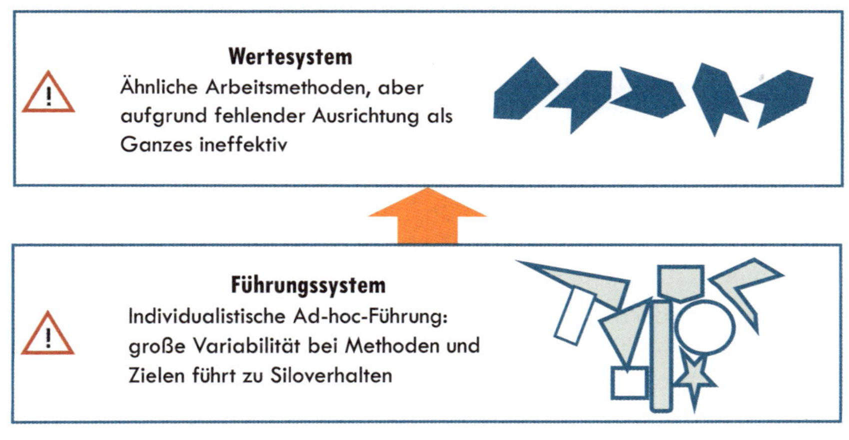

Abbildung 2.11 – Ad-hoc-Führung stört das Wertesystem

Ich habe einmal eine „Top-Ten"-Prioritätenliste gesehen, die „alle Prioritäten auf eine Stufe" stellte. Somit wurde die wirkliche Priorisierungsarbeit auf den einzelnen Manager der nächsten Managementebenen abgewälzt. Besonders schwierig wurde es danach, weil die operativen Teams, die mehrere Kunden bedienten, am Ende mit der Aufgabe dastanden, ihre Arbeit zu priorisieren. Was passiert, wenn ein Team, das Mehrwert für Kunden schaffen soll, nicht von der Führung unterstützt wird und zusätzliche Zeit für die Organisation und Vereinfachung der Abstimmung mit anderen Teams aufwenden muss? Mangels Unterstützung durch eine Führungsfunktion müssen sie auch noch mehr Zeit für nicht wertschöpfende Tätigkeiten der Abstimmung aufbringen, womit sich die verfügbare Zeit zur Wertschöpfung für die Kunden verringert.

Wir müssen eine Möglichkeit finden, unsere Organisationsziele systematisch und kohärent vom Zweck und von der Strategie in sinnvolle Arbeit zu übertragen, die Menschen begeistert und unsere Organisation zum Erfolg führt. Das ist Aufgabe der Führung, egal wo in der Organisation sich diese Führungsperson befindet.* Und wir können es nicht jeder einzelnen Führungskraft überlassen, ihre beste Vorgehensweise selbst zu finden, denn das bietet keine organisationsweite Erfolgsgarantie. Wir müssen das Ganze aus einer eher systemischen Perspektive betrachten und all unseren Führungskräften gleich gute Fähigkeiten zur Ausrichtung von Teams vermitteln. Aber wie stellen wir sicher, dass unsere Führungskräfte diese Fähigkeit herausbilden?

Wie entwickeln wir Führung

Recherchen von Gallup zufolge wurden Manager in 82 Prozent der Fälle ausgewählt, weil sie in ihrer vorherigen, nicht leitenden Position zufällig sehr gut gewesen waren – also verfügten sie über wenige bis gar keine Führungserfahrungen. Wie bilden wir nun die Eigenschaften großartiger Manager heraus? Und wie machen wir aus ihnen großartige Manager für *unsere* Organisation?

Führen ist ein Handwerk, das man erlernen kann – eine Kombination aus Fähigkeiten, Talent und den Begleitumstanden, unter denen eine Person eine Gruppe anderer Menschen führt.[31]

Mir ist aufgefallen, dass es in kaum einer der Organisationen, mit denen ich bisher gearbeitet habe, einen systemischen, vorhersehbaren, übertragbaren, kohärenten Ansatz dazu gab, wie Führungsteams es lernen, mit operativen Teams einen Zweck in Handeln zu übertragen, das tatsächlich auch zu üben und darin besser zu werden.

Stattdessen befördern wir eher Menschen, die wir mögen, und nicht solche, die dabei helfen, wirkliche Kompetenzen in der Organisation zu entwickeln. Forschungen haben ergeben, dass im westlichen Führungsmodell eher solche Manager befördert werden, die den Großteil ihrer Zeit für das Networking aufwenden und die wenigste Zeit für die Weiterbildung von Menschen. (Judge & Robbins, 2013)[32]

Organisationen scheinen die Führungspositionen mit Einzelpersonen zu besetzen und diese dann aufzufordern, die absoluten Mindestanforderungen zu erfüllen durch obligatorische Berichterstattung für Management und Personal (Risiko, Buchhaltung etc.) sowie Management (Fortschritt, Leistung). Der Erfolgsmaßstab für diese Person wird dann durch ihre Fähigkeit definiert, die Berichterstattungsziele zu erreichen, die häufig an persönliche Zielvorgaben geknüpft sind. Der Rest ist Talent, oft ergänzt durch allgemeines Führungstraining.

Forschungen zeigen, dass Manager am meisten dafür belohnt werden, dass sie „kurzfristige Leistungsziele" erreichen, gefolgt von den Kriterien, „die richtigen Leute zu kennen (Networking)" und „akute Probleme oder Krisen zu bewältigen".[33]

---

* Selbstverwaltete Teams haben in ihrer Einheit Führungskräfte, profitieren aber dennoch erheblich von einem konsistenten Modell zur Abstimmung zwischen Teams.

Das Organisationssystem wird Sie nicht dafür belohnen, dass Sie ein großartiger Manager sind, sondern dafür, dass Sie Ihre Ziele erreichen und ein großartiger Krisenbekämpfer sind.

Beginnen sie mit der Entwicklung des Führungssystems, nicht nur der Führungskräfte

Bei einer Umfrage waren 65 Prozent der Befragten nicht der Meinung, dass ihre Führungsteams ihre Arbeitsweise so angelegt haben, dass sie die operativen Teams effektiv unterstützen und sich mit ihnen abstimmen können. Muss das Führungssystem nicht in allererster Linie dafür sorgen, dass operative Teams sinnvolle Arbeit erledigen können?

Eine Systematisierung der Art und Weise, wie Sie in Ihrer Organisation die Führung organisieren, macht diese effizienter und effektiver, und während die Arbeitsweise einheitlich (wiederholbar) wird, können Sie damit beginnen, die Leute auf dieses Führungssystem hin zu schulen und zu entwickeln. Sie gibt den Teams einen Kontext, auf den sie sich verlassen können, und wird in der gesamten Organisation kohärent funktionieren. Sie kann Ihnen helfen, aus der Gewohnheit der Krisenbekämpfung durch Einzelpersonen auszubrechen und damit anzufangen, die wirklichen Probleme auf Systemebene zu lösen.

Obendrein kann diese Methode, wenn wir eine einheitliche Standardarbeitsweise für die Führung eingerichtet haben, gelehrt, erlernt und verbessert werden – sowohl durch die Führungskette als auch durch neue, aufstrebende Führungskräfte aus den operativen Teams. Im Grunde ist es ein Modell zur Weiterentwicklung der Mitarbeiter und der gesamten Führungskompetenz. Der Obeya ist eine ausgezeichnete Möglichkeit, Standardisierung in Ihr Führungssystem zu bringen, während Sie Ihr menschliches Führungspotenzial maximal ausschöpfen.

> „Den Beweis dafür, dass unser Führungssystem funktionierte, lieferte die Tatsache, dass wir schneller und sichtbarer wieder auf dem gewünschten Leistungsniveau des Unternehmens angelangt waren als andere Abteilungen nach der Umstrukturierung."
>
> **– Liedewij van der Scheer, Lean Black Belt**

Von nun an werden wir uns der Führung von Organisationen aus einer systematischen Perspektive nähern. Um das System zu verbessern, ist ein Paradigmenwechsel erforderlich von der einzelnen Führungskraft hin zur Betrachtung der Führung als Ganzem. Die zielgerichteten Teile müssen miteinander und mit dem großen Ganzen abgestimmt werden, um einen Zustand zu erreichen, in dem das Gesamtziel der Organisation erreicht werden kann (Gharajedaghi, 2006)[34]

Ein Führungssystem dient den operativen Teams* dazu, den Gesamtaufwand in der Organisation so zu optimieren, dass sie die Ziele und den Zweck der Organisation möglichst effektiv erreichen. Insofern ermöglicht es die Umsetzung erfolgreicher Strategien.

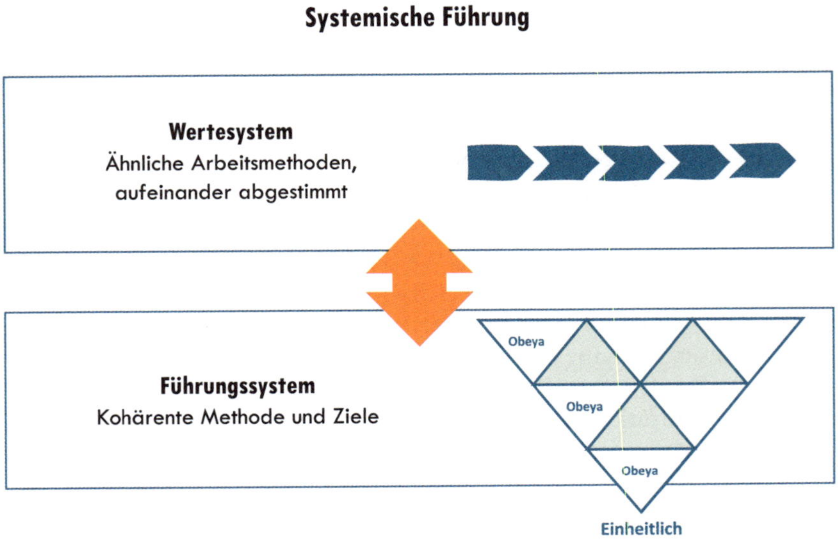

Abbildung 2.12 – Von der Ad-hoc-Führung zu einer systemischen Führungsarbeit mittels Obeya für Führungsteams als Teile des Puzzles

Obeya bringt einen systemischen Ansatz mit, der von Natur aus eine Einbeziehung der nächsthöheren Ebenen der Organisation erfordert, womit sowohl eine Beständigkeit in den Managementmethoden als auch eine nie dagewesene Ausrichtung auf einen einzigen Zweck für alle Managementebenen und operativen Teams in der Organisation geschaffen werden. Das verleiht der tagtäglichen Arbeit Sinn, inspiriert Menschen mit ehrgeizigen Zielen und bringt vor allem Schwung in Ihre Organisation. Und die übergreifenden, besser entwickelten Lern- und Verbesserungsfähigkeiten führen zu verlässlichen sichtbaren Ergebnissen.

Strategieumsetzung auf allen Ebenen der Organisation

Der Ansatz zur Schaffung einer bewussten Verbindung zwischen allen Ebenen der Organisation ist keineswegs neu. Hoshin Kanri ist ein altbekanntes

* Operative Teams sind solche, die tatsächlich für Kunden und Stakeholder einen Mehrwert schaffen, aber keine Overhead-Managementfunktionen erfüllen.

Konzept des Strategiemanagements aus der Mitte des vergangenen Jahrhunderts, das sich auf das japanische Quality Management gründet (daher der japanische Name). Die vier Komponenten dieses Namens fassen seine Ziele wunderbar zusammen (Hutchins, 2008):[35]

- Ho – heißt Richtung.
- Shin – bezieht sich auf Fokus.
- Kan – bezieht sich auf Ausrichtung.
- Ri – heißt Motiv.

Wichtige Aspekte des Hoshin Kanri sind die Verbindung aller Ebenen der Organisation, was zum einen die Richtung und den Fokus betrifft (durch Entscheidungsfindung oder Politikgestaltung), und zum anderen die Ausrichtung (durch partizipativen Dialog jeder Ebene bzw. jedes Bereiches der Organisation mit der/dem nächsten) und das Motiv, gemeinsam zu lernen und den Nachweis der Wirkung dieser strategischen Richtung und der Erkenntnisse zu erbringen, um den strategischen Kurs fortzusetzen bzw. zu ändern. Sie werden feststellen, dass Obeya, wie es in diesem Buch beschrieben wird, mit Hoshin Kanri im Zusammenhang steht und den Obeya als praktisches Instrument in Stellung bringt, um Strategieumsetzung zu einem Bestandteil der Routine von Führungsteams zu machen.

Teil III:

Prinzipien des gemeinsamen Sehens, Lernens und Handelns

GEMEINSAM SEHEN, LERNEN UND HANDELN

Obeya kann Teams tatsächlich beim Erreichen ihrer Ziele helfen, aber es kann täuschend einfach wirken. Wenn Sie denken, beim Obeya geht es nur um das Visuelle – falsch gedacht. Denn es geht um Sie und mich und darum, wie wir in diesem Raum interagieren. Die visuellen Materialien dienen nur zur Unterstützung unserer kognitiven Fähigkeiten, es kommt in erster Linie darauf an, wie wir angemessen handeln.

Schauen wir uns an, wie Obeya zur Entwicklung Ihres Führungsteams beitragen kann. Aus den Erfahrungen meiner fast zehnjährigen Arbeit mit Obeya in unterschiedlichen Umgebungen und Branchen kann ich sagen, dass die Anwendung dieses Instruments einen ausgesprochen positiven Einfluss auf die Effektivität von Führungsteams haben kann, was sowohl das Führen der Organisation zu einem Ziel betrifft als auch die tagtäglichen Managementaufgaben. Teams, die Obeya in Angriff genommen haben, berichten einhellig von den Vorteilen. Und das liegt nicht an dem, was an den Wänden hängt, sondern daran, wie sie es schaffen, die Essenz ihrer Arbeit in etwas Bedeutungsvolles zu übertragen, es zu visualisieren, es miteinander und mit ihren Teams zu teilen und daraus eine effektive Arbeitsroutine mit sichtbaren Ergebnissen zu machen.

> „Uns ist viel stärker bewusst, was wir tun und was das im Hinblick auf die Strategie bedeutet. Vorher waren immer alle irgendwie beschäftigt. Und jetzt konzentrieren wir uns mehr darauf, zu prüfen, ob wir die richtigen Fortschritte auf unser Ziel hin gemacht haben, und wir treffen bewusst Entscheidungen darüber, ob wir eine neue Initiative starten sollen oder nicht."
>
> – **Benjamin de Jong, Agile Coach**

Der Schlüssel zu seinem Erfolg ist die sichtbare und sogar greifbare Präsentation des sonst so verborgenen Führungssystems. Man betritt einfach nur den Raum und weiß genau, warum die Leute in diesem Team jeden Tag zur Arbeit kommen, wo sie in Sachen Fortschritt stehen und wie sie künftig ihre Leistungen zu steigern beabsichtigen. Darüber hinaus hat alles, was sie tun, einen direkten Bezug zur Geschäftsstrategie, was den Fokus auf die Ergebnisse legt. So wie das Toyota-Team bei seiner Arbeit an seinem ersten Prius den Prototyp des Autos im Obeya-Bereich stehen hatte, setzt ein Führungsteam im Obeya alles daran, seine Organisation so greifbar zu machen wie jenen Prius-Prototyp – durch Visualisierung und Dialog.

Damit das klappt, müssen alle Aspekte des Organisationssystems durch die Menschen in dem Raum repräsentiert sein, die gemeinsam sehen, lernen und handeln wollen. Das Team muss sich eine Denk- und Handlungsweise aneignen, mit der es den „Prius" seiner Organisation offenlegen kann. Im Referenzmodell finden wir die Aspekte des Denkens und Handelns im Obeya an den Wänden bzw. im unteren Bereich. In diesem Kapitel werden wir sie einzeln besprechen, um zu verstehen, wie sie zum gemeinsamen Sehen, Lernen und Handeln beitragen. Geübten Kennern von Lean- und agilen Methoden werden diese Prinzipien bekannt vorkommen, wobei wir sie in diesem Buch in Bezug auf den Obeya und aus einer Eingeweihten-Perspektive erklären.

Abbildung 3.1 – Verhaltensbezogene Prinzipien, die wir im Obeya erwarten und die ihn effektiv machen sollen

Die Effektivität eines Obeya lässt sich nicht anhand der visuellen Materialien an der Wand beurteilen, denn die bilden nur die Spitze des Eisbergs. Der Großteil der Masse liegt unter der Oberfläche. Denken Sie nicht, dass Sie mit einem Obeya anfangen können und gleich andere Ergebnisse erzielen, ohne die Gewohnheiten und Verhaltensweisen in Ihrem Team zu ändern. Der wahre Wert entsteht durch das Verhalten und die Entscheidungsfindung des Teams, das ihn nutzt.

Im Grunde stellt das visuelle Material an der Wand des Obeya dar, wie das Führungsteam sein eigenes Führungs- und Produktionssystem versteht. Also werden dort bestimmte Denk- und Sichtweisen auf die Organisation, die Menschen, die Produkte etc. offengelegt. Was an der Wand hängt, ist Ausdruck dessen, was die Mitglieder des Teams einander und dem Rest der Organisation über ihre Arbeit zeigen wollen und können.

Die Fähigkeit, den Obeya mit effektiven visuellen Elementen auszustatten, unterscheidet sich vermutlich massiv von den Fähigkeiten, die sie bei den „traditionellen" Managementmethoden gebraucht haben. Das Team muss begreifen, dass es sich auf eine Reise begibt, die von Übung und kontinuierlicher Verbesserung geprägt sein wird und auf eine möglichst effektive Nutzung des Obeya abzielt, sowohl aus visueller Perspektive als auch aus der Perspektive von Gewohnheiten und Denkweisen.

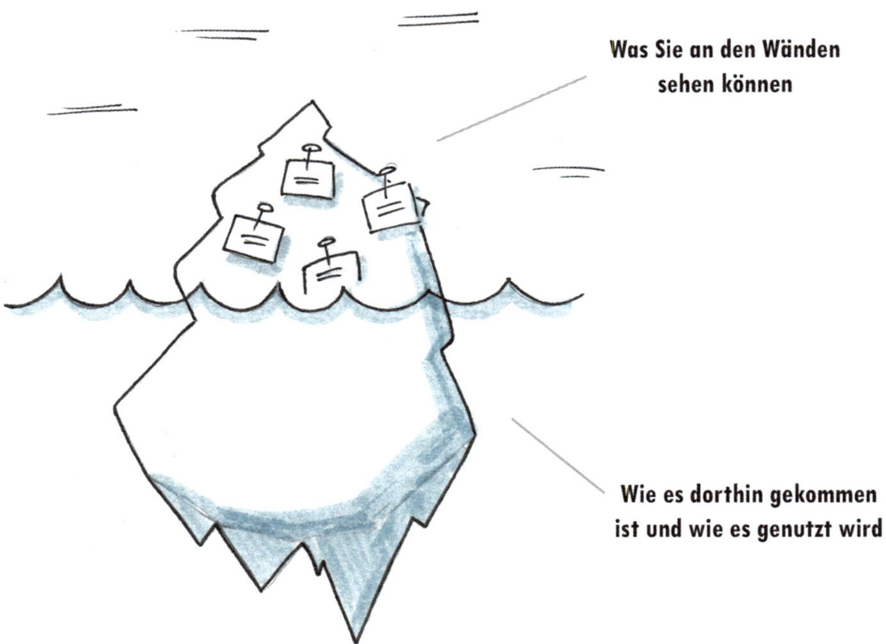

Abbildung 3.2 – Eisberg bezogen auf das Visuelle im Obeya

Nun widmen wir uns den Schlüsselkonzepten des Denkens und Handelns, die die Grundlage bilden für eine erfolgreiche Nutzung eines Obeya durch ein Führungsteam.

Systemdenken und Verantwortlichkeit

In Teil I haben wir gesehen, dass Ihre Organisation aufgrund ihrer Komplexität vermutlich keinen Input-Output-Mechanismus hat, um die Strategie umzusetzen und den Zweck zu erfüllen. Man kann keinen Code in eine Befehlszeile eingeben und dann einen positiven Ausgang erwarten. Politik, Siloverhalten, persönliche Zielvorgaben (KPIs) und offen gestanden auch die Tatsache, dass wir weder die Zukunft voraussagen noch überblicken können, wie alles und alle in unserem System auf Änderungen reagieren werden, machen es schwer, auf effektive Art Ergebnisse zu erzielen.

Wenn wir nicht versuchen, das System und dessen Auswirkungen auf Entscheidungen und Aktionen zu verstehen, die auf allen Organisationsebenen ergriffen werden, so wird das Ergebnis der strategischen Planung wohl eher vom „Glück“ beeinflusst als von „Fähigkeiten“. Und darum ist Systemdenken so wichtig: wir müssen zusammenarbeiten, um das System, das unsere Organisation ist, offenzulegen und allmählich zu begreifen.

Beschäftigen sie sich mit ihrem System und dessen Komplexität, indem sie es offenlegen

In seinem Buch *Antifragile* spricht Taleb (2006)[36] von „kausaler Opazität“: Wir wissen einfach nicht genau, wie komplexe Systeme funktionieren und wie sich eines zum anderen verhält. Wir können nicht genau voraussagen, was passieren wird, wenn wir auf einen Aspekt davon Einfluss nehmen. Aufgrund unserer Befangenheit gegenüber Komplexität vermeiden wir es gern, sie frontal anzugehen, um daraus schlau zu werden. Stattdessen versuchen wir es mit Fehlerbehebung, wenn ein Problem (oder eher noch ein Symptom) aufkommt, und lindern es mit einem „Flicken“ statt mit einer Lösung. Allerdings ist uns das gar nicht so bewusst, weil wir die Komplexität unseres Systems nicht richtig erfassen können.

Eine andere Art des Umgangs mit unerwünschten und dazu noch unverständlichen Ergebnissen aus dem System ist die Erhöhung des Bearbeitungs- und Verwaltungsaufwandes. Wenn zum Beispiel am Ende des Produktionszyklus ein Problem mit dem Produkt auftaucht, werden oft zusätzliche Tests veranlasst, damit die schlechten Produkte nicht zum Kunden gelangen. Allerdings können diese Tests mühsam und zeitraubend sein und sie bringen dem Kunden keinerlei Mehrwert. Bei den Lean-Arbeitsweisen hilft die Ursachenforschung dabei, mehr Teile des Systems freizulegen und begreiflich zu machen, warum das System überhaupt Qualitätsprobleme erzeugt. Durch die Beseitigung der Ursache wird die Qualität verbessert und die Verschwendung von Material (fehlerhaften Produkten) und wertvoller Zeit verhindert.

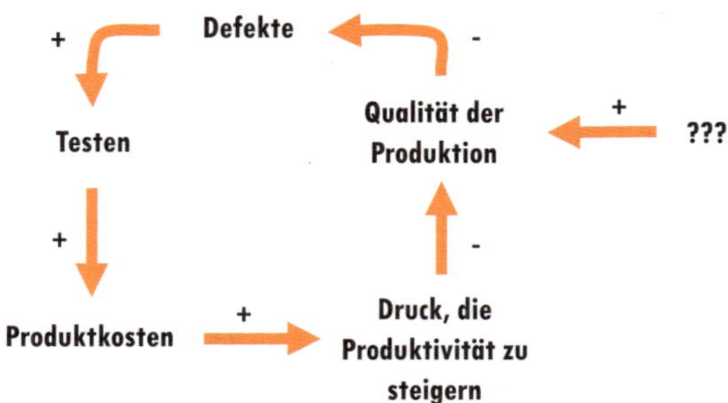

Abbildung 3.3 – In dieser Schleife wird die Qualität nachlassen und die Produktionskosten werden weiter steigen. Um diesen Kreis zu durchbrechen, muss man unbedingt die Ursache des Systems für mangelhafte Qualität ausfindig machen.

Dafür brauchen Sie allerdings Zeit. Probleme oder Symptome nur auszubessern, erscheint zeitsparender und zehrt somit vom Systemdenken. Doch damit bürden wir unserem ohnehin schon komplexen System womöglich auch noch unnötige Aktionen zur erneuten, eben nur anders gearteten Behebung derselben Symptome auf, während wir die eigentliche Ursache verbergen. Und aufgrund unserer Fire-&-Forget-Aktionen übersieht unsere System-1-Denkweise die möglichen negativen (bzw. positiven) Auswirkungen.

Beispiel: Die Fahrradfabrik braucht geringere Produktionskosten

Um Ihr System zu verstehen und ihm etwas von seiner Komplexität zu nehmen, lohnt es sich, gemeinsam mit Ihrem Team eine visuelle Darstellung auszuarbeiten. Dafür gibt es Visualisierungstechniken wie kausale Schleifendiagramme (wie in Abbildung 3.3), mit deren Hilfe Sie sich mit den anderen Mitgliedern Ihres Führungsteams über den Kontext austauschen können.

Sehen wir uns an einem Beispiel an, wie das aussehen könnte. Wir Niederländer lieben es, überallhin mit dem Fahrrad zu fahren. Stellen Sie sich nun vor, Sie hätten eine Organisation, die Fahrräder herstellt – Die Fahrradfabrik. Irgendwann stellt diese Fabrik fest, dass sie mit anderen Fahrradherstellern in scharfem Wettbewerb steht. Die Herausforderung besteht darin, qualitativ hochwertige und dennoch erschwingliche Fahrräder zu bauen, sodass man sich gegen die Konkurrenz behaupten kann. Damit haben wir zwei Elemente (von potenziell vielen) in unserem System erfasst: Produktionskosten und Fahrradqualität.

Damit kommen wir zum ersten Reibungspunkt zwischen zwei Elementen Ihres Systems: Kostensenkung durch Einkauf der Fahrradteile bei günstigeren Anbietern, was sich allerdings auch auf die Qualität eines Fahrrads auswirken kann, wenn es zusammengebaut ist. Vielleicht finden wir andere Möglichkeiten der Kostensenkung, als billige aber qualitativ minderwertige Fahrradteile einzukaufen.

Suchen wir also nach einem anderen Element, das die Kosten der Fahrradproduktion reduzieren könnte. Ein Beispiel sind Lohnkosten, die tendenziell einen erheblichen Teil der Fahrradherstellungskosten ausmachen. Wenn wir einen Weg finden, die Lohnkosten pro Fahrrad zu senken, können wir also auch die Gesamtproduktionskosten eines Fahrrads geringhalten. Nun gibt es zwei neue Elemente in dem System, die wir offenlegen können, die sich auf die Lohnkosten pro Fahrrad auswirken: zum einen die Löhne und zum anderen die Anzahl der produzierten Fahrräder pro Kosteneinheit (Stunde). Verringern wir also die Lohnkosten. Doch bald stellen wir fest, dass unsere besten Fahrradmonteure, die pro Stunde die meisten Fahrräder zusammenbauen und dabei alle Qualitätsstandards einhalten, uns verlassen, weil sie woanders mehr Geld verdienen können.

Wenn der Trend sich fortsetzt, gelangen wir in eine Negativspirale. Qualität und Produktion unserer montierten Fahrräder nehmen ab. Auf welche Teile des Systems können wir Einfluss nehmen, um einen positiven Effekt zu erzielen?

Was wenn wir die Anzahl der pro Kosteneinheit produzierten Fahrräder erhöhen könnten (# der Fahrräder / Lohn in € pro Stunde)? Das wären mehr Fahrräder bei gleichem Gesamtbetrag der Löhne, sodass die Durchschnittskosten zur Herstellung eines Fahrrads geringer wären. Vielleicht können wir unseren Prozess verbessern und eine Möglichkeit finden, bei gleicher Mitarbeiterzahl und gleichen Lohngesamtkosten mehr Qualitätsfahrräder zu bauen. Da haben Sie gleich einen schönen Ausgangspunkt für ein Verbesserungsvorhaben, das Sie unter der Rubrik „kontinuierliche Verbesserung" besprechen können.

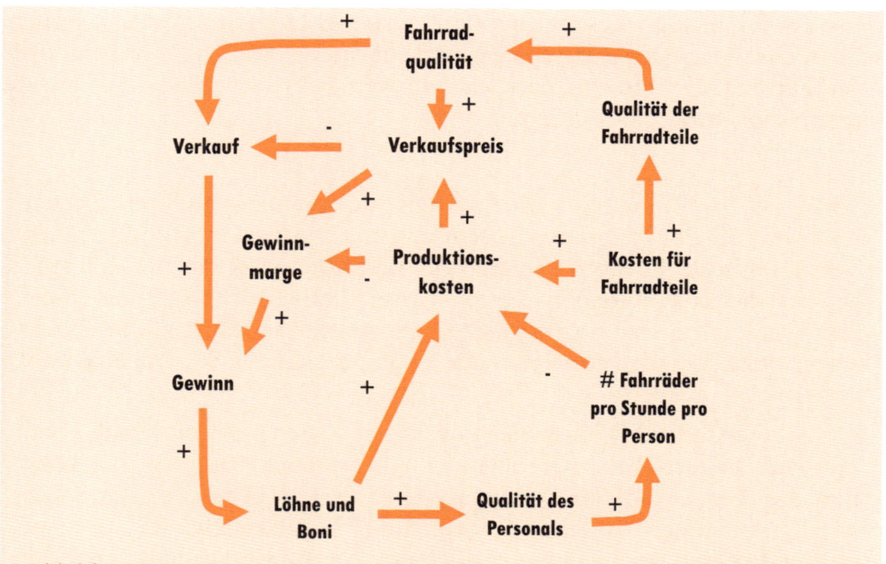

Abbildung 3.4 – Elemente, die die Fahrradfabrik sinnvollerweise in ihrem Obeya überwachen könnte, um in den umkämpften Fahrradmarkt einzusteigen

Bei diesem Beispiel werden Sie feststellen, dass wir bei jedem Schritt weitere Teile eines Systems freilegen, die alle miteinander verbunden sind und aufeinander wirken. Wenn wir diese Organisation zum Erfolg führen wollen, müssen wir lernen, in dem System die richtigen Knöpfe zu drücken, und uns nicht blind die Kostensenkung als Ziel zu setzen. Wenn wir die Kosten für Löhne oder Fahrradteile senken würden, wären wir nicht mehr in der Lage, unseren Zweck zu erfüllen und erschwingliche Qualitätsfahrräder zu bauen. Wir sollten stattdessen das System eingehend untersuchen und berücksichtigen und die richtigen Knöpfe finden. Doch diese springen einem selten sofort ins Auge, sondern verbergen sich hinter der unmittelbaren Sichtbarkeit des Systems.

Wie funktioniert das im Obeya?

Im Obeya wird das System, wie es die Führung versteht, durch die visuellen Materialien an der Wand repräsentiert. Die stehen gewissermaßen für die Elemente des Systems, die das Team aufdecken und ans Licht bringen konnte. Auf diese Elemente beziehen sich ihre Verbesserungen an komplizierten oder komplexen Problemen in der Rubrik ‚Probleme lösen'. Und mit jedem Schritt, den sie in das Dunkel hineingehen, enthüllen sie ein besseres Verständnis jenes Teils des Systems mit jedem Verbesserungszyklus. Und dieses Verständnis bringt eine bessere Entscheidungsfindung mit sich.

Hier sei erwähnt, dass das Aufdecken und Verstehen komplexer Systeme ein Prozess empirischer Forschung ist, der auf Hypothesen basiert (mit unserem derzeit verfügbaren Wissen denken wir, dieser Teil wirkt sich auf jenen aus, aber wir können noch nicht sicher sein), auf dem Zusammentragen von Beweisen (wenn man an diesem Knopf dreht, so wirkt sich das gewiss in vorhersehbarer Weise auf den anderen aus), und auf einer gesunden Dosis demütiger Anerkennung der Tatsache, dass wir sehr wenig darüber wissen, wie unsere Organisation wirklich funktioniert.

TIPP – Die Erstellung eines visuellen Systemdiagramms von Ihrem System kann für Ihr Führungsteam sehr nützlich sein, um ein grundlegendes Verständnis für ihr System zu erlangen und Kontext zu teilen. Doch aufgepasst, das ist keine leichte Übung. Um ein brauchbares Ergebnis zu erzielen, braucht es Zeit und mentale Konzentration seitens der Teilnehmer sowie einen fähigen Moderator, der die Prinzipien des Systemdenkens[37] versteht.

Akzeptieren Sie ruhig, dass Sie ein vorhersehbares System niemals ganz verstehen werden. Erwarten Sie nicht, das System kontrollieren zu können, das ebenso komplex ist wie Ihre Organisation. Aber Sie sollten sich wirklich bemühen, Tools zu nutzen, die es in die richtige Richtung zu pushen helfen. Das ist allemal ein besserer Ansatz als das Betrachten der einzelnen Elemente des Systems in Berichten auf Ihrem Laptop oder in Abteilungen versteckt und dem geteilten Kontext und gemeinsamen Verständnis des Teams unzugänglich.

Verantwortlichkeit in dem System

Was hat Verantwortlichkeit mit Systemdenken zu tun? Stellen Sie sich das System wie ein Puzzle vor. Mit dem Aufdecken der Puzzleteile des Systems sehen wir nach und nach die Elemente, die von unserer Organisation gemanagt werden sollten. Um unser Organisationssystem managen zu können, sollte jedes Element bzw. Puzzleteil durch eine Person repräsentiert werden, die bereit ist, dafür die Verantwortung zu übernehmen. Wenn wir also alle Puzzleteile zu einem System zusammenlegen, wird jedes Teil durch eine Person in dem Raum repräsentiert. Nun können wir allmählich erkennen, wie die Verantwortlichkeiten und Entscheidungen der einen Person in dem Raum (z. B. kosteneffizientes Arbeiten in unserer Fahrradfabrik) sich auf die anderen (z. B. Fahrradqualität) auswirken. In Abbildung 3.4 sehen wir, dass verschiedene Managementdisziplinen als System funktionieren: HR stellt erstklassige Monteure ein und hält sie im Unternehmen, Operations produziert effizient Fahrräder und der Einkauf versucht, kostengünstigere Fahrradteile zu beschaffen.

Die Entscheidungen einer Person in der Führung wirken sich vermutlich auf andere in dem Raum aus. Manche werden eindeutig sein (die Verwendung billigerer Materialien senkt voraussichtlich Ihre Produktionskosten) und andere werden weniger offensichtlich sein und nur einen indirekten Bezug dazu haben (billigere Produkte könnten aufgrund mangelhafter Qualität zu mehr Produktrückgaben führen).

Im Obeya sollte jedes Element des Systems mindestens einen Verantwortlichen haben, der dieses Element repräsentiert. Wenn wir also in dem System Bereiche für Verbesserungen aufdecken, sind wir auch in der Lage, schnell auf einen Aktionsträger zu kommen. So werden Unklarheiten rund um die Verantwortlichkeit für die Systemleistung durch eine Aufdeckung der Elemente des Systems und die Bestimmung einer repräsentativen und verantwortlichen Führungskraft für jedes Element beseitigt.

Abbildung 3.5 – Für jeden Teil des Systems ist eine Person verantwortlich

Kontext und Probleme visuell teilen

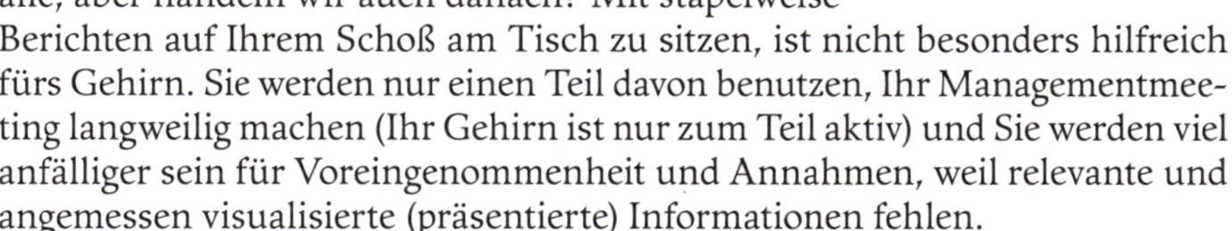

Ein Bild sagt mehr als tausend Worte. Das wissen wir alle, aber handeln wir auch danach? Mit stapelweise Berichten auf Ihrem Schoß am Tisch zu sitzen, ist nicht besonders hilfreich fürs Gehirn. Sie werden nur einen Teil davon benutzen, Ihr Managementmeeting langweilig machen (Ihr Gehirn ist nur zum Teil aktiv) und Sie werden viel anfälliger sein für Voreingenommenheit und Annahmen, weil relevante und angemessen visualisierte (präsentierte) Informationen fehlen.

Wir visualisieren die Dinge im Obeya nicht, weil es cool aussieht, oder pflastern die Wand mit Haftnotizzetteln zu, weil es zum allerneuesten Agile-Hype passt. Wir visualisieren im Obeya das System und unsere Arbeit, weil der Sehsinn unser stärkster Sinn ist (Witten & Knudsen, 2005)[38]. Der visuelle Cortex ist tatsächlich das größte System in unserem Gehirn[39].

Mittels PowerPoints Entscheidungen treffen? Das ist super, aber aller Wahrscheinlichkeit nach sind sie so angelegt, dass sie das Ergebnis einer bestimmten Entscheidung untermauern, statt Ihre Ansichten objektiv zu präsentieren – mit der richtigen Menge an Informationen und den objektiven Fakten über das System und den Kontext eines Problems. Wie oft hatten Sie schon das Gefühl, dass der Bericht des Projektmanagers grüner war als er im Rückblick hätte sein sollen?

Abbildung 3.6 – Kontext wird durch Dialog geteilt

Geteilten visuellen Kontext gemeinsam erstellen

Das Ziel des visuellen Managements besteht im Wesentlichen darin, auf unsere kognitiven visuellen Fähigkeiten einzugehen – indem es uns hilft, das System zu sehen und zu erkennen, wie effektiv es arbeitet – und zu versuchen, Verzerrungen zu vermeiden.

Im Abschnitt „Systemdenken und Verantwortlichkeit" haben wir bereits gesehen – wenn wir das System als Ganzes betrachten können, können wir mehr darüber lernen, wie ein Bereich sich auf den anderen auswirkt bzw. in welcher Beziehung sie zueinanderstehen. Wir können die Auswirkungen unserer Maßnahmen erkennen und sie hinsichtlich unserer Annahmen in Bezug auf ihren Beitrag zur Umsetzung unserer Strategie prüfen. Das versuchen wir möglichst objektiv zu tun, indem wir Regeln dafür vereinbaren, wann entsprechende Signale zum Einsatz kommen. Wenn beispielsweise der Fortschritt bei der Entwicklung unseres neuen Fahrradreifens um mehr als 10 Prozent vom anvisierten Einführungstermin abweicht, wird bei dem Thema visuell an der Wand eine rote Flagge gehisst.

Wenn wir meinen, dass etwas für unser Führungsteam wichtig ist oder sein sollte, so sollten wir das durch eine objektive visuelle Präsentation des gesamten Systems bekräftigen. Mit der Auswahl dieser wichtigsten Dinge und ihrer übersichtlichen, kreativen und sinnvollen Visualisierung schaffen wir im Grunde eine stärkere Wahrnehmung unseres (Verständnisses des) Systems. Und wir machen Schlüsselinformationen besser zugänglich, weil sie dort, wo wir unsere Schlüsselentscheidungen treffen, ständig präsent bzw. sofort verfügbar sind.

Da jede neue Information, die wir im Laufe eines Tages erhalten, neue Erkenntnisse und neuen Kontext zu einem Thema mit sich bringt, ist das Teilen von Kontext eine Schwerpunktaktivität von Führungspersonen, die so dafür sorgen, dass ihre Kollegen und Teammitglieder besagten Kontext ebenfalls erhalten. Damit begünstigen sie Abstimmung und gut informierte Entscheidungsfindung überall, auch außerhalb des Obeya.

Forschungen zufolge sind Manager, die sich bemühen, Informationen zu teilen und ihre Entscheidungen zu begründen, effektiver bei ihrer Arbeit (Robbins & Judge, 2007).[40] Jeder hat ein Puzzleteil und erst wenn wir beginnen, das Puzzle zusammenzusetzen, und sehen können, ob die Teile zusammenpassen, können wir den Wert, den jeder Einzelne schafft, maximieren. Die Summe ist größer als ihre einzelnen Teile.

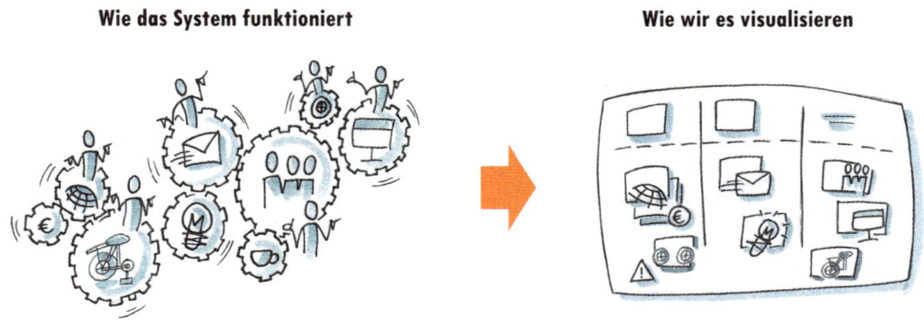

Abbildung 3.7 – Die Visualisierung Ihres Systems ist eine Fähigkeit

Was am Ende an die Wand kommt, spiegelt den Denkprozess des Teams und sein Verständnis vom System wider. Wenn man in einen Obeya hineinkommt, sieht man schon eine Menge über das Team und darüber, wo sie sich in ihrem Prozess gerade befinden. Er offenbart, was ihnen wichtig ist, wie sie sich organisieren, ihre Leistungen einschätzen und was sie verbessern.

Wo das visuelle Management herkommt

Beispiele für die Anwendung von visuellem Management gibt es schon sehr lange. Ein bekanntes System für visuelles Management im professionellen Arbeitsumfeld heißt Kanban. Zum ersten Mal wurde Kanban (japanisch für „Hinweistafel“ oder „visuelle Karte“) 1953 bei Toyota eingesetzt. Es ist ein

System, das mittels Karten und Zielen dafür sorgt, dass ein System bereitstellt, „(1) was gebraucht wird, und zwar (2) wann es gebraucht wird und (3) in welcher Menge“ (Ohno, 1978). Durch Untersuchung amerikanischer Supermärkte entwickelte Toyota ein System, das nach dem Pull-Prinzip arbeitet: Lieferung nach Kundenbedarf. Mit diesem eleganten System reduzierten sie Planungsaufwand, Kosten für Lagerbestände, Überproduktion, Wartezeiten etc.

Vorteile des visuellen Managements

Bei Ihrem Vorhaben, Ihren Arbeitsprozess zu visualisieren, geht es nicht um die Visualisierung selbst. Sie erfordert viel Arbeit und absolute Konzentration vom Team, aber so kann man auch zusammen lernen und die Arbeit verbessern. Und genau dort liegt der Wert – in der gemeinsamen Arbeit an Ihrem System, um in Anerkennung der Erfahrungen, Fähigkeiten und Kenntnisse der anderen einen gemeinsamen visuellen Bezugsrahmen zu schaffen.

Die Visualisierung selbst kann nie eine Lösung sein, ihr Wert liegt in den Bemühungen des Teams während des Visualisierungsprozesses und der darauffolgenden Meetings: zum Baselining ihrer Arbeit, zur Problemerkennung und -lösung und damit zur Verbesserung ihrer Arbeit.

Zusätzlich zur Sichtbarmachung neuer Informationen über das System, in dem Sie arbeiten, kann visuelles Management auch helfen, kontextuelle Kontinuität aufzubauen. Wir Menschen können von Natur aus Information und Komplexität nur begrenzt verarbeiten. Bei der Entscheidungsfindung visuellen Kontext vor Augen zu haben, hilft uns dabei, unsere Aufmerksamkeit auf die richtigen Dinge zu lenken und Entscheidungen mit allen relevanten Informationen in Reichweite zu fällen.[41]

Wenn Sie in einer Führungsposition sind, werden regelmäßig wichtige Entscheidungen von Ihnen erwartet. Aber wussten Sie, dass Ihr Erinnerungsvermögen schon nach 30 Sekunden nachlässt (Todd & Marois, 2004)[42]? Deshalb hilft uns visuelles Management, uns stärker zu engagieren und auf das Wesentliche zu konzentrieren. Es unterstützt unser Gedächtnis mit leicht verfügbaren Fakten und liefert einen sinnvollen Kontext für Überlegungen und Diskussionen zur richtigen Entscheidungsfindung.

> **TIPP** – Erwarten Sie nicht, dass die visuellen Materialien Ihnen alle Antworten geben. Denn eigentlich sollen sie Ihnen helfen, die richtigen Fragen zu stellen. Wenn Sie eine Frage haben, die nicht mit den visuellen Materialien beantwortet werden kann, erkunden Sie womöglich einen Teil des Systems, den Sie noch nicht visualisiert haben. Dann wären die nächsten Fragen: (1) Ist das eine relevante Frage? und (2) Sollten wir Zeit dafür aufbringen, die Antworten auf diese Frage strukturell aufzudecken?

Ein paar Tipps

Pierre Masai, CIO von Toyota Europe, berichtet von seinen Erfahrungen mit visuellem Management bei Toyota (2017).[43] „Immer wenn man bei Toyota ein Büro betritt (ob bei HR, Logistik oder Einkauf), kann man das Geschehen recht schnell erfassen, indem man die Visualisierungen an den Wänden betrachtet." Das sollte das visuelle Management zum Ziel haben: sehen, lernen und handeln. Was für Gestaltungsrichtlinien können dabei helfen, die Situation in Ihrem Obeya schnell zu erfassen?

1. Das ganze Bild betrachten

Den Grundsätzen des Systemdenkens folgend, versuchen wir im Obeya, das ganze System zu visualisieren – soweit ins Detail, wie es für das Team relevant ist. Dabei visualisieren wir die fünf wichtigsten Führungsverantwortlichkeiten, die in Teil V behandelt werden und die alles umfassen, was das Führen einer Organisation betrifft.

Abbildung 3.8 – Fünf Bereiche repräsentieren das ganze Bild

2. Helfen, sich auf das Wichtige zu konzentrieren

Die Einigung auf einen „Standard-Betriebsmodus" – durch die Festlegung von Leistungsschwellenwerten (zum Beispiel rechnen wir mit einer Produktion von 80 Fahrrädern pro Woche) – hilft bei der Erkennung von Ausnahmen und Problemen. So können Sie wertvolle Fragen stellen wie: Was hat im Hinblick auf die Erwartungen *nicht geklappt*? Was verursachte die Abweichung? Was war die Grundursache? Was können wir daraus lernen? Das sind die zu stellenden Kernfragen, wenn man sich Abweichungen vom Plan anschaut, denn sie weisen uns oft auf wertvolle Verbesserungen in unserem System hin.

Was sollten wir heute besprechen?

Abbildung 3.9 – Mit roten/grünen Signalen auf Meetings den Fokus ausrichten

3. Informationsfluss und einfache, leicht verständliche visuelle Strukturen

Machen Sie es leicht, die richtigen Informationen ausfindig zu machen (die Struktur hilft Ihnen, die relevanten Informationen zu finden, statt 30 Berichtseiten durchsuchen zu müssen). Wenn man komplexe Informationen so präsentiert, kann das Team der Logik ganz leicht folgen, gern auch geleitet von visuellen Symbolen, Markierungen, Linien etc. Dafür muss der Raum logisch strukturiert sein, die Informationen fließen logisch durch ihre Bahnen, es gibt keine Informationsüberlappungen etc.

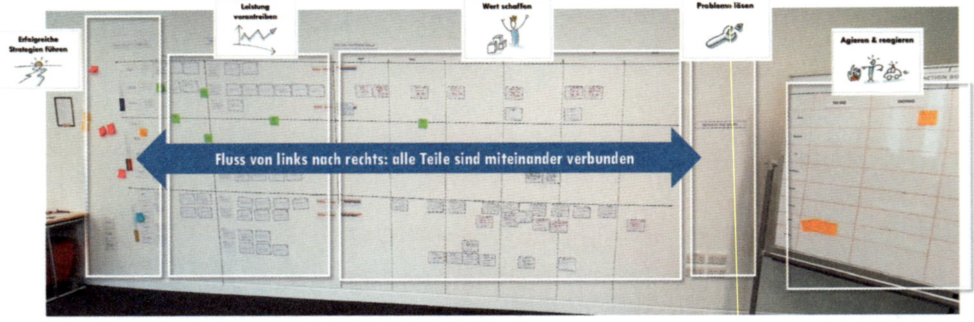

Abbildung 3.10 – Beispiel für einen Fluss der Informationen von links nach rechts

4. Übersichtlich angelegte visuelle Materialien, die beide Gehirnhälften beanspruchen

Egal wie Sie es angehen, versuchen Sie immer, beide Gehirnhälften zu stimulieren: Logik und Kreativität. Logik liegt in den Zahlen und im Aufschlüsseln kontextueller Informationen und unterstützt das wissenschaftliche

Denken. Kreativität hingegen liegt im Gebrauch von Farben, Zeichnungen, Symbolen, Bildern für die Teammitglieder oder sogar Avataren. Letztere helfen dabei, die Dinge im Gedächtnis zu behalten, weil mehrere Bereiche des Gehirns angesprochen werden. Das sorgt außerdem für ein stärkeres Verantwortungsgefühl im Raum und eine Identifizierung mit den Metriken und Zielen. Ein anschauliches Bild lässt sich mit hoher Wahrscheinlichkeit in seinen sensorischen Einzelheiten abrufen. Mit visuellen Materialien kann man die Aufmerksamkeit besser fokussieren und das kurzfristige „Arbeitsgedächtnis“ stärken. Wenn die Dinge uns präsent sind, setzen wir uns eher mit ihnen auseinander.

TIPP – Wenn Ihnen nicht gefällt, was Sie sehen, schauen Sie noch einmal hin. Es ist wichtig zu verstehen, dass Ihre Fähigkeit zur Visualisierung der Funktionsweise Ihres Systems zum eigentlichen Funktionieren des Systems beiträgt. Und wenn Sie es nicht gut visualisieren, heißt das nicht unbedingt, dass Ihr System defekt ist, es kann auch bedeuten, dass Sie lediglich Ihr Verständnis und Ihre Visualisierung dieses Systems verbessern müssen. Dazu kommt, dass wahrscheinlich jeder Schritt zur Visualisierung Probleme aufdeckt. Wenn also die Visualisierung für Sie nicht zu funktionieren scheint, treten Sie einen Schritt zurück und stellen Sie fest, was wirklich los ist – vielleicht haben Sie ja ein Problem freigelegt, dass Sie jetzt zu lösen beginnen können.

Personalentwicklung

Die Personalentwicklung steht im direkten Zusammenhang mit dem Respekt für Menschen – einer der Säulen des Toyota-Produktionssystems. Wenn Sie sich nun fragen, wie das geht, schauen wir uns gemeinsam den nachfolgenden Gedankengang an:

- Wenn Sie jemanden einstellen und ihm Arbeitsziele setzen, aber nicht wirklich Zeit darauf verwenden, seine Fähigkeiten im Kontext Ihrer Organisation weiterzuentwickeln, ist es dann fair, von ihm zu erwarten, alle vorgegebenen Ziele zu erreichen?
- Wenn eine Person sich daranmacht, die beste Möglichkeit zu finden, ein Ziel zu erreichen – ist es dann respektvoll, sie selbst herausfinden zu lassen, wie man das am besten hinbekommt, obwohl jemand anders die beste bekannte Möglichkeit schon kennt? Käme es der Organisation zugute, sie das selbst herausfinden zu lassen bzw. mit minimaler Anleitung?

Ein Einstieg in Obeya bedeutet, dass Sie sich auf dem Weg des kontinuierlichen Lernens befinden, aber auch des kontinuierlichen Lehrens des Gelernten. Im Obeya beziehen sich die auf Führungsniveau zu entwickelnden

Fähigkeiten grundsätzlich auf das Referenzmodell: die visuellen Materialien an der Wand und die Prinzipien des Lernens und Handelns.

Das Prinzip „Kontext und Probleme visuell teilen" beispielsweise ist ein wichtiger Schritt für das Lernen und Weiterbilden eines Führungsteams – und der wird ausgeführt, wenn sie mit der Visualisierung ihres Systems beginnen, während sie ihren ersten Obeya einrichten.

Beständigkeit in der Führung

Der Visualisierungsprozess offenbart, dass jedes Mitglied des Führungsteams (vermutlich) eine andere Auffassung davon hat, wie ihre Führungs- und Wertesysteme funktionieren. Durch einen Blick auf die Denk- und Handlungsweisen der Teammitglieder wird er außerdem Entwicklungs- bzw. Lernansätze offenlegen. Das nützt jedem Team zu jeder Zeit. Warum? Weil die verschiedenen Sichtweisen nicht nur Unterschiede in Kenntnissen und Kompetenzen aufdecken, sondern auch zu Unbeständigkeiten in den Prozessen und in der Anwendung der Methoden hinsichtlich der operativen Teams führen können. Das verursacht Schwankungen in der Ausführung der Konzepte, was zu noch mehr Unbeständigkeit für die Kunden führen kann, woraus sich dann wiederum Probleme, Verschwendung etc. ergeben.

Jeder Führungsverantwortlichkeitsbereich im Obeya repräsentiert eine Führungskompetenz, die angewendet werden kann und sollte. Im Bereich „Mehrwert schaffen" zum Beispiel muss eine Führungskraft Portfolioentscheidungen treffen: welche Produkte werden wir in Anbetracht unserer begrenzten Ressourcen zuerst entwickeln? Entscheidet eine Abteilung darüber vollkommen anders als eine andere, haben Sie womöglich ein Abstimmungsproblem, sofern diese beiden Abteilungen für die End-to-End-Wertschöpfung für den Kunden benötigt werden.

Man kann sagen, dass die fünf Bereiche der Führungsverantwortlichkeit in einer Arbeitsweise zusammengenommen werden können, die in einer gesamten Organisation eingeführt werden kann. Und das bringt große Vorteile in Sachen Abstimmung, Kohärenz und Beständigkeit, weil wir alle auf Systemebene dieselbe Arbeitsweise anwenden. Das leuchtet doch ein, oder?

Stellen Sie sich vor, wir würden das umdrehen und sagen: „Hey, du überlegst dir, wie du deine Projekte priorisieren willst, und ich mache das eben auf meine Art". Wie würde sich das auf die Beständigkeit und Abstimmung in unserer Organisation auswirken? Vernünftig klingt das nicht, oder? Und doch ist es womöglich genau das, was Ihre Organisation heute tut.

Was passiert, wenn jemand in Ihr Unternehmen kommt, der eine Führungsposition bekleiden wird? Wie würde man ihm helfen, die Strategie und seinen Beitrag dazu zu verstehen? Haben Sie dafür einen Onboarding-Prozess? Das ist toll, aber wie wird die Entwicklung dieser Person danach weiter gefördert? Werden ihre Verhaltens- und Arbeitsweisen sich auf das stützen, was sie sonst gemacht haben? Gehen wir einmal davon aus, dass Neuzugänge mit neuen Ideen, kreativen Gedanken etc. gut und wirklich wertvoll sind. Aber wie stellen wir sicher, dass wir mit dem, was diese Person und ihre Teams tun, auf einer Linie bleiben? Wie sorgen wir dafür, dass das neue Teammitglied alle wertvollen Lektionen und Arbeitsweisen, die wir sorgfältig in unserer Organisation entwickelt haben, übernimmt?

Führungsverantwortung für Personalentwicklung in operativen Teams

Die Übernahme der Verantwortung für die Personalentwicklung ist äußerst wichtig, um die nötigen Kompetenzen in der Organisation aufzubauen und somit in der Lage zu sein, den Zweck zu erfüllen. Und hier geht es nicht nur um die Weiterentwicklung der Führung, sondern vor allem der Menschen, die den Großteil ihrer Arbeitszeit für die tatsächliche Wertschöpfung für die Kunden aufwenden.

Die Personalentwicklung lässt sich kaum „outsourcen" an Personalentwickler oder externe Trainer und Coaches. Denn die Leute in den operativen Teams erfüllen ja die Kernaufgabe des Unternehmens. Es ist in der Tat Aufgabe des Managers bzw. der Führungskraft, die Personalentwicklung in seinem bzw. ihrem Team zu unterstützen, sodass der Mehrwert für die Kunden noch besser geschaffen und der Zweck der Organisation aktiv verfolgt wird. Die Aufgabe, Menschen und Teams auf operativer Ebene zu fördern, sollte auf deren persönliche und berufliche Entfaltung fokussiert sein sowie darauf, sie und ihre Teams zu befähigen, zur Gesamtstrategie beizutragen. Denn wir dürfen nicht vergessen, dass der wahre Wert von den operativen Teams geschaffen wird.

Informationsaustausch über angestrebte Arbeitsweisen ist großartig, aber keine Garantie dafür, dass sich Leute entsprechend verhalten werden. Jemanden zu einer Schulung zu schicken, ist schön und wird ihn sicher inspirieren, aber wenn er an seinen normalen Arbeitsplatz zurückkehrt, wo sich nichts geändert hat, wird er davon kaum etwas in die Praxis umsetzen. Was müssen wir also noch für die Personalentwicklung tun?

Drei Aspekte der Personalentwicklung im Obeya

Grundsätzlich ist die Personalentwicklung im Obeya dreigeteilt:

1. Mitglieder des Führungsteams werden durch die Praxis in den Verantwortungsbereichen und der Anwendung der Prinzipien weitergebildet: ein Coach hilft ihnen zu erkennen, was sie übersehen, und sich effektive Gewohnheiten anzueignen.
2. Mitglieder Ihres Führungsteams erlernen das Coachen durch das Üben von Coaching-Kata mit einzelnen Mitarbeitern ihrer Teams, wobei sie an Aufgaben arbeiten, die im direkten Zusammenhang mit wesentlichen Erfolgsfaktoren stehen, die wir im Obeya ermittelt haben. Führungskräfte eignen sich die Fähigkeit an, Coaches zu sein.

3. Einzelne Mitarbeiter Ihrer operativen Teams werden in den Obeya involviert und durch das Coaching ihres Teamleiters gelehrt, der Verbesserungs-Kata zu folgen. Sie erlernen auf Verbesserung ausgerichtete Denkmuster, Fähigkeiten und Verhaltensweisen.

Coaching-Kata

Auftragen, polieren. Am besten lernen wir, wenn wir uns mit dem, was wir erlernen, beschäftigen, und durch Übung. Führungskräfte müssen tatsächlich Zeit mit den Leuten in ihren Teams verbringen. Und sie müssen die Fähigkeit der Personalentwicklung erlernen. Eine gute Methode dafür ist die Anwendung der Coaching-Kata (Rother, 2009)[44] – eine Routine, die mithilfe eines anderen Coaches erlernt und geübt werden kann.

Die Idee ist recht einfach: Es gibt fünf Fragen, die eine Führungskraft auf jedweder Ebene der Organisation dem stellen wird, mit dem er gerade eine „Verbesserungs"-Sitzung abhält. Für gewöhnlich passiert das im Bereich „Probleme lösen", um sicherzustellen, dass das, woran gerade gearbeitet wird, einen Bezug zu den Schlüsselaspekten im Obeya hat.

Die fünf Fragen lauten folgendermaßen:*

1. Wie ist der Zielzustand?
2. Wie ist der derzeitige Istzustand?
3. Welche Hindernisse halten Sie Ihrer Meinung nach vom Erreichen des Zielzustandes ab? Welches davon gehen Sie jetzt an?
4. Was ist der nächste Schritt (Experiment)? Was erwarten Sie?
5. Wie schnell können wir erkennen, was wir aus diesem Schritt gelernt haben?

Diese Fragen zu stellen und die Coaching-Kata zu praktizieren, wirkt täuschend einfach, aber das ist es nicht. Ändern Sie die Fragestellung auch nur minimal, so bekommen Sie vielleicht eine komplett andere Antwort, oder ändern sogar die Beziehung zu der Person, mit der Sie die Kata durchführen. Fragen Sie zum Beispiel nicht nach dem Erlernten, sondern nach den Ergebnissen, so könnte das dem anderen suggerieren, dass Sie nur auf Ergebnisse aus sind und nicht auf Lernerkenntnisse. Und so wären Sie in einem vom Management by Objectives geprägten Umfeld gleich wieder bei den Leuten, denen es nur um Ergebnisse geht und nicht um die Verbesserung ihrer Fähigkeiten, damit das System, das diese Ergebnisse hervorbringt, verbessert wird.

Die Coaching-Kata wird in jedem Fall hilfreich sein, sollte aber auch in geeigneter Weise genutzt werden und Anfänger sollten die Tatsache respektieren, dass es lange dauert, bis man sie beherrscht. Denken Sie an unseren Hang zur Selbstüberschätzung. Malcolm Gladwell, der Autor von *Outliers*, auf den die 10 000-Stunden-Regel für den Erwerb von Fähigkeiten zurückgeht, erklärte: „Der nötige Zeitaufwand für die Entwicklung Ihrer Fähigkeiten ist vermutlich

---

* Mehr dazu im kostenlosen Infomaterial von Mike Rother zur Toyota Kata unter: http://www-personal.umich.edu/~mrother/The_Coaching_Kata.html

größer als Sie denken"[45]. Auch der Erwerb der Fähigkeit zur Personalentwicklung wird einige Zeit in Anspruch nehmen, bis man sie wirklich beherrscht.

Personalentwicklung kann man nicht einfach anfangen und beenden, sobald die Leute einen gewissen Reifegrad erreicht haben. Es ist eine kontinuierliche Tätigkeit, die mehr oder weniger Priorität bekommt, je nachdem, welche Kompetenzen herausgebildet werden müssen, um den Zweck Ihrer Organisation zu erfüllen.

Wenn man Mentoren und Verbesserer von allen Ebenen der Organisation miteinander in Verbindung bringt, entsteht eine kohärente Struktur des Bottom-up-Lernens und der Top-down-Strategieführung – mit einer Feedbackschleife, wie es sie bei traditionellen Managementmethoden nicht gegeben hat.

Abschließend lässt sich zu diesem Prinzip sagen, dass der Obeya eine Plattform für das Lernen und Lehren ist. Tatsächlich sollte die Führung einige Prinzipien aus *The Toyota Way*[46] in Bezug auf das Lernen und Lehren im Obeya umsetzen:

- Führungskräfte heranbilden, die die Arbeit voll und ganz verstehen, die Philosophie leben und sie anderen beibringen.
- Herausragende Mitarbeiter und Teams ausbilden, die Ihrer Unternehmensphilosophie folgen.
- Durch unermüdliches Reflektieren und kontinuierliche Verbesserung zu einer Lernorganisation werden.

Abbildung 3.11 – Durch Coaching auf allen Ebenen den Lern- und Verbesserungseffekt steigern

Rhythmus & Routine (Kata)

Was wird auf den Meetings im Obeya besprochen?

Die kurze Antwort lautet: alles, was zum Erreichen Ihrer strategischen Ziele beiträgt und Ihnen ausgehend vom geteilten Kontext Entscheidungen oder Maßnahmen abverlangt. Bei genauerem Hinschauen fällt uns auf, dass es zu jedem visuellen Bereich im Referenzmodell ganze Besprechungsserien gibt. Nehmen wir ein Beispiel aus Teil I und sehen wir uns an, was in jedem Bereich besprochen wird, um einen Eindruck davon zu bekommen. Diese Bereiche haben einen Rhythmus und eine Routine, die speziell konzipiert wurden, um für jeden Bereich einheitlich umgesetzte Führungskompetenzen zu entwickeln. Weitere Einzelheiten zu den einzelnen Meetings finden Sie in Teil IV.

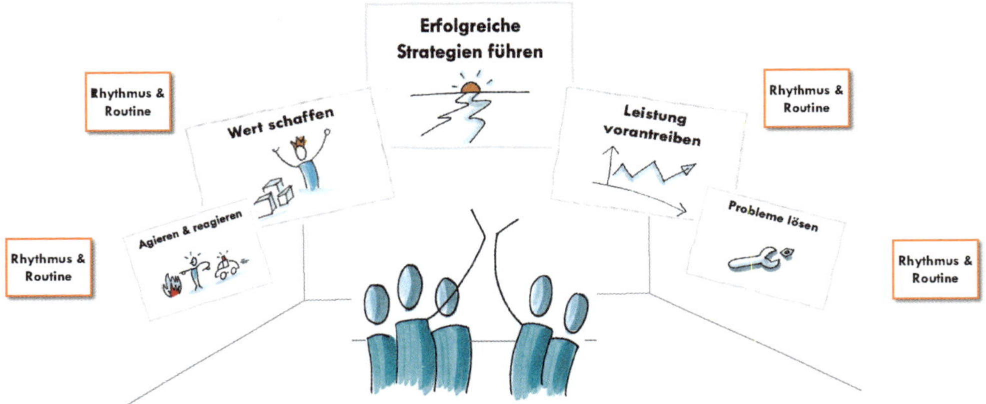

Abbildung 3.12 – Jeder Bereich mit eigenem Rhythmus und eigener Routine

Erfolgreiche Strategien führen

In diesem Bereich einigt sich das Team auf den Zweck und die zur Erfüllung dieses Zwecks erforderlichen strategischen Fähigkeiten – abgeleitet von der Gesamtstrategie der Organisation.

Leistungen vorantreiben

Hier arbeitet das Team an der Sichtbarmachung der Leistungen seiner Organisation – sowohl intern (z.B. Mitarbeiterzufriedenheit), als auch extern (z.B. Kundenzufriedenheit). Durch die Festlegung von Zielvorgaben weiß das Team, wo es heute steht, wo es hinwill und wie die Verbesserungen zu priorisieren sind, um dorthin zu gelangen.

Probleme lösen

Wenn das Team meint, dass es die Leistungen zu stabilisieren oder zu verbessern versucht, die Art und Weise der Umsetzung aber unklar ist, wird es mit strukturierter Problemlösung beginnen: der Offenlegung neuer Teile des Systems und der Festlegung von Zielvorgaben, die ihm helfen, seine Arbeit besser zu machen.

Mehrwert schaffen

Das Team priorisiert seine Arbeit in einer Portfoliodiskussion, ordnet der priorisierten Arbeit Kapazitäten zu und richtet sich auf den Strategieplan aus – in Richtung der künftigen Entwicklung seiner wertschöpfenden Tätigkeiten, wie etwa der Erstellung neuer Features für seine Website. Dieses Meeting wird häufig mit den Planungssitzungen der operativen Teams abgestimmt, die Sprints machen.

Agieren & reagieren

Kurze und knappe Meetings, die rasch zu verstehen helfen, was vor sich geht, wobei auf neue Entwicklungen hin agiert und reagiert wird. Darüber hinaus muss ein sehr wichtiges Meeting stattfinden, um Probleme oder Anfragen abzustimmen und anzusprechen, die von Teams von der Basis oder aus dem höheren Management vorgebracht wurden.

> „Meiner Ansicht nach funktioniert die Arbeitsmethode mit Obeya, wie wir sie jetzt bei uns umgesetzt haben, wirklich gut. Es gibt einen Ort, an dem man mit einer festgelegten Tagesordnung zusammenkommt und sich auf die Ergebnisse konzentriert. Davor hat mir wirklich der Informationsfluss gefehlt, ich musste mir die nötigen Informationen persönlich von einem Product Owner oder Scrum Master holen, nur so bekam ich mit, was in den Teams passierte. Wenn man rund 20 Squads und etwa 170 Leute in einem Tribe hat, ist es ein aussichtsloses Unterfangen, auf dem Laufenden bleiben zu wollen. Die traditionelle Meeting-Struktur war sehr viel eigenwilliger, zufälliger und improvisierter, Struktur war kaum vorhanden. Dagegen konnte man in dem Obeya-Meeting, das Sie soeben miterlebt haben, durch einen Blick auf unseren „Energiezähler" beobachten, wie die Energiepegel der Teilnehmer während des Meetings gestiegen sind."
>
> **– Sytze Hiemstra, Tribe Lead**

Der chaotische Terminplan eines Managers

Ist Ihr täglicher Arbeitsplan auch so chaotisch wie bei den meisten Managern? Versuchen Sie auch, noch mehr Meetings in einen bereits vollen Terminplan hineinzuquetschen, kommen Sie zu jedem nachfolgenden Meeting etwas zu spät und haben Sie auch das Gefühl, dass es Ihnen im Grunde gar nichts bringt?

Wenn Sie in einer Führungsposition sind, ist Ihr Tagesprogramm meist an sich schon eine Herausforderung. Das erste Problem: die Meetings finden überall statt und Ihr Terminplan ist voll ausgebucht. Das zweite Problem: nach vielen dieser Meetings sagt Ihnen Ihr Bauchgefühl, dass es möglich sein muss, viel mehr Nutzen daraus zu ziehen. Mitunter ziehen sich die Diskussionen so in die Länge, dass wir es nicht einmal schaffen, alle Themen auf der Agenda zu behandeln, sodass man noch zwei Wochen auf eine Entscheidung zu seinem Vorschlag warten muss.

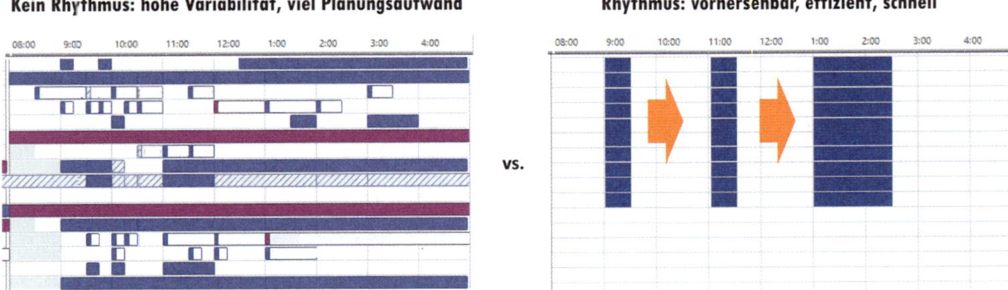

Abbildung 3.13 – Ein Rhythmus hilft dem Team, für Anfragen anderer Teams zur Verfügung zu stehen – und vermeidet unnötigen Planungsaufwand für die Organisation von Meetings

Ich habe schon oft Führungskräfte erlebt, die entweder zu spät kamen oder im letzten Moment unsere Treffen komplett absagten, weil andere Meetings einfach wichtiger waren. Sie verspäteten sich also oder ihre Priorität lag offensichtlich nicht auf ihrem Treffen mit mir. Dazu kommt, dass viele mir bekannte Manager einfach hinnahmen, dass sie zu fast jeder Sitzung zu spät kamen, ihre Teamkollegen warten ließen und es schier nicht schafften, drängende Themen zu besprechen. Es scheint, als sähe das Schicksal des Managers nun einmal so aus und als könne man nichts dagegen tun.

Doch was, wenn wir doch etwas ändern könnten? Wenn Meetings sich nicht verzögerten, sondern einem vorhersehbaren Ablauf und Tempo folgen und sich so abstimmen ließen, dass ein Meeting Sie auf das nächste vorbereiten würde?

Versuchen Sie, mehr Struktur hineinzubekommen und sich Zeit zu verschaffen, indem Sie einen Rhythmus aufnehmen, mit dem Sie sich auf wenigen Schlüsselsitzungen um Ihre meisten Führungsaufgaben kümmern können. Wenn alles gut geht, sollte ein Manager in der Lage sein, in rund acht Stunden pro Woche den meisten Verpflichtungen gegenüber seinem Team gerecht zu werden. Das funktioniert allerdings nur, wenn Sie bereit sind, anberaumte Meetings, die sich mit dem Zweck der Obeya-Meetings überlappen, abzusagen. Wenn Sie das tun, können Sie sich eine ziemlich effektive Meeting-Struktur zu eigen machen. Zum Beispiel:

Kaum acht Stunden pro Woche für die komplette Abstimmung mit Ihrem Führungsteam	
1 x 1,5 Stunden Leistungen vorantreiben oder Mehrwert schaffen	= 1,5 Stunden
3 x 0,5 Stunden Agieren & reagieren	= 1,5 Stunden
4 x (2 x 30 Minuten) Probleme lösen	= 4 Stunden
0,5 x 1,5 Stunden Inhalts-/Vertiefungsmeetings	= 45 Minuten
Insgesamt	**= 7 Stunden und 45 Minuten**

An nur einem Tag könnten Sie praktisch fast all Ihren Führungsverantwortlichkeiten innerhalb Ihres Führungsteams nachkommen. Darin inbegriffen ist die Zeit mit Mitgliedern Ihrer Teams, um gemeinsam an strukturierter Problemlösung zu arbeiten, was meist zuerst übergangen wird, wenn es hart auf hart kommt.

Verstehen Sie das nicht falsch – wenn Sie sich jetzt Ihren Terminkalender anschauen und versuchen, noch weitere acht Sitzungsstunden hineinzuzwängen, wird Ihr Verstand die Möglichkeit eines Einstiegs in Obeya-Meetings niemals in Betracht ziehen. Wenn Sie aber Ihren Geist öffnen und darüber nachzudenken beginnen, wie maßgebliche Meetings aussehen sollten, die zur Erfüllung Ihrer Aufgabe entscheidend sind – ohne die irrationale Forderung nach scheinbar sinnlosen Meetings, die Ihre Organisation derzeit veranstaltet –, werden Ihnen diese Obeya-Meetings durchaus vernünftig erscheinen. Versuchen Sie also, Ihren derzeitigen Terminplan mit Bedacht daraufhin zu prüfen, welche Sitzungen ersetzt, neu ausgerichtet oder sogar gestrichen werden können, um Zeit für die angemessene Ausführung Ihrer Aufgaben zu gewinnen.

> „Es geht nicht nur darum, was hinzukommt, sondern vor allem darum, was von Ihrer Agenda gestrichen wird. Es gab einige spezielle Beispiele wie etwa ein monatliches Meeting, auf dem wir den jeweiligen Stand der Dinge besprachen. Jetzt machen wir das öfter in weniger Zeit. So kommt mehr Qualität in das Meeting und wir sind zudem in der Lage, viel schneller auf Entwicklungen zu reagieren als früher."
>
> – Sytze Hiemstra, Tribe Lead

Eine andere Sichtweise auf Meetings

Sämtliche Obeya-Meeting-Routinen funktionieren als Einheit und befassen sich mit allen Aspekten des Managements: Richtung vorgeben, Änderungen planen, operatives Geschäft ausführen, Verbesserungen realisieren, Folgemaßnahmen.

Die Bereiche und damit auch die Meetings sind miteinander verknüpft, wobei Verbesserung das zentrale Thema und die Triebfeder für alle anderen ist. Da sie alle miteinander verbunden sind, wird es sich auf den Erfolg der anderen auswirken, wenn Sie eines versäumen.

Hätte man zum Beispiel einen Leistungs- und einen Portfolio-Bereich ohne den Kontext eines Strategie-Bereiches, so wäre es schwierig, Leitlinien für das Team im Hinblick auf wesentliche Diskussionen über Priorität, Richtung oder sogar Abstimmung festzulegen. Ebenso gäbe es keine schnelle Weiterverfolgung von Entscheidungen und Aktionen, wenn es eine Portfolio-Wand aber kein Aktions-Board gäbe, was die Reaktionsfähigkeit des Teams gravierend verlangsamen und Ergebnisse potenziell verzögern würde, weil die Prioritäten nur einmal alle zwei Wochen überwacht würden.

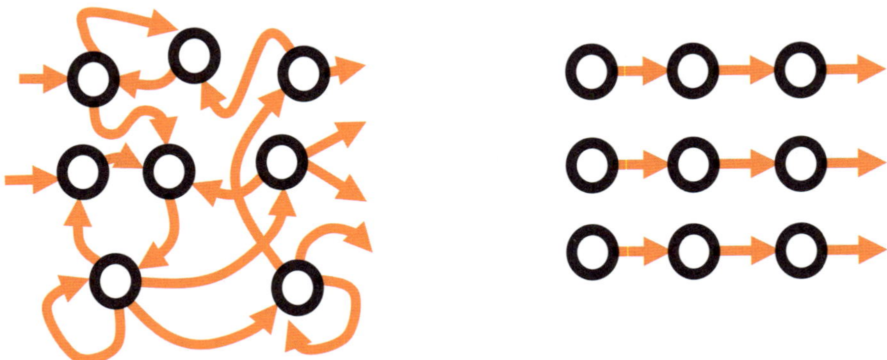

Abbildung 3.14 – Von chaotischen Meetings zu strukturierten Routinen

Sich einen festen Rhythmus zuzulegen, ist auch in Sachen Vorhersehbarkeit äußerst praktisch. Wenn man weiß, dass man sich dreimal die Woche am Dienstag, Mittwoch und Donnerstag trifft, können sich alle darauf einstellen. Viele Teams haben heute schon einen Rhythmus in ihren Zeitplänen, wie etwa bei den Daily Standups beim Scrum oder den Planungs- und Retrospektive-Sitzungen in einem festgelegten Zeitfenster während des Sprints.

Wenn es keine Gewohnheit gibt, fragen wir uns andauernd: „Wann findet dieses Meeting nochmal statt?“ Wir checken außerdem mindestens einmal pro Woche unsere Terminpläne, um den nächsten Meeting-Termin nachzusehen und uns darauf einzustellen. Stellen Sie sich nun vor, wir hätten ebendieses Meeting jeden Montag um 10 Uhr.

Stellen Sie sich dann vor, dass wir irgendwann so gut darin wären, das Meeting jeden Montag abzuhalten, dass wir es schaffen würden, dort all unsere Arbeit zu erledigen und sogar noch Zeit übrig zu haben für die Dinge, zu denen wir sonst nie kamen.

Stellen Sie sich weiter vor, dass wir nicht nur uns selbst solch einen Sitzungsrhythmus zulegen könnten, sondern auch mit anderen Teams. Auf diese Weise können wir sicherstellen, dass wir Diskussionsergebnisse aus dem einen Meeting direkt ins nächste mitnehmen könnten.

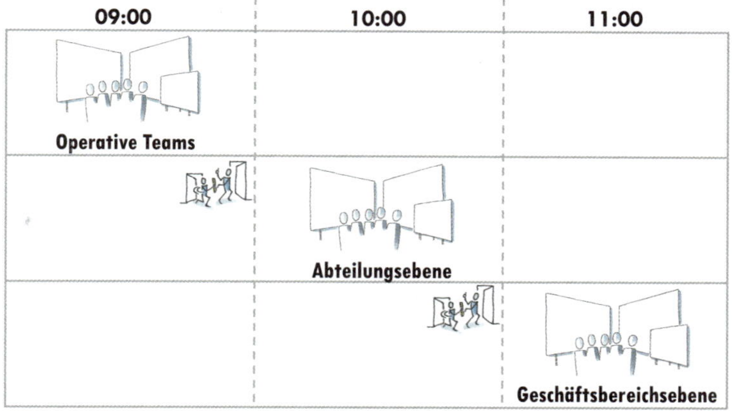

Abbildung 3.15 – Nach jedem Meeting den Staffelstab übergeben und so eine Kaskade ermöglichen

Menschen sind Gewohnheitstiere, und das routinemäßige Erledigen von Dingen erzeugt neue, wünschenswerte Gewohnheiten, die eine Möglichkeit bieten, die geistige Eignung für die Aufgabe der Führung durch Struktur und Organisation zu fördern.

Im Obeya ist jede Kata mit der anderen verbunden. Auf diese Weise gelangen Informationen schnell und effektiv zum nächsten Punkt der Entscheidungsfindung. So müssen Probleme nicht wochenlang auf das nächste Managementmeeting warten, um eine Genehmigung zu erhalten, weil das Meeting gestern stattgefunden hat.

Routine: Die Bewegungen der Führung beherrschen

Um mit Ihrem Führungsteam alle wesentlichen Führungstätigkeiten auszuüben, müssen Sie bei Ihren Meetings aber auch wirklich effektiv werden. Die Leitung solcher Meetings ist eine Fähigkeit, die erlernt werden kann und muss, um Nutzen daraus zu ziehen.

Das Wort „Kata“ bedeutet Form oder Gestalt, wenn man es im Sinne der Kampfkünste Karate, Aikido und Jiujitsu übersetzt. Es ist eine jahrhundertealte Methode, Fähigkeiten von einer Person auf eine andere zu übertragen. Beim Karate wird es verwendet, um einzelne Bewegungen zu üben, die, wenn sie kombiniert und richtig getimt werden, die Form und die Technik bilden, die im Kampf Mann gegen Mann gebraucht wird. Jede Form ist speziell zu ihrem Zweck entwickelt worden und setzt ihre entsprechenden Prinzipien in die Praxis um.

Es gibt einen Grund dafür, dass dieses Prinzip am Zugang zum Obeya-Referenzmodell zu finden ist. Die Anwendung von Prinzipien in der Praxis ist im Wesentlichen das, was wir mit der Anwendung der Kata durch Rhythmus und Routine im Obeya zu tun versuchen. Alle einzelnen Bewegungen (Meetings) zusammen ergeben die Gesamtheit der Bewegungen, die im eigentlichen Kampf gebraucht wird.

Bei routinemäßiger Übung erzeugt eine Person mehr neuronale Bahnen, stärkt damit ihre Fähigkeit, die Routine effektiv auszuführen, und zieht so mehr Nutzen aus ihren Meetings. Kommt zu Ihren Bewegungen noch ein Rhythmus hinzu, so hilft Ihnen das, die Fähigkeit zu entwickeln, jede Herausforderung zur richtigen Zeit anzunehmen und mit genug Übung letztendlich Ihre Organisation zur Großartigkeit zu führen.

Beim Kampfsport steht der Gegner direkt vor Ihnen, im Obeya jedoch sind Ihre Angreifer die Probleme und Herausforderungen, die Sie als Führungsteam zu bewältigen haben. Sie müssen lernen, das mit dem richtigen Timing zu tun und mit der Fähigkeit, den richtigen Punch auf die richtige Stelle zu lenken. Je mehr Sie üben, desto kompetenter werden Sie bei der Erfüllung Ihrer Aufgabe.

Wenn Sie Rhythmus und Routine richtig einstellen, so wird Ihnen das helfen, Schwierigkeiten schneller und effektiver anzugehen, sodass Ihre Teams nicht gebremst werden und die Wertschöpfung maximiert wird.

Abbildung 3.16 – Platzieren Sie die Routinen in die physische Nähe des entsprechenden Bereiches

Die Routine im Obeya ist in jedem Bereich angesiedelt und wird bei jeder Sitzung genutzt. Streng nach Routine zu moderieren, hilft dem Team, im richtigen Moment und zur richtigen Zeit zu berücksichtigen, was in der Organisation vor sich geht. Statt einfach das zu nehmen, was Ihnen als erstes einfällt (zum Beispiel die E-Mail, die Sie gestern Abend gelesen, oder das Gespräch, das Sie an diesem Morgen geführt haben).

Darüber hinaus helfen Routinen bei der Aktivierung der System-2-Denkweise, indem sie genug Zeit und Übung vorsehen, sodass der Aufwand für das Meeting selbst verringert wird und mehr System-2-Verarbeitungsleistung für effektive Entscheidungsfindung genutzt werden kann.

Die richtigen Fragen stellen

> „Manchmal vergleiche ich die Routine mit einer SIM-Karte: man kann sie gar nicht falsch einlegen. Das macht auch die Routine – sie hilft Ihnen, genau die Fragen zu stellen, auf die es ankommt."
>
> **– Liedewij van der Scheer, Lean Black Belt**

Auch die Qualität der Diskussionen wird verbessert, weil Verzerrungen durch Fragestellungen vermieden werden, die nichts Überflüssiges in den erhaltenen Antworten zulassen. Denn die Formulierung der Frage bestimmt weitgehend die Antwort, die Sie erhalten (Kahneman, 2009).[47]

Sowohl die Formulierung der richtigen Fragen als auch die angemessene Begleitung durch einen Coach oder Moderator sind nötig, um Verzerrungen zu vermeiden und bessere Entscheidungen zu treffen.

Beispiele für unklare oder verzerrte Fragen:

- *Wie können wir dieses Problem sobald wie möglich lösen?* Man kann schnell Symptome eines Problems beseitigen und dessen Auswirkungen lindern, aber diese Frage regt Menschen nicht dazu an, sich Zeit zu nehmen, um zur Grundursache vorzudringen und eine nachhaltige Lösung herbeizuführen, damit das Problem nicht noch einmal aufkommt.
- *Dieses Team arbeitet mit geringerem Tempo als die anderen Scrum-Teams. Wie können wir das Tempo dieses Scrum-Teams steigern?* Tempo ist kein vergleichbares Maß für Produktivität.
- *Wir müssen bessere Gewinnmargen hinbekommen. Wie können wir Kosten reduzieren?* Sie betreiben Fehlerbehebung, ohne das Problem zu begreifen, denn Kostenreduzierung ist nicht die einzige Möglichkeit, die Margen zu verbessern.
- *Dieses Meeting dauert zu lange. Können wir beim nächsten Mal weniger Zeit dafür veranschlagen?* Wenn das Meeting zu lange dauert, führen Sie es entweder ineffektiv oder Sie brauchen einfach die Zeit, weil zu viele Themen auf der Tagesordnung stehen. Weniger Zeit löst das Problem also nicht.

Mittels Routinen neue Gewohnheiten herausbilden

Jedes Mal, wenn wir etwas denken oder tun, feuern Neuronen in unserem Gehirn. Je mehr sie in dieselbe Richtung gefeuert werden, desto stärker wird die Bahn bzw. die Synapse. Wenn wir also etwas häufig tun, bauen wir damit eine starke neuronale Bahn auf.

Und nun der Trick. Stärkere neuronale Bahnen machen es leichter, dasselbe noch einmal zu tun. Es kostet uns nicht viel Mühe und manchmal machen wir es sogar fast unbewusst. Wenn es hart auf hart kommt, greifen wir darauf zurück. Ausgehend von der Situation, in der wir uns befinden, aktivieren wir diese Bahnen. Wenn zum Beispiel unsere Schnürsenkel offen sind, kommen wir im Handumdrehen auf die Lösung, sie zuzubinden. Beim Zubinden denken wir nicht mehr an die genauen Bewegungen, wir führen sie einfach aus. Eine einfache Lösung für ein einfaches Problem.

Die Herausforderung entsteht erst, wenn wir mit einer Notwendigkeit oder einem Wunsch konfrontiert werden, etwas zu ändern, was wir immer schon gemacht haben. Manchmal muss das sein. Wenn wir unsere Strategie ändern, kann das auch implizieren, dass wir unsere Arbeitsweise ändern wollen. Wenn diese neue Arbeitsweise neu für uns ist, werden wir neue neuronale Bahnen erlernen müssen und es wird eine Weile dauern, bis sie so stark und effizient sind wie die alten. Verlernen kann man neuronale Bahnen nicht, sie bleiben immer weiter auf der Lauer und drängen Sie und die Leute um Sie herum zu alten Verhaltensweisen, die womöglich im Widerspruch zu der neuen Strategie stehen, die man soeben beschlossen hat. Suchtforscher glauben, dass alte Gewohnheiten nicht verlernt werden können, sondern durch etwas Neues ersetzt werden müssen. Deshalb kann man so schwer mit dem Rauchen aufhören, wenn man den Drang, die neuronale Autobahn entlangzugehen – also eine Zigarette zu rauchen –, nicht durch etwas anderes ersetzen kann.

Wenn wir uns effektiv auf die neue Strategie oder Arbeitsweise konzentrieren wollen, müssen wir einen Weg finden, neue und starke neuronale Bahnen zu schaffen. Deshalb führen wir im Obeya einen regelmäßigen Rhythmus und eine Routine ein. Das heißt, wir üben bei der Arbeit in regelmäßigen Abständen eine bestimmte Denk- und Handlungsweise aus, um diese neuen Bahnen aufzubauen. Und wenn wir diese Bahnen auf die Anwendung der Prinzipien und die Nutzung der visuellen Materialien im Obeya abstimmen, wird das Team mit jeder Sitzung effektiver.

Abbildung 3.17 – Meeting im Obeya

Rhythmus: Schnelle Reaktion auf Veränderung und Probleme

Die Routinen sind die Meetings, die Ihnen bei der Bewältigung der Herausforderungen helfen, und der Rhythmus bestimmt, wie oft Sie Ihre Fähigkeiten in dem Meeting trainieren und sich der Probleme (der unsichtbaren Gegner) annehmen, sobald sie auftauchen.

> „Der Gesamtrhythmus Ihrer Kata hängt voll und ganz davon ab, wie schnell Sie sich entscheiden, diese unsichtbaren Gegner aus dem Weg zu räumen."
>
> **– Jesse Enkamp, Karate-Nerd**

Aus diesem Grund hat jede Routine ihren eigenen Rhythmus, der die Art der Probleme berücksichtigt, denen das Team sich stellen muss. Erfordern sie schnelle Reaktionen, weil sie plötzlich auftauchen und Teams an der Wertschöpfung hindern? Der Rhythmus des ‚Agierens und Reagierens' wird in der Lage sein, sich jedes Problems anzunehmen, wie es beim morgendlichen Standup eines operativen Teams auftaucht, weil das Führungsteam mindestens dreimal pro Woche zusammenkommt. Haben die Probleme allerdings eher mit Strategiepolitik zu tun, ob die Kunden zum Beispiel auf die neue Werbekampagne ansprechen oder ob sie unsere Produkte einen Monat nach ihrem Erwerb noch immer fröhlich nutzen, so sind das für gewöhnlich Probleme, deren Aufdeckung etwas länger dauert. Deshalb beschäftigen wir uns mit ihnen denen alle zwei Wochen einmal in den Meetings zu den Bereichen ‚Mehrwert schaffen' und ‚Leistungen vorantreiben'.

Die Anwendung des Prinzips von festem Rhythmus und Routinen für Ihr Meeting bringt in vielerlei Hinsicht Vorteile. Hier ein paar davon:

- Sie stehen Ihren Teams regelmäßig zur Verfügung (und die haben keine Schwierigkeiten, Sie zu erreichen, weil Ihr Terminplan total chaotisch ist).
- Sie sind schnell ansprechbar, sodass Probleme nicht verschoben werden müssen und man nicht bis zum nächsten, nur alle zwei Wochen stattfindenden Managementmeeting warten muss, bevor sie es auf die überfüllte Tagesordnung schaffen.
- Sie haben während Ihrer geplanten Meetings genug Zeit, um die drängendsten Probleme wirklich in Angriff zu nehmen, und haben nicht nach jedem Meeting das Gefühl, nicht genug erledigt zu haben.

Manche Teams haben schon einen Rhythmus für ihre Meetings, doch der sieht entweder nicht genug Zeit vor, findet nicht oft genug in der Woche statt oder sie haben keine geeignete Routine, die ihnen hilft, alle Themen auf der Agenda abzuarbeiten. Womöglich läuft ihnen die Zeit weg, weil sie nicht genug davon vorgesehen haben, oder sie versuchen, im nächsten Meeting mehr Themen unterzubringen als es die Zeit erlaubt. Im Grunde schieben sie die zu besprechenden Themen in das nächste Meeting, für das sie eigentlich nicht vorgesehen waren.

Wenn das der Fall ist, besteht das Risiko, dass wichtige Dinge aus der Agenda herausfallen und Teams womöglich keine Unterstützung bekommen, zum Beispiel bei der Problemlösung. Wenn dann vielleicht eine Woche vergeht bis zum nächsten Versuch, das Problem zu beheben, wird Ihr Team während dieser Zeit daran gehindert sein, den maximalen Mehrwert zu schaffen, es sei denn, sie können außerhalb der bestehenden Meeting-Struktur durch Eskalation Entscheidungen erzwingen.

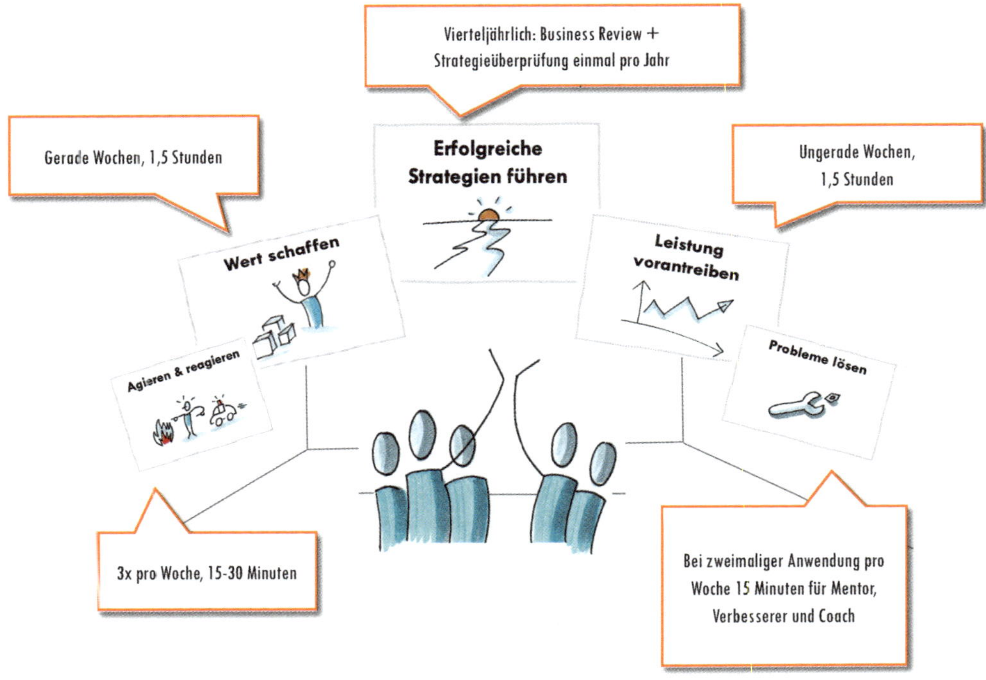

Abbildung 3.18 – Überblick über Obeya mit Rhythmus

Eskalationen sind – wenn sie außerhalb einer Meeting-Struktur ausgeführt werden, die für eine schnelle Weiterleitung von Problemen zur richtigen Ebene der Entscheidungsfindung sorgt – Ausnahmeerscheinungen (bzw. sollten es sein), weil sie Führungskräfte von ihrer eigentlichen Arbeit ablenken. Wenn sie bei Ihnen oft vorkommen, weil die übliche Meeting- und Entscheidungsfindungsstruktur sich für eine schnelle und effektive Problembehandlung auf der richtigen Ebene nicht eignet, wird Ihre Führung sich wohl oder übel von Bottom-up- und Top-down-Eskalationen ablenken lassen müssen, die sie in einen Krisenbekämpfungsmodus hineinziehen und sie davon abhalten, langfristige und nachhaltige Verbesserungen vorzunehmen.

Wie das Ihnen hilft, Ihre Zeit effektiver zu nutzen

Die Arbeit mit Rhythmus und Routine ändert zwar nichts an der Notwendigkeit von Meetings, verhilft Ihnen aber definitiv zu einer effektiveren Zeitnutzung.

Es scheint nicht viel zu sein, aber sehen Sie einmal in Ihrem Terminkalender aus der vergangenen Woche nach, wie viele Ad-hoc-Meetings Sie hatten, die die Rechenleistung Ihres Gehirns in Anspruch nahmen, nur um zu checken, wann Sie wohin gehen und wie Sie sich auf das Meeting vorbereiten mussten.

Wie viel Zeit haben Sie an den Abenden mit dem Versuch verbracht, sich auf Meetings vorzubereiten und Kontext mit anderen zu teilen, die Updates von Ihnen brauchen?

Hier ein paar Beispiele dafür, wie Rhythmus und Routine in geeigneter Form Ihnen und Ihren Teams Nutzen einbringen:

1. Sie benötigen keine Zeit mehr dafür, passend zu jedermanns Terminkalender Meetings zu planen und Sitzungsräume zu organisieren (was definitiv keine Wertschöpfungszeit ist).
2. Die Vorhersehbarkeit eines Rhythmus bedeutet, dass Leute, die sich für diesen Zeitrahmen verpflichten, sich mit höherer Wahrscheinlichkeit keine anderen, gleichzeitig stattfindenden Meetings eintragen, was wiederum Umplanungen oder mehr Telefoniererei erfordern würde, um einen freien Platz im Terminkalender zu finden.
3. Man kann leichter ein Muster erstellen und übernehmen, das weniger Gehirnkapazität benötigt. Denken Sie daran: unser System-2-Zugang ist begrenzt. Wenn ein Meeting jede Woche zu einer anderen Zeit stattfindet, so wird das buchstäblich mehr Rechenzeit in unserem Gehirn erfordern, um herauszufinden, wann wir wohin gehen müssen. Und diese Zeit sollte man lieber im eigentlichen Meeting nutzen.
4. Wenn die richtigen Leute an den Meetings beteiligt werden und der Rhythmus so optimiert wird, dass Informationen sich innerhalb der Organisation schnell verbreiten, brauchen Manager weniger Zeit für Ad-hoc-Updates, durch die die Leute informiert und abgestimmt werden. Dafür muss ein traditioneller Manager wohl einen großen Teil seiner Zeit aufbringen.
5. Wenn wir den ganzen Tag lang über viele unzusammenhängende Themen nachdenken und entsprechend handeln müssen, benötigt unser Gehirn eine ‚Umschaltzeit'. Wir müssen unser Arbeitsgedächtnis zurücksetzen, um uns auf das neue Thema einzustellen, das unserer Aufmerksamkeit bedarf. Das passiert, wenn wir viele unterschiedliche, kurze Interaktionen über E-Mail, Telefon, mehrere unzusammenhängende Meetings etc. haben. Wenn wir es aber schaffen, viele dieser Hirnkapazität erfordernden Impulse umzuleiten und sie gebündelt in die richtigen Meetings mitzunehmen, können wir passende Themen im selben Meeting miteinander kombinieren, wodurch wir weniger Umschaltzeit brauchen und die Verfügbarkeit unserer System-2-Denkweise erhöhen.
6. Entscheidungen zu treffen, ist eine Kernaufgabe für Manager. Für richtige Entscheidungen braucht man allerdings die richtigen Informationen. Was wenn Sie Ad-hoc-Anfragen, die in allen Formen und Größen auf Sie einströmen, vermeiden können? Wenn der Projektmanager, der Sie das nächste Mal um eine Entscheidung bittet, eine Problemdarstellung mit Motivation und Antrag in kurzer aber strukturierter Form parat hat und Ihnen alle relevanten Angaben bereitstellt – in einem Kontext, in dem alle Informationen, die Sie für diese Entscheidung benötigen, an den Wänden eines großen Raumes hängen? Wie viel Zeit könnten Sie einsparen, wenn all Ihre Projektmanager lernen würden, wie das geht, und wenn sie es alle auf die gleiche Weise und im selben Meeting ausführen würden?

7. Welchen der Ad-hoc-Anfragen, die tagtäglich auf Sie als Manager einprasseln, messen Sie genug Priorität bei, dass Sie sich in Ihrer begrenzten Zeit mit ihnen befassen? Wie können Sie Projekt A Priorität einräumen, wenn Ihr Kollege im Führungsteam vielleicht beschließt, dass an diesem Tag Projekt B Priorität genießt? Durch eine Zusammenführung der Anfragen in den Obeya-Sitzungen können Sie im Team darüber entscheiden, welche Anfragen zu priorisieren sind, sodass Sie sicher sein können, dass sie aufeinander abgestimmt sind, was den Effekt Ihrer Arbeit erheblich verstärkt.

TIPP – Versuchen Sie, bei allen in Ihren Meetings besprochenen Problemen und Herausforderungen festzustellen, ob Sie zufrieden sind mit (1) dem benötigten Zeitraum zwischen der Problemerkennung an seiner Wurzel, (2) der Qualität, mit der das Problem und die entsprechende Frage an Ihr Team herangetragen wurde (z. B. haben Sie es verstanden, war die Relavanz klar, sodass Sie priorisieren konnten?), und (3) damit, wie schnell Sie es an die richtige Person weiterleiten können, damit die es untersuchen und lösen kann.

> „Obeya-Meetings verleihen dem Führungsteam deutlich mehr Energie. Zu Beginn mögen sie noch skeptisch und überrascht sein, aber sie werden ziemlich schnell erkennen, dass es völlig anders und durchaus interessant für sie ist. Zuvor hatten sie Meetings mit einer vollgepfropften Tagesordnung und jeder Menge Zeitdruck, auf denen die richtigen Gespräche eh nicht stattfinden. Die Obeya-Meetings hingegen finden sie viel effektiver."
>
> **– Jeroen Venneman, Agile Coach und Transformation Consultant**

Gehen & sehen

Grenzen von Berichten

Wie wir in Teil II gelernt haben, sind wir voreingenommen und geneigt, Vermutungen anzustellen. Die Größe und Komplexität mancher Organisationen erschweren es dem Management, tagtäglich präsent zu sein bzw. sich überhaupt mal an der Basis zu zeigen. Sie entfernen sich vom Produktionssystem und wissen nicht wirklich, wie es bei den operativen Teams zugeht.

Es gibt eine Lücke zwischen den Teams an der Basis und „denen" im Management. Und dennoch werden von diesen vernünftige Entscheidungen über das Produktionssystem erwartet, und dafür benötigen sie Informationen in irgendeiner Form, die ihnen die erforderlichen Angaben zur Verfügung stellen, damit sie ihre Entscheidungen begründen und bewerten können. So entsteht die Berichtsstruktur.

Obgleich das Prinzip der abstrahierten Informationen von der Basis an sich nicht unbedingt schlecht ist, führt es in der Praxis doch zu unerwünschten Effekten und Tücken, zum Beispiel:

- **Überflüssige administrative Überfrachtung** – Teams verwenden zu viel Zeit auf Tages- oder Wochenberichte, die im Grunde gar nicht oder nur spärlich genutzt werden.
- **Abstraktion** – Einzelheiten gehen verloren, wenn die tatsächliche Lage an der Basis in einem Rot-, Gelb- oder Grün-Status und ein paar Punkten zusammengefasst werden, und die dennoch in dem Bericht erwähnten Einzelheiten hängen hochgradig von der Kompetenz seines Verfassers ab.
- **Beantwortung der falschen oder einer unklaren Frage** – Wenn ein Manager sein Team fragt: „Wie läuft es denn hier so?", könnte es auf verschiedenste Arten antworten, wie etwa: „Gut, eine Sechs von zehn" oder: „Wir liegen drei Tage hinter dem Plan zurück, sind aber zuversichtlich, dass wir das aufholen können." In dem Bericht wird daraus vermutlich ein „Grün", aber was bedeutet das wirklich und wie soll ein Manager darauf reagieren?
- **Politische Interessen des Berichterstatters** – Sein Verfasser, oder schlimmer noch, dessen Seniorchef, hat womöglich eine ganze Reihe von Interessen, die beispielsweise mit der objektiven Offenlegung eines Problems in Konflikt geraten können, sofern die verhindert, dass ein KPI erreicht wird, oder womöglich auf Anzeichen von Inkompetenz hinweist.
- **Diverse Arten von Verzerrungen oder Trugschlüssen bei den Lesern/Seniorchefs** – Diese lauern dort, wo Seniorchefs Berichte lesen und aufgrund der begrenzten und subjektiven Informationen oder ihrer eigenen Gemütsverfassung Entscheidungen darüber fällen, ob die Informationen einer Reaktion bedürfen oder nicht. Erinnern Sie sich an die Begrenztheit des Gehirns und das daraus folgende Scheitern bei der Strategieumsetzung?

Die Informationen im Obeya anschauen

Angesichts der Tatsache, dass der Obeya voller Berichte steckt, sollten wir eine Weile darüber nachdenken, wie wir die eben erwähnten Fallen umgehen können. Es kommt darauf an, hinzusehen und sich in den Prozess der Informationsbeschaffung und Berichtserstellung einzubringen.

Da die Rolle des Managers darin besteht, den operativen Betrieb zu unterstützen, um die maximale Wertschöpfung sicherzustellen, gehört es ebenso zu den Zuständigkeiten des Managers, dafür zu sorgen, dass für eine erstklassige Entscheidungsfindung die richtigen Informationen zur Verfügung stehen, um die Herausbildung von Fähigkeiten für und durch die Teams zu ermöglichen.

Wie also kann ein Manager seine Rolle bei der Erstellung von Qualitätsberichten ausfüllen?

1. Verbesserungs-Kata anwenden/wissenschaftliche Methode zur Berichtserstellung.

2. Einbeziehung der Führung und Verantwortlichkeit bei der Erstellung von Berichten.
3. Davon ausgehen, dass die als Diskussionsgrundlage dienenden Informationen sich an der Wand des Obeya befinden und nicht in E-Mails, Briefen, Gerüchten etc.
4. Verzerrungen vermeiden und nicht die Lücken füllen. Nachsehen, woher die Daten stammen: von der Basis.

Zur Basis gehen

Empirismus ist ein wichtiger Teil der Arbeit mit Lean- und agilen Methoden. Ihm zufolge lernen wir aus der Praxis, und die Praxis in Sachen Arbeit und Strategieumsetzung passiert fast ausschließlich an der Basis. Jede Führungskraft, die sich einen effektiven Geschäftsbetrieb zur Erfüllung ihres Zweckes wünscht, sollte unbedingt die Verbindung zu operativen Teams und deren Tätigkeiten an der Basis stärken, die ja schließlich den Wert darstellen, der für die Kunden, die strategischen Ziele und den Zweck der Organisation erzielt wird.

Wie können wir also wahrhaft und ehrlich nützliche Daten für die Entscheidungsfindung zusammentragen, um Teams durch die Vorgabe von Zweck und Zielen zu unterstützen? Einfach durch die Vermeidung von Fallen, die durch Abstraktion oder Interpretation entstehen, und zur Quelle der Daten gehen.

Denn hier findet für gewöhnlich die eigentliche Arbeit statt, im Lean-Kontext wird dieser Ort „Gemba" genannt. Vielen mag es einfach nur wie gesunder Menschenverstand vorkommen, dass man zur Datenquelle geht, sich Zeit für Nachforschungen nimmt und Fakten und Kontext von Leuten aus unmittelbarer Nähe des Geschehens zusammenträgt, um eine bessere Entscheidung zu treffen. Im Lean-Kontext wird das „Sammeln von Fakten und Daten am eigentlichen Ort der Arbeit bzw. des Problems" „Genchi Gembutsu" genannt (Sutherland & Bennett, 2007)[48].

Führungskräfte sollten sich am Ort der Arbeit ein Bild machen, um Fakten zu sammeln. Im Umfeld von Wissensarbeitern ist es gewiss schwierig bis unmöglich, die Arbeit zu sehen, es sei denn, die Teams an der Basis oder andere Teams haben tatsächlich mit visuellem Management angefangen.

In jedem zentralen Arbeitsbereich, sei es ein Team, eine Überwachungsfunktion, ein Produktbereich oder ein Führungs-Obeya, sollte die Arbeit visualisiert werden. Es sollte für diese Arbeit einen Standard geben, um den anderen Mitgliedern der Organisation erklären zu können, wie die Arbeit verrichtet wird, wie die Standard-Schwellenwerte für die Leistungen aussehen und welche Probleme gerade gelöst werden. Erst dann wird eine Führungskraft in der Lage sein, hinzugehen und zu sehen und die Fakten auf sinnvolle Art zu sammeln.

Respekt für Menschen

Die Leute, die dem Problem am nächsten sind, wissen üblicherweise am meisten darüber. Wenn Sie Leute in Ihrer Organisation haben wollen, die sowohl effektiv als auch motiviert sind, müssen Führungskräfte lernen, zu führen sowie den Menschen und deren Bemühungen am Arbeitsplatz respektvoll gegenüberzutreten.

Einfach nur den Korridor entlangzuschlendern, einem Ihrer Teammitglieder über die Schulter zu gucken und ihm leistungsbezogene Fragen zu stellen, verursacht höchstens beklommene Momente. Besuche von Führungskräften an der Basis (bzw. Gemba im Lean-Kontext) werden mitunter auch Gallery Walks genannt. Das liegt daran, dass im Vorfeld solcher Besuche schon so viel organisiert und angekündigt wird, dass das, was er oder sie dann an der Basis vorfindet, eher künstlich daherkommt und keinesfalls die Wirklichkeit abbildet (z. B. wurde aufgeräumt und Metriken und Kanban Boards wurden aktualisiert). Das ist nicht wirklich ein guter Rahmen für einen ehrlichen Dialog, bei dem Lernen und Mentoring stattfinden können.

Stetig verbessern

Die Geschichte der kontinuierlichen Verbesserung

Das Versprechen einer systemischen, kontinuierlichen Verbesserung für Organisationen gibt es schon, seit man sich der Welt des Managements aus wissenschaftlicher Perspektive genähert hat, also etwa seit dem Beginn des 20. Jahrhunderts, als Frederick Winslow Taylor (1911) das wissenschaftliche Denken in Organisationen des Industriezeitalters einführte.[49] Vielen Menschen erscheint es überaus sinnvoll, zu überprüfen, ob ihre Verbesserungsmaßnahmen in der Tat zu Leistungssteigerungen in ihrer Organisation geführt haben, und sich systematisch weiter zu verbessern, um bessere Ergebnisse zu erzielen.

Andere bedeutende und einflussreiche Gelehrte des 20. Jahrhunderts, die auf kontinuierliche Verbesserung setzten, waren Shewhart und Deming*, die während der 1950er-Jahre in den Aufschwung der japanischen Autoindustrie involviert waren. Die neueste Version vom Shewhart Cycle wurde 1993 von Deming als PDSA-Cycle veröffentlicht.[50] Wie Sie sehen können, fasst dieser

* Beachten Sie, dass manche den PDCA als „Deming Cycle" bezeichnen, was laut Deming auf zweierlei Art Fake News sind: 1. Ursprünglich war es der Shewhart Cycle, benannt nach Demings Mentor, auf den er zurückgeht, und 2. Deming ist mit den Änderungen am Shewhart Cycle nicht einverstanden, weil der Punkt „Check" suggeriert, dass man innehält und schnell überprüft, ob die Ergebnisse den Erwartungen entsprechen, während der Punkt „Study" in seinem Modell von 1993 das Streben nach wirklichen Lernerkenntnissen durch Studieren impliziert.

Zyklus kontinuierlicher Verbesserung im Grunde viele der heutigen Methoden zusammen, die aus Lean- bzw. agilen Arbeitsweisen stammen.

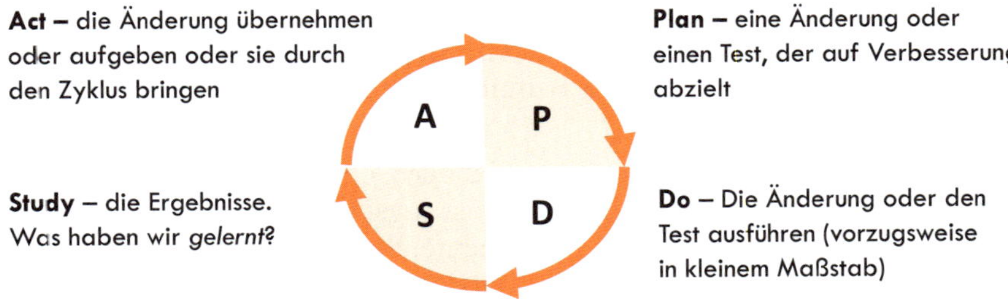

Abbildung 3.19 – PDSA Cycle aus Demings Buch *The New Economics* von 1993

Also blickt die kontinuierliche Verbesserung schon auf eine beachtliche Geschichte zurück, die zu Beginn des vergangenen Jahrhunderts ihren Anfang nahm. Irgendetwas in unserem Gehirn scheint die kontinuierliche Verbesserung als logisch hinzunehmen, es fehlt lediglich die Fähigkeit, sie in die Praxis umzusetzen. Warum ist das so?

Management by Objectives lässt keine Zeit zum Lernen

Man kann sich nur kontinuierlich verbessern, wenn man lernt. Nur ist das Lernen oft nicht Bestandteil der Kultur, die entwickelt und gelehrt wurde, um Ziele zu erreichen. Das Management by Objectives legt das Erreichen von Zielen nahe, und beim Erreichen von Zielen bremst einen das Lernen, weil der Akt des Lernens nicht direkt an ein messbares Geschäftsergebnis gekoppelt ist. Im Grunde könnte man daraus folgern, dass das Lernen aus der Perspektive des Management by Objectives Verschwendung ist, und so wird es auch behandelt, weil wir in dem Moment, wenn es hart auf hart kommt, auf Krisenbekämpfung und Fehlerbehebung zurückfallen. Verstehen Sie mich jetzt nicht falsch – wenn das Haus in Flammen steht, sollten Sie natürlich die ganze Kapazität Ihrer System-1-Denkweise nutzen, um entweder das Feuer effektiv zu bekämpfen oder sich selbst in Sicherheit zu bringen. Doch wenn das der einzige Modus ist, den wir anwenden, werden wir nie in der Lage sein, unsere Häuser zu verbessern, und es werden immer wieder Feuer ausbrechen.

Wir sind daran gewöhnt, Probleme nicht wahrhaben zu wollen, weil Probleme in einem MBO-Umfeld offenbaren, dass wir uns auf dem Weg des Scheiterns befinden. Doch ausgehend vom Prinzip der Verbesserung bedeutet die Nichtoffenlegung von Problemen, dass man nicht in der Lage ist, sich zu verbessern, weil man schlicht nicht sehen kann, wo man sich verbessern muss. Als würde man mit verbundenen Augen auf ein Ziel mit offensichtlichen Ergebnissen zu rennen.

Erinnern Sie sich an den Mann, der den Baum mit der Axt zu fällen versucht und zu beschäftigt ist, um mit dem Mann neben ihm zu reden, der ihm eine Kettensäge anbietet? Manche behaupten, sie hätten keine Zeit für Verbesserungen, weil sie mit ihrer Arbeit zu beschäftigt sind.

Was wie eine gute Idee erscheint, wird in dem Moment ganz schnell vergessen, in dem Sie wieder das tun, was Sie immer getan haben. Chakravorty (2010)[51] vergleicht die Versuche zur kontinuierlichen Verbesserung mit dem Versuch abzunehmen und behauptet, dass diese Versuche „keinen dauerhaften Effekt erzielen, weil die Beteiligten nach und nach die Motivation verlieren und in alte Gewohnheiten zurückfallen“. Seinen Forschungen zufolge scheiterten nahezu 60 Prozent aller Initiativen zur kontinuierlichen Verbesserung, weil sie keine neuen Gewohnheiten herausbildeten. Obwohl also niemand abstreiten wird, dass der PDSA Cycle absolut sinnvoll ist, gelingt es uns nicht, ihn nicht in die Praxis umzusetzen, wenn wir keine Möglichkeiten finden können, kontinuierliche Verbesserung zu einer gewohnheitsmäßigen Übung zu machen.

Von der Zielerreichung hin zum Lernen

Lernen ist das zentrale Thema im Obeya, also wird das Management by Objectives (z. B. mit typischem Ampel-Reporting) durch kontinuierliche Verbesserung von Menschen und Prozessen ersetzt. Das heißt, dass das Management den Schwerpunkt nicht auf Ergebnisse legt, sondern auf den Prozess, der dieses Ergebnis hervorbringt.

Forschungen legen nahe, dass dies nicht nur ein effektiverer Ansatz ist, sondern auch ein gesünderer. Carol Dweck (2012) unterscheidet in diesem Zusammenhang zwischen dem Growth Mindset und dem Fixed Mindset, also einer entwicklungsorientierten und einer fest verankerten Denkweise. Letztere sagt, dass man beim Erreichen eines Ziels entweder scheitert oder erfolgreich ist. Wenn man scheitert, ist man ein Versager, wenn man es erreicht, ist man schlau. Das Problem ist nur, dass das weder das Selbstwertgefühl stärkt noch zum Erfolg führt, sondern tatsächlich den Erfolg gefährden kann, weil es nicht zum Lernen aufruft.

Beim Growth Mindset dreht sich alles ums Lernen. Es ist egal, wie intelligent man ist, es geht ums Lernen und das hilft einem, bessere und kompetentere Entscheidungen zu treffen. Statt also das Ergebnis zu belohnen, werden die Lernbemühungen gewürdigt und gefördert. Dwecks Forschungen zufolge sind Kinder glücklicher und leistungsstärker, wenn sie in einem Umfeld aufwachsen, in dem ein Growth Mindset angeregt wird. Und genau diese Denkweise brauchen wir im Obeya.

> „Wenn unsere Geschäftsphilosophie und unser Managementansatz keine ständige Anpassungsfähigkeit und Verbesserung beinhalten, können Unternehmen und ihre Führungskräfte in Mustern steckenbleiben, die in den sich ändernden Gegebenheiten immer weniger Anwendung finden.“
>
> **– Mike Rother, Toyota Kata**

Die Aneignung einer auf kontinuierliche Verbesserung ausgerichteten Denk- und Handlungsweise wirkt sich darauf aus, wie Probleme erkannt und behandelt werden, wie viel Vertrauen geschenkt und Verantwortung übernommen wird. Manchen Managern, deren traditioneller Managementstil sich im

Laufe ihrer gesamten Karriere verfestigt hat, wird das einen maßgeblichen Paradigmenwechsel abverlangen. Auf einmal ist eine rote Flagge gut, weil wir ein Problem aufgedeckt haben. Sie steht nicht mehr für eine bevorstehende Enttäuschung, für Ärger oder sogar Bestrafung. Eine solche Denk- und Handlungsweise einzuführen, bedeutet eine wirkliche Änderung zugrunde liegender Überzeugungen und Gewohnheiten, die Ihnen vermutlich Ihr ganzes Leben lang anerzogen wurden. Deshalb sollten Sie ernsthaft einen Coach in Erwägung ziehen, der Sie als externes Gewissen durch diesen Prozess begleitet. Darüber hinaus kann Ihnen auch das Befolgen eines Verbesserungsmusters helfen, die richtigen Fragen zu stellen, die eine wachstumsorientierte Denkweise fördern sollen.

TIPP – Der Obeya selbst ist ein Werkzeug, und als solches ist es etwas, das Sie und Ihr Team zu beherrschen lernen müssen. Hier ein paar praktische Vorschläge zur Verbesserung Ihrer Fähigkeit im Umgang mit Obeya:

- Schließen Sie jede Routine mit einer reflexiven Frage zum Lernen und Verbessern ab.
- Organisieren Sie regelmäßige Retrospektiven.
- Bedienen Sie sich eines Teian-Systems, bei dem Nutzer Verbesserungen in ein Verbesserungs-Postfach legen können, die dann bei der Retrospektive diskutiert werden können.
- Nutzen Sie das Führen mit Obeya-Referenzmodell und die Beschreibungen in diesem Buch als Vorlage, um festzustellen, ob alle Elemente vorhanden sind und tun, was sie sollen. Nutzen Sie es als Coaching-Modell, um auf den Sitzungen aufkommende Probleme zu besprechen und festzustellen, wo sie sich in dem Modell befinden könnten.

Probleme lösen, die uns aufhalten

Überaus nützlich und praktisch ist es, sich zu Beginn Ihres Obeya-Unterfangens auf eine Definition eines Problems* zu einigen. Es wäre falsch, davon auszugehen, dass wir alle dieselbe Sicht auf Probleme hätten. Was für Sie vielleicht ein Problem ist, könnte für mich völlig irrelevant sein. Das hängt von unserem Problemverständnis ab – inwiefern die Probleme uns betreffen und wie tief wir in das System eindringen wollen, um sie aufzudecken.

Nicht zu wissen oder zu erkennen, dass man ein Problem hat, ist eine Grundsatzproblematik, wenn man in seiner Organisation eine Verbesserungskultur vorantreiben möchte. In der Tat wird jeder Versuch, das System zum Besseren zu verändern, schwierig sein, wenn die Probleme allgegenwärtig und verborgen bleiben, manchmal vor aller Augen.

* Mancherorts werden Probleme als ‚Hindernisse' bezeichnet, sie behindern den Wertefluss. In diesem Buch verwenden wir das Wort ‚Problem', das ein Synonym für ‚Hindernis' ist.

> „Es kommt darauf an, sich auf das wirklich Wichtige konzentrieren zu können. Lösen Sie weiter die richtigen Probleme und lösen Sie sie richtig, sodass Sie sich nicht noch einmal mit ihnen beschäftigen müssen. Und irgendwann werden Sie dabei viel schneller."
>
> – Jannes Smit, IT Director

Eine praktikable und geeignete Definition eines Problems lautet: „jede Leistung, die zu einer bestimmten Zeit von der erwünschten Leistung abweicht" (Shook, 2008).[52]

Vielleicht denken Sie jetzt: „aber wenn das die Definition ist, könnte fast alles ein Problem sein!" Und damit hätten Sie recht. Wenn wir mit dieser Definition nach Problemen Ausschau hielten, würden wir heute bei Ihrer Arbeit vermutlich mindestens hundert Probleme finden. Die Herausforderung besteht darin, zu ermitteln, welche Probleme zuerst zu lösen sind, indem die erwünschten Leistungsniveaus priorisiert werden. Bei manchen Problemen ist es gut, sie zu kennen, sie sind aber nicht die drängendsten. In dem Fall senken wir vorerst das erwünschte Leistungsniveau und legen den Schwerpunkt auf jene Probleme, die unser ganzes Team für die dringlichsten hält.

Hier empfiehlt es sich, die Leistung offenzulegen und die Ziele zu spezifizieren. Wenn man sich darüber im Klaren ist, wie sich ein Problem auf die Leistung oder unsere Ziele auswirkt, kann man besser Prioritäten setzen, sei es auf der Grundlage der Schwere der Auswirkungen oder der Dringlichkeit. Wenn wir herausgefunden haben, dass es auf unserer Website einen Bug gibt, der die falsche Rückmeldung anzeigt, nachdem die Kunden ein Kontaktformular ausgefüllt haben, hat der vielleicht weniger Priorität als jener Bug, der den falschen Preis für unsere Fahrradteile errechnet, wenn Kunden sich online darüber erkundigen.

Probleme sichtbar machen

Um in unserer Arbeit besser werden zu können, müssen wir Probleme lösen, die uns davon abhalten, die erwünschte Leistung zu erbringen. Und um diese Probleme angehen zu können, müssen wir sie offenlegen, indem wir sie sichtbar machen.

Doch darin liegt eine der Herausforderungen bei der Aufdeckung von Problemen. Teams, die an ein Arbeitsumfeld gewöhnt sind, in dem Probleme jahrelang vernachlässigt wurden, sind an die gestörte Leistung der Prozesse gewöhnt, mit denen sie arbeiten. Somit werden sie nicht mehr als Probleme wahrgenommen, sondern als ‚Status quo' hingenommen.

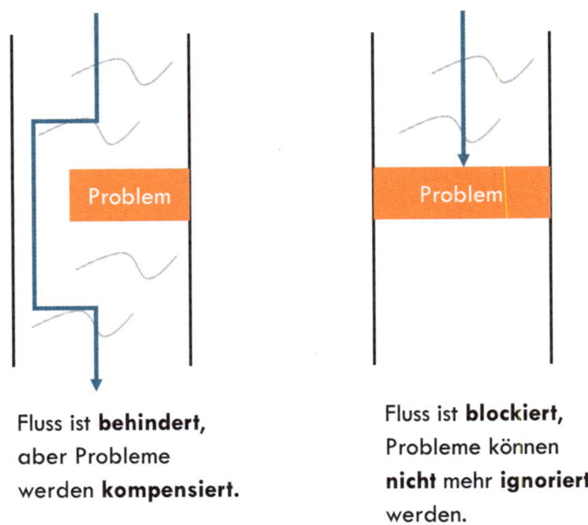

Abbildung 3.20 – Probleme werden eher kompensiert

Die Visualisierung von Problemen im Obeya hilft uns zu erkennen, was wir verbessern müssen und was wir verbessern können. Sie setzt die aufgedeckten Probleme in das größere Bild, das wir im Obeya sehen, und somit können wir den Kontext, in dem ein Problem entsteht, besser verstehen. Das ist ein wichtiger Schritt in Richtung Priorisierung und effektiver Problemlösung.

TIPP – Zunächst ist der Versuch, Probleme tatsächlich zu visualisieren, der wohl wichtigste Schritt. Denken Sie sehr genau darüber nach, welches Problem Sie bei der Visualisierung lösen möchten. Und experimentieren Sie mit nur einem Aspekt dieses Problems, denn wenn Sie versuchen, mehr als ein Visualisierungsproblem auf einmal anzugehen, so wird das wohl eher auf eine unklare Lösung hinauslaufen. Ihre ersten Versuche mögen vielleicht nicht überragend sein, aber irgendein visueller Kontext ist besser als gar keiner. Im zweiten Schritt experimentieren Sie damit so lange weiter, bis Sie den Optimalpunkt erreichen, der Ihr Problem lösen wird. Und dann verbessern Sie sich weiter, denn Ihr Visualisierungsbedarf wird sich mit der Zeit ändern, weil sich Ihre Produktauslieferungsmethoden ändern oder Sie lernen und einen Bedarf an neuen Erkenntnissen schaffen.

Wie dieses Prinzip im Obeya anzuwenden ist

Ein weiterer Grund dafür, dass wir das Prinzip der kontinuierlichen Verbesserung bei unserer Arbeit nicht anwenden, liegt darin, dass wir die Gewohnheit dafür nicht herausgebildet haben. Mike Rother (2009)[53] hat erforscht, warum Organisationen, die die Tools von Toyota nachahmen, fast nie dieselben Erfolge zu erzielen scheinen. Er kam zu dem Schluss, dass die Übernahme von Werkzeugen das eine ist, es aber eigentlich darauf ankommt, Gewohnheiten zu schaffen, die eine Verbesserungsdenkweise miteinschließen. Denn wenn wir keine Gewohnheiten entwickeln, werden die Werkzeuge, die wir soeben erworben und mit denen wir ein wenig herumgespielt haben, im Schuppen landen und unser Garten wird verwildern.

Mike Rother hat Verbesserungsmuster in eine überaus praktische Methode mit demselben Namen transformiert, die die Schaffung einer kontinuierlichen Verbesserungsgewohnheit fördert.

Er analysierte das zugrunde liegende Verhaltensmuster, um Toyotas Erfolg zu verstehen, denn er wollte unbedingt wissen, warum die Nachahmung der Tools von Toyota nicht die erwarteten Ergebnisse einbrachte. Alles lief auf ein bestimmtes Denk- und Handlungsmuster hinaus, das bei Führungskräften und Teammitgliedern einheitlich ist, ungeachtet der Tools oder des Dienstalters.

Das Tolle an diesem Muster ist, dass es für jeden verfügbar ist (beginnend in der Grundschule) und dabei hilft, eine neue Gewohnheit zu schaffen, sowohl für die Leute, die die praktische Arbeit verrichten, als auch für jene, die in ihrer Position zum Nutzen ihrer Organisation Verbesserungen in Gang setzen und Leistungen vorantreiben.

Wie Gene Kim, Autor von *The Phoenix Project* und vom *DevOps Handbook* über das Toyota-Kata-Verbesserungsmuster[54] sagte: „Das ist die Denkweise, die wir in rund zehn Jahren sicher von jeder Führungskraft erwarten werden."

Merkmale der Toyota Kata:

- Anwendbar auf jeden Prozess bzw. jedes Problem (ohne offensichtliche Antwort);
- Kurze, regelmäßige Intervalle und Experimente mit graduellen, visuellen und nachhaltigen Ergebnissen;
- Es gibt einen Mentor (Anführer), einen Verbesserer (jemand im Führungsteam), die gemäß einer Reihe von Standardfragen auf einer Coaching Card einen Dialog führen;
- Ein zweiter Coach könnte hinzukommen und dem Coach beim Erlernen der Coaching-Kata helfen;
- Regelmäßige, kurze Intervalle führen zu kontinuierlichem Lernen und zu kleinen Erfolgen bei jedem Schritt.

Alle Beteiligten lernen bei jeder Sitzung.

Schauen wir uns das Toyota-Kata-Verbesserungsmuster am Beispiel unserer Fahrradfabrik an:

1. Die Richtung bzw. **Herausforderung** verstehen	Bevor wir versuchen, uns auf den Weg zu machen, sollten wir dafür sorgen, dass unsere Bemühungen zu etwas führen, das uns wichtig ist. Die Herausforderung ergibt sich aus dem Zweck im Obeya. Was ist jetzt am wichtigsten? Am Beispiel der Fahrradfabrik könnte es eine Herausforderung sein, die Kosten für die Fahrradproduktion unter einem bestimmten Betrag zu halten, um auf dem Markt mithalten zu können. Eine Herausforderung sollte ambitioniert sein und man könnte sich etwa eine pro Jahr vornehmen.
2. Den **Ist-Zustand** erfassen	Bevor wir einschätzen können, wie wir die Herausforderung am besten annehmen, müssen wir verstehen, wo wir heute stehen, und das hilft uns zu ermitteln, wie weit wir von da entfernt sind, wo wir hinwollen. Dies sind die (messbaren, faktenbasierten) Bedingungen, auf denen die derzeitigen Produktionskosten pro Fahrrad basieren. Es genügt nicht, die Gesamtkosten pro Fahrrad anzuschauen, sondern wir müssen den Prozess untersuchen, um zu sehen, welche Bedingungen diese Kosten erzeugen, zum Beispiel die Kosten für Material, Arbeit, Transport etc.
3. Ihren **nächsten Ziel-Zustand** festlegen	Nun, da wir die Bedingungen für unsere Kosten- Herausforderung besser kennen, können wir festlegen, welchen Kostenaspekt wir gern verbessern würden, um die Gesamtkosten zu senken. Für gewöhnlich dauert es ein paar **nächste Ziel-Zustände**, bis Sie dorthin gelangen, wo Sie in der Gesamt-Herausforderung sein wollen.
Wissensgrenze	Bei den Arten von Herausforderungen, denen wir uns mit Kata stellen, wird es Dinge geben, die wir im Hinblick auf unseren Ist- oder Ziel-Zustand nicht wissen, die sich aber aufzudecken lohnen, um der Herausforderung gerecht werden zu können. Mike Rother nennt alles jenseits der Wissensgrenze den ‚Nebel der Ungewissheit'. Das ist der Bereich, in dem wir beginnen, Annahmen aufzustellen, aber wir müssen es genau wissen, um unser Ziel erreichen zu können.
4. In Richtung Ziel **experimentieren**	In Anerkennung der Tatsache, dass wir den Ausgang unserer Aktionen in der Zukunft nicht bestimmen können, besonders wenn wir Neuland betreten, sollten wir zunächst mit Experimenten beginnen, um unsere Wissensgrenze zu erweitern und auf unserem Weg zum nächsten Ziel-Zustand Hindernisse zu überwinden.

Tabelle 3.1 – Schritte des Toyota-Kata-Verbesserungsmusters

Dieses Muster wird zusammen mit der Coaching-Kata befolgt, die im Abschnitt zur Personalentwicklung beschrieben wurde. Im Bereich „Kaskadieren & verbinden" sehen wir, wie dieses Muster entsteht und alle Ebenen Ihrer Organisation durchläuft.

Hier sei unbedingt darauf hingewiesen, dass wir, wenn wir im Obeya mit der Offenlegung von Problemen beginnen, auch anfangen sollten, viele potenzielle Verbesserungen zu erkennen. Das heißt, dass Sie Entscheidungen zu treffen haben werden.

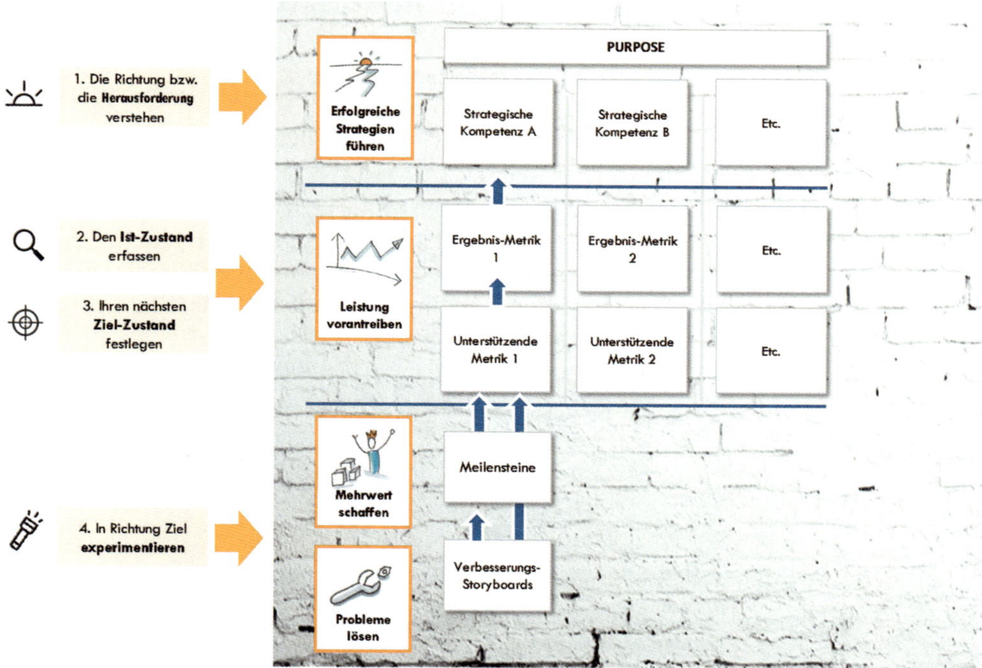

Abbildung 3.21 – Wo wir Elemente des Toyota-Kata-Musters sehen, wenn wir im Obeya „herauszoomen"

TIPP – Wenn Sie in den Bereichen Ihres Obeya Informationen haben, versuchen Sie zu erkennen, wie die sich zur Herausforderung, zum Ist- und zum Ziel-Zustand verhalten. Wenn hier kein Zusammenhang erkennbar ist, wie schaffen die Informationen dann Mehrwert für das Führungsteam? Kann es bei Bedarf darauf reagieren?

Kaskadieren & verbinden

Es ist großartig, wenn man ein Führungsteam auf den Weg bringt, mit Obeya zu arbeiten. Doch der wahre Wert der Verbesserung eines Führungssystems ist nur erreichbar, wenn alle Teams wirklich auf denselben Zweck ausgerichtet sind und als Einheit agieren können. Wie verbinden wir also Ihren Obeya mit den Teams in Ihrem Umfeld?

Vom CEO bis zu den Teams auf operativer Ebene ist alles aufeinander abgestimmt. Das lässt sich nicht so leicht bewerkstelligen, aber wir müssen einfach mit einheitlicher Kommunikation zwischen den Schichten und Abteilungen unserer Organisation anfangen. So wird eine Konversation von oben begonnen und enthält drei Dinge:

1. Einigkeit darüber, was wir zu erreichen versuchen;
2. Einigkeit darüber, wie wir vorankommen;
3. Einigkeit über die Bereitstellung der erforderlichen Unterstützung, um dorthin zu kommen.

Sobald der CEO mit seinem Team diesen Dingen zustimmt, kann sein Team diese Konversation an seine eigenen Teams übermitteln, und die werden sie wiederum an ihre operativen Teams weitergeben. Auf allen Ebenen herrscht Einigkeit über die Ziele, das Vorankommen und die erforderliche Unterstützung, um ans Ziel zu gelangen.

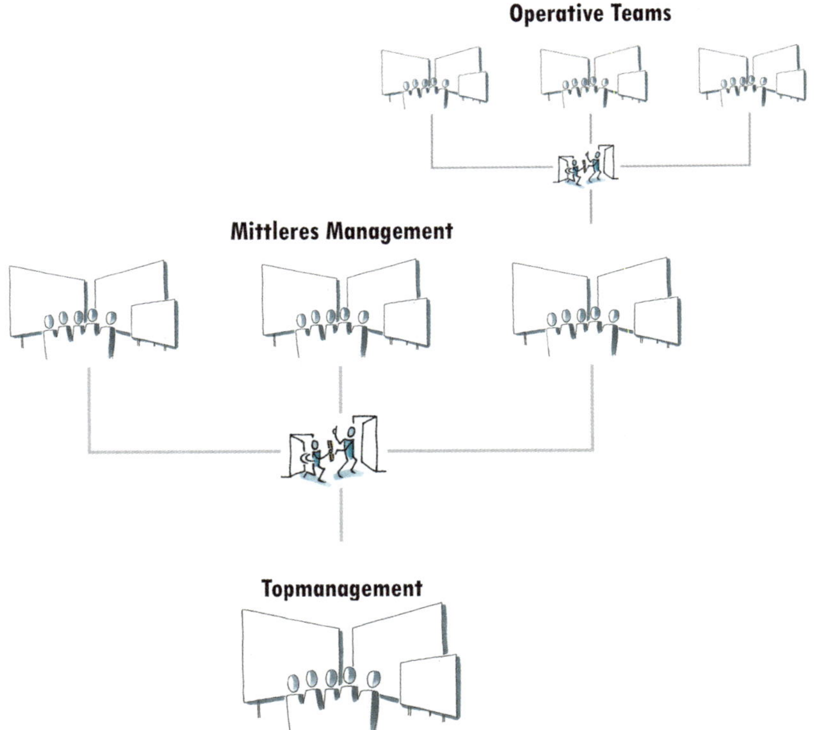

Abbildung 3.22 – Teams auf allen Ebenen miteinander verbinden

So fließt gewissermaßen die Strategie durch die Organisation. Wenn man also durch ein Gebäude spaziert und auf verschiedenen Ebenen Obeyas besucht, erkennt man diese Kaskade an der Weitergabe des Zweckes, der strategischen Kompetenzen, der Elemente im Bereich ‚Mehrwert schaffen', der aufkommenden Hindernisse etc. Vielleicht sieht jeder Obeya etwas anders aus, aber wenn sie sich an die visuellen Bereiche aus dem Referenzmodell halten, werden sie alle Puzzleteile haben und die werden wunderbar zusammenpassen.

Wie sieht das in der Praxis aus? Wenn der CEO jede Führungsebene besuchen würde, angefangen in seinem eigenen Vorstandsebenen-Obeya und bis hinunter zur Basis, sollte er dieselben Elemente seiner Strategie in der gesamten Organisation sehen können, nur mit jeder Ebene etwas spezifischer. Auf jeder nachgeordneten Ebene geht man tiefer ins Detail und versteht besser, wie jeder Teil in dem System zu dem größeren Zweck beiträgt. Wenn leitende Führungskräfte das tun können, werden sie viel besser verstehen, was tatsächlich innerhalb ihrer Organisation passiert. Sonst würden sie nur aufpolierte Berichte lesen, die so oft interpretiert und subjektiv geprägt worden sind, dass sie kaum noch Bedeutung haben, wenn sie in der Chefetage ankommen.

Wir wollen, dass dieser Fluss optimiert wird, sodass alle Teams in unserer Organisation auf allen Ebenen auf das Erreichen des Gesamtzweckes ausgerichtet sind. Doch wie kommen wir von einer Ebene der Organisation in die nächste?

Das richtige Mass für Relevanz und Detailgenauigkeit finden

Beginnen wir mit den Informationen, die wir in Ihrem Obeya zu finden erwarten, und gehen wir dann weiter zu dem der anderen. Zu den größten Schwierigkeiten in einem Obeya gehört es, das richtige Maß zu finden, was die Informationen an der Wand und die Routinen betrifft. Gründlich abwägen zu können, was bei Ihrem wirklich wichtig ist, gehört wohl zu den wichtigsten Fähigkeiten, die ein Team erlernen muss, während es seinen Obeya einrichtet und betreibt. Es ist wichtig zu begreifen, dass dieser ganze Prozess in der Tat zum Lernpensum des Teams gehört und vermutlich niemals zu einem Ende kommt.

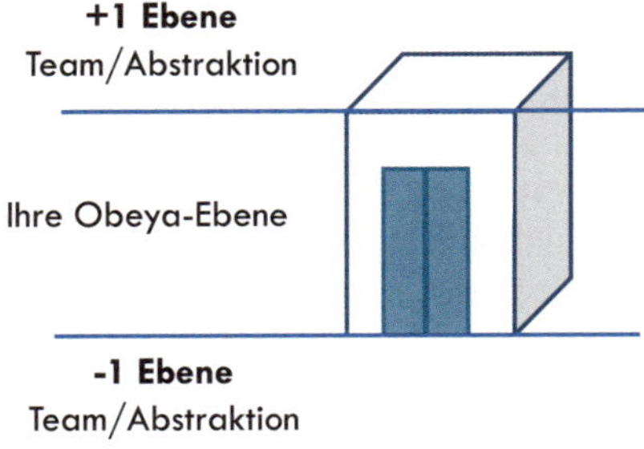

Abbildung 3.23 – Abstraktions-Aufzug

Wonach suchen wir also, wenn wir das richtige Maß an Abstraktion für das visuelle Material festlegen? Die goldene Regel der Obeya-Abstraktion lautet: es sollten die Probleme sichtbar sein, die bis zur Ebene eines Teammitglieds rechenschaftspflichtig und für mindestens zwei andere relevant sind. Wenn Sie ein Problem nicht einem Mitglied des Management-Teams zuteilen können, so sind die Informationen unklar und Sie müssen das genauer untersuchen. Wenn das Problem nicht mindestens für zwei weitere Teammitglieder relevant ist, so ist es zu spezifisch und sollte in einem nachgelagerten Bereich besprochen werden (die Leistung, die das Problem widerspiegelt, sollte trotzdem sichtbar sein).

Strategieumsetzung durch Dialog im Obeya

Jedes Team auf der nächsten Ebene der Organisation wird den höheren Zweck prüfen und wichtige Überlegungen anstellen müssen: „Wenn das der höhere Zweck ist, was müssen wir dann tun und was brauchen wir von der Organisation, um das umzusetzen?" Das Ergebnis dieser Überlegungen sollte dann zwecks Reflexion an das frühere Team zurückgegeben werden: verstehen wir einander richtig und ist das im weiteren Blickwinkel dessen, was wir als Organisation zu erreichen versuchen, sinnvoll? Dadurch formen wir im Grunde ein zweckgerichtetes Ökosystem aus Teams, die sich mit der Vision, Reflexion und Validierung der Strategieumsetzung beschäftigen, um ihren Zweck zu erfüllen. Und der Obeya ist die Arena, in der der ganze erforderliche Kontext geschaffen wird, um das zu verwirklichen.

Dialog ist extrem wertvoll bei der Strategieumsetzung. Man kann von einem General nicht erwarten, die Bedingungen der Einsatzkommandos vor Ort zu kennen. Eine Führungskraft in dieser Position sollte Entscheidungen nicht auf der Grundlage von Annahmen treffen, sondern sich beim operativen Personal über die Bedingungen informieren, sie verstehen und im Dialog die geeigneten nächsten Schritte entwickeln, ohne die Situation vor Ort aus den Augen zu verlieren.

David Marquet erläutert in seinem Buch *Turn the Ship Around*[55] den Effekt auf die Crew und die Leistungen, wenn man von dem Konzept, „den Leuten zu sagen, was sie tun sollen", zu einer Methode umschaltet, bei der die Leute zu Ihnen kommen und erklären, was sie zu tun beabsichtigen, um die Mission der Crew zum Erfolg zu führen. Dafür, so erklärt er, brauchen die Menschen Klarheit (zur Vision) und Kompetenz (Fähigkeiten) zur Ausführung. Beide sind zentrale Aspekte für einen Dialog im Obeya. Darüber hinaus beschreibt er in seinem Buch, wie sich Führung – aufgrund eines Einstellungs- und Verhaltenswandels in Bezug auf Führung und Verantwortung – durch alle Ebenen der Organisation ausweitet, ungeachtet von Rang oder Funktion. Das ist einer der wesentlichen Punkte im Obeya, um auf allen Ebenen der Organisation Führung zu ermöglichen und abzustimmen.

Operative Teams mit Befugnissen

Im Wesentlichen sollten strategische Entscheidungen (Konzept) so definiert werden, dass sie die operativen Teams in die Lage versetzen, situative Entscheidungen zu treffen, und sie so unterstützen, dass sie effektiv agieren können. Hier könnte das strategische Konzept sein: „Wir wollen so schnell wie möglich nach Rom gelangen, aber wir wollen einen sicheren Weg und wir wollen ihn zu Fuß zurücklegen." Oft gibt es keine richtige oder falsche Antwort darauf, wie man genau das erreicht, aber in diesem Fall fällt das operative Team das situative Urteil, dass die Route durch den Wald am besten zum strategischen Konzept passt, weil die Straße für Fußgänger nicht sicher genug ist.

Während sie vorausgehen, geben sie ihre Entscheidung an die Führung im hinteren Bereich weiter und informieren sie über die neuen Entwicklungen an der Front sowie darüber, wie sie auf der Grundlage des Strategiekonzeptes situative Entscheidungen getroffen haben. Die Führungspersonen im hinteren Bereich kennen jetzt die sich ändernden Bedingungen für die Teams vor ihnen und wissen auch, wie die Teams das von ihnen geschaffene Strategiekonzept in die Tat umsetzen. Der Kern dieser Geschichte liegt darin, dass man zur Umsetzung jeglicher Art von Strategie einen ständigen Dialog zwischen allen Ebenen der Organisation benötigt, in dessen Rahmen es eine fortwährende Reflexion gibt über Strategieentscheidungen und über das Feedback dazu, wie sie in die Praxis umgesetzt und was dafür gebraucht wird. Wenn Sie es nicht schaffen, diesen Dialog durch Ihre Organisation kaskadieren zu lassen, findet Ihre Strategie wohl nur auf dem Papier statt.

> „Ein Führungsteam muss verstehen, was Teams brauchen, um produktiv zu sein. Sie müssen verstehen, dass die Aufgabe des Führungsteams darin besteht, für die Teams, die den Mehrwert schaffen, ein optimales Umfeld bereitzustellen. Führungskräfte sollten den Ansatz der dienenden Führung wählen und den operativen Teams zutrauen, dass sie fähig sind, das zu tun, was sie tun müssen, ansonsten werden sie das Kaskaden-System nutzen und um Unterstützung bitten."
>
> **– Sven Dill, Agile Coach**

Catchball: Verbindung und Reflexion

Wenn eine Person einer anderen eine Geschichte erzählt, wird diese andere Person sie der nächsten nur geringfügig anders erzählen. Das liegt daran, dass das Gehirn die eingehenden Informationen verarbeitet, in seinen eigenen Kontext gebracht, die Schlüsselelemente der Geschichte in diesem Kontext interpretiert und sie umformuliert hat, um sie der nächsten Person mit eigenen Worten zu erzählen. Das passiert am Lagerfeuer, aber auch tagtäglich bei geschäftlichen Meetings.

Nun ist eine Gruppe am Lagerfeuer ja noch recht überschaubar, in einer Organisation mit hundert Lagerfeuern wird das schon schwieriger. Tagtäglich werden in Organisationen Botschaften mit begrenzten und meist non-verbalen Kommunikationsmitteln wie E-Mail übermittelt. Forschungen zufolge findet sogar der Großteil der menschlichen Kommunikation zur Übermittlung einer Botschaft non-verbal statt (McDermott, 1980)[56] – stellen Sie sich nun einmal das Potenzial für Missverständnisse vor, wenn wir weiterhin die E-Mail als unser vorherrschendes Kommunikationsmittel einsetzen.

Es gibt zwei Möglichkeiten, dieses Problem abzuschwächen:

1. Sich vor alle hinstellen und die Botschaft laut aussprechen.
2. Die Leute bitten, über das soeben Gehörte nachzudenken und darüber, wie sie es mit ihren eigenen Worten erklären würden. Und dann prüfen, ob die Botschaft noch Richtigkeit hat.

Abbildung 3.24 – Catchball mit wechselseitiger Konversation, um sicherzugehen, dass man einander versteht

Aufstellung – Welche Teams könnten einen Obeya haben?

In den vergangenen fünf Jahren habe ich nicht nur einzelnen Teams des unteren und mittleren Managements beim Einstieg in Obeya geholfen, sondern auch Programmen, Startups und Managementteams auf Vorstandsebene in großen multinationalen Unternehmen. Sie alle profitieren vom Obeya, sofern das Prinzip des Systemdenkens angewendet werden kann. Das heißt, wenn es drei Obeyas bei Teams gäbe, die alle Dasselbe zu managen versuchten (Überlappung), käme es wohl eher zu Überlastung und Verschwendung als zu Vorteilen. Beachten Sie, dass in solchen Fällen vermutlich das zugrunde liegende Problem zutage tritt, dass die Verantwortlichkeiten innerhalb Ihrer Organisation nicht klar geregelt sind.

Gleichwohl kann der Obeya bei einem Startup mit zwei oder drei Leuten der Bereich sein, in dem man seine Lean-Startup-Methoden anwendet, während man seine Wachstumsziele überwacht und neue Teams aufeinander abstimmt.

In großen Unternehmen kommt es darauf an, wie Sie organisiert sind, aber empfehlenswert ist wohl ein Obeya für alle 200 bis 300 Mitarbeiter (also rund 20 Teams mit etwa fünf Managern). Bei Startups ist das selbstverständlich anders, für sie könnte ein Einstieg in Obeya mittels Lean-Startup-Metriken eine sehr nützliche Idee sein.

Teil IV:

Was befindet sich an den Wänden – fünf visuelle Bereiche, acht Stunden pro Woche

In Teil III haben wir von den Prinzipien für das Denken und Handeln im Obeya erfahren. Sie helfen dem Team, die Inhalte an den Wänden des Obeya zu erarbeiten und zu nutzen. Somit können sie mit ihren Stakeholdern, ihren Teams und natürlich miteinander interagieren.

Da wir nun den Nutzen der Arbeit mit Obeya und die zugrunde liegenden Prinzipien kennen, ist es endlich an der Zeit, uns den tatsächlichen visuellen Bereichen in dem Raum zu widmen. Obeyas gibt es in verschiedensten Größen, Formen und gewiss auch mit verschiedenartigen Inhalten. Deshalb hat es keinen Sinn, in diesem Buch nur ein Format zu behandeln. Als Empfehlung für die visuellen Bereiche nutzen wir das Referenzmodell, das im Obeya jeder Hauptzuständigkeit einer Führungskraft einen visuellen Bereich mit den entsprechenden Inhalten zuordnet.

Bei diesem Ansatz spielt es keine Rolle, wie Ihr Obeya aussieht oder wie Sie Ihre Bereiche angeordnet haben, Sie werden seine Inhalte immer auf das Referenzmodell beziehen können. Und das hilft Ihnen bei der Prüfung auf Vollständigkeit und Konsistenz sowie bei der Navigation durch jeden Obeya. Aber denken Sie an das Prinzip des Systemdenkens: es müssen alle Bereiche präsent sein, um die Arbeitsweisen des ganzen Systems aufzudecken.

Fünf Bereiche für jeden Aspekt der strategischen Führung

Die grundlegende Arbeit einer Führungskraft besteht im Wesentlichen aus fünf Hauptzuständigkeiten, und das nicht neben oder zusätzlich zu anderen Dingen. Diese Zuständigkeiten werden im Obeya visualisiert.

Die Verantwortungsbereiche umfassen und unterstützen die Ausübung der üblichen Geschäftspraktiken, die jeder Wirtschaftsschulabsolvent kennt – darunter Finanzen, Marketing, Risikomanagement, Prozessmanagement, (Projekt-) Portfoliomanagement etc. Im Obeya versuchen wir, diese Praktiken zu veranschaulichen, die sonst mittels Excel-Tabellen und Berichten in langwierigen, verstaubten Meetings behandelt werden. Wir nehmen die wesentlichen, relevanten Teile davon und erstellen mit dem Team einen visuell geteilten Kontext. Damit unterstützen wir das Team dabei, sich in Bezug auf diese Praktiken aktiv am gemeinsamen Sehen, Lernen und Handeln zu beteiligen. Werfen wir nun einen kurzen Blick auf die Praktiken, bevor wir sie in den nachfolgenden Abschnitten genauer besprechen.

Führen mit Obeya – Referenzmodell
Menschliches Führungspotenzial maximieren

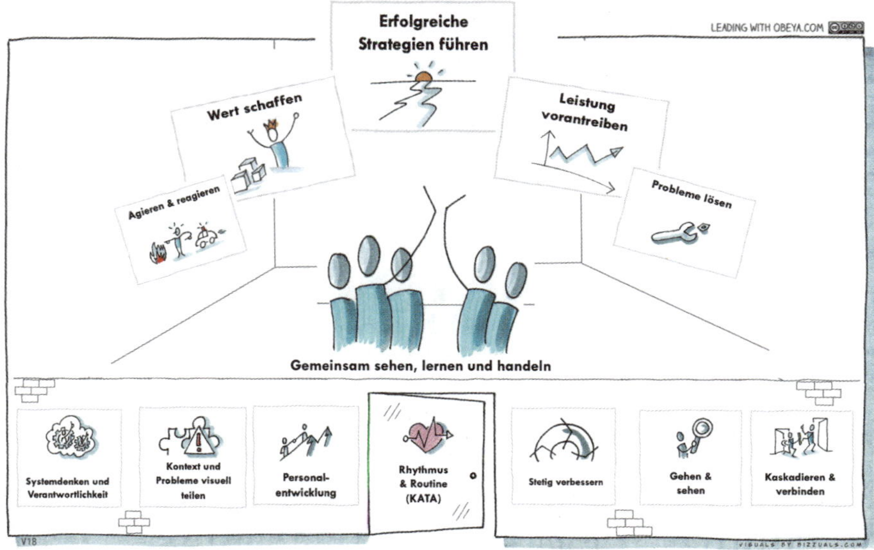

Abbildung 4.1 – Führen mit Obeya-Referenzmodell – visuelle Bereiche in dem Raum

1. **Erfolgreiche Strategien führen** – Das oberste Ziel einer Führungskraft besteht darin, der Organisation bei der Erfüllung ihres Zwecks zu helfen. Dafür muss eine Strategie, die unter den gegebenen Umständen am besten zu der Organisation passt, formuliert, umgesetzt, getestet und stetig verbessert werden. Wenn eine Führungskraft dabei scheitert, wird die Organisation ihre Ziele nicht erreichen.
2. **Mehrwert schaffen** – Jede Organisation schafft irgendeine Art von Mehrwert für Kunden und/oder Stakeholder. Allerdings können wir unser Geld und unsere Zeit nur einmal verwenden. Eine Führungskraft muss sich mit der Auswahl der Werte befassen, die geschaffen werden, um zu wissen, ob sie den Bedürfnissen von Kunden und Stakeholdern gerecht werden. Die Sicherstellung der maximalen Wertschöpfung ist eine Schlüsselaufgabe, der sich die Führung annehmen muss. Es geht nur darum, *die richtigen Dinge zu machen*.
3. **Leistungen vorantreiben** – Nicht nur die Auswahl der Werte, sondern auch die Art ihrer Schaffung sind der Schlüssel zum Erfolg der Organisation. Wenn wir unsere Fähigkeiten nicht verbessern, werden Dinge wie Lieferfristen oder die Qualität unserer Produkte und Dienstleistungen darunter leiden. Wir müssen *die Dinge richtig machen*, um für Kunden und Stakeholder das gewünschte Ergebnis und den gewünschten Wert zu schaffen.
4. **Agieren & reagieren** – Einen Plan zu machen und dafür zu sorgen, dass die Teams an die Arbeit gehen können, ist das eine. Um dafür zu sorgen, dass sie dann reibungslos und ohne Probleme arbeiten können, müssen

Führungskräfte allerdings ständig verfügbar sein, um auf Fragen, Anfragen, Probleme und neue Erkenntnisse hin agieren und reagieren zu können, die auf unserem Weg zur Großartigkeit tagtäglich aufkommen.

5. **Probleme lösen** – In jeder Organisation werden Probleme auftreten, für die es keine klare Antwort oder Lösung gibt. Sie zu erkennen, aktiv zu erschließen und mit den Teams an ihrer Lösung zu arbeiten, ist eine der Hauptzuständigkeiten von Führungskräften.

Sie werden merken, dass im Referenzmodell keine spezielle Anordnung dieser Bereiche vorgesehen ist, allerdings befinden sie sich auf drei Ebenen. Die oberste Ebene ist der Bereich zur Strategie, der zuerst kommt, weil er den Rahmen für die anderen Bereiche festlegt. Auf der zweiten Ebene befinden sich Mehrwert- und Leistungsbereich, die Hand in Hand gehen, wobei Sie je nach Art Ihrer Organisation vielleicht auf den einen mehr Gewicht legen möchten als auf den anderen (Sie sollten nur keinen von ihnen übergehen).

In den Bereichen ‚Agieren & reagieren' und ‚Probleme lösen' findet man die logische Konsequenz der oberen Bereiche. Wenn Sie Ihren Obeya in dieser Anordnung aufbauen, werden Sie feststellen, dass die Aktionen und Probleme logisch aufgedeckt werden, indem sie die oberen Bereiche thematisieren. In diesem Buch erläutern wir alle Bereiche in der Reihenfolge der oben genannten Liste. Wenn Sie sich an die Routinen halten, werden Sie in der Lage sein, sie auszuführen und Woche für Woche alle Aspekte der strategischen Führung mit Ihrem Führungsteam auszuüben, wobei Sie diesen Teil Ihres Jobs binnen acht Stunden erledigen werden. Die restliche Zeit bleibt dann für die Auseinandersetzung mit Problemen, Ihre Verwaltung, den Aufbau von Beziehungen und die Entwicklung einer verbesserten strategischen Ausrichtung.

TIPP – Ergeben diese Zuständigkeiten in Ihrem Kontext einen Sinn? Ist Ihr Team auf diese Führungsaufgaben ausgerichtet und fokussiert? Wenn ja, sind Sie nur noch wenige Schritte davon entfernt, sie zu visualisieren und einen Obeya aufzubauen, der Ihnen dabei helfen wird, Ihre Effektivität als Team bei der Erfüllung dieser Aufgaben zu steigern.

Zwei Beispiele zur Obeya-Gestaltung für zwei Teams in der Fahrradfabrik

Um die Anwendung des Referenzmodells in der Praxis zu demonstrieren, werden wir ein paar Musterentwürfe für Obeyas präsentieren. Das Referenzmodell hilft dabei, die Zutaten eines Obeya festzulegen, doch jeder Raum wird anders angeordnet sein bzw. unterschiedliche Aspekte betonen, die für sein Nutzerteam am relevantesten sind.

Zum Beispiel wird ein Team mit einem starken Fokus auf Produktentwicklung vermutlich viel mehr Informationen zu diesem Produkt und zu Prototypen in seinen Obeya miteinbeziehen als ein Team, das seinen Obeya für die Leitung der HR-Abteilung nutzt.

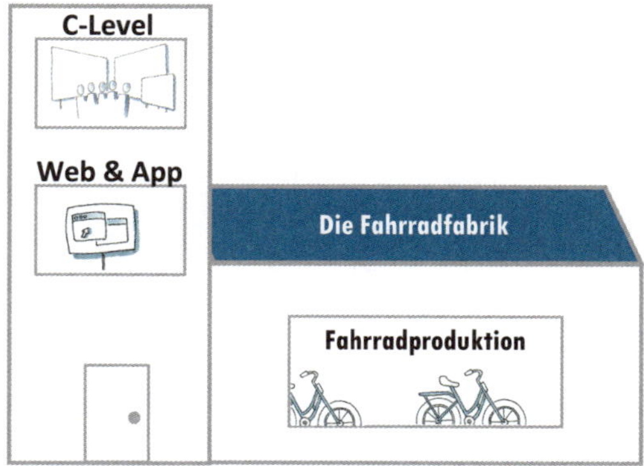

Abbildung 4.2 – Die Fahrradfabrik, ein fiktionales Fallbeispiel

Hier schauen wir uns ein Fallbeispiel an, das im Verlauf dieses Buches verwendet wird: die Fahrradfabrik. Diese Fabrik hat zwei Teams, die für Kunden Mehrwert schaffen in Form eines Produktes (Fahrrad) und von Dienstleistungen (Website und App). Für jedes dieser beiden Teams schauen wir uns ein einfaches potenzielles Design für einen Obeya an. Deshalb beziehen sich beide Obeyas auf dieselbe Gesamtorganisation. In ihrer Gestaltung mögen sie sich voneinander unterscheiden, aber sie entsprechen ähnlichen strategischen Aspekten und sind aus denselben Elementen des Referenzmodells aufgebaut.

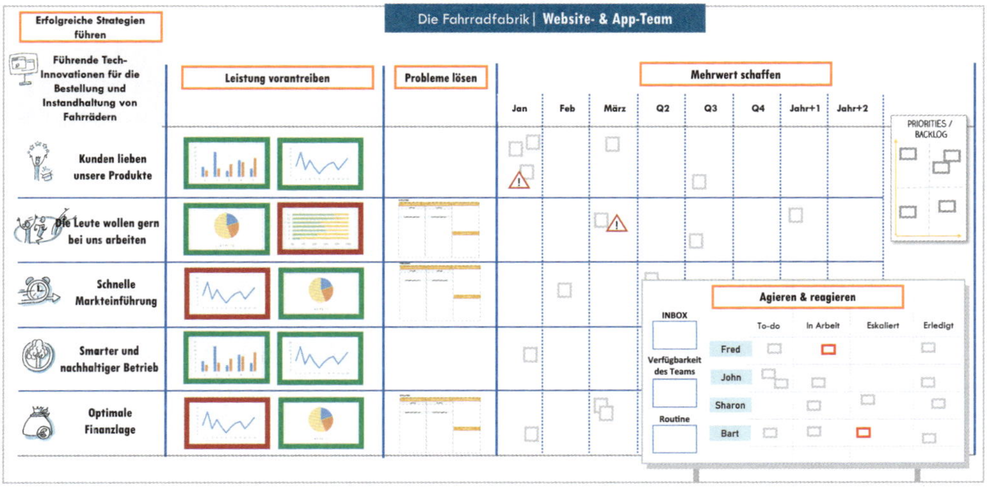

Abbildung 4.3 – Der Obeya des Website- und App-Teams

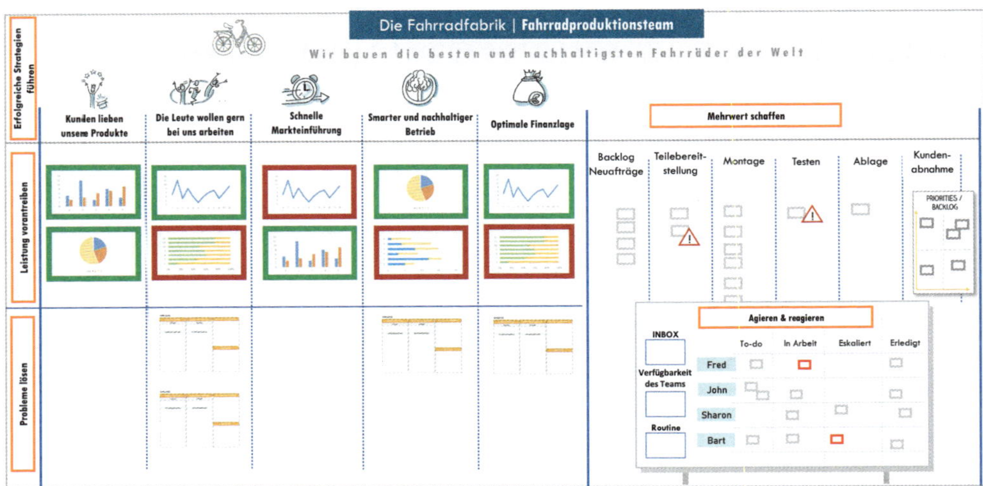

Abbildung 4.4 – Der Obeya des Fahrradproduktionsteams

Hier wird genauer gezeigt, wie eine Wand eines Obeya aussehen könnte. Jeder Bereich enthält verschiedenartige Elemente wie Metriken, Meilensteine, Verbesserungs-Storyboards etc. Jede Organisationsart kann allen Bereichen des Referenzmodells ihre eigenen Tools und Methoden hinzufügen. Dadurch wird es ein vielseitiges Modell – die Hauptzuständigkeitsbereiche bleiben im Wesentlichen gleich, nur bei der Art ihrer Ausübung und Visualisierung kommt es letztendlich auf die Kreativität und Erkundungsgabe des Teams an sowie darauf, was in ihrem Fall am besten funktioniert.

Beachten Sie unbedingt, dass die Bereiche des Referenzrahmens so angeordnet sind, dass Sie – wenn Sie unterschiedliche Tools oder Methoden zur Visualisierung Ihrer Strategie, zur Verwaltung Ihrer Arbeit oder zur Offenlegung von Problemen anwenden – sie einfach so anwenden können, wie es Ihnen angemessen erscheint. Das Referenzmodell schlägt lediglich die Visualisierungen und die darauf bezogenen, vom Führungsteam auszuführenden Tätigkeiten vor, nicht aber, welche speziellen Tools genutzt oder wo sie an der Wand platziert werden sollten.

Bevor wir nun in Teil IV darauf eingehen, was genau sich in den visuellen Bereichen befindet, versuchen wir erst einmal zu ergründen, warum wir uns überhaupt die Mühe machen sollten, einen solchen Obeya einzurichten. Schaffen wir also zunächst ein besseres Verständnis für das Problem, bevor wir es zu beheben versuchen.

Nochmals, es gibt keine in Stein gemeißelte Vorschrift für die Gestaltung eines Obeya, dies sind nur zwei Beispiele. Es kommt darauf, sorgfältig darüber nachzudenken, was für Ihr Team wichtig ist, und sich dann für eine logische Abfolge der Bereiche zu entscheiden. Sie können das erst einmal für sechs Monate ausprobieren, es dann auswerten und nach Verbesserungsmöglichkeiten suchen.

TIPP – Wenn Sie sichergehen möchten, dass Sie alles in dem gewünschten Bereich unterbringen können, oder wenn Sie wissen möchten, wie viel Platz Sie benötigen, versuchen Sie es mit einer Skizze von der Wandgestaltung auf dem Papier. Oder Sie nehmen einfach Blätter im Format A3 und A4 und bringen sie vorübergehend an der Wand an, um zu sehen, wie viele nebeneinander passen, und somit eine ungefähre Ahnung von der Größenordnung zu bekommen. Es ist immer gut, etwas wie ein Bandmaß zur Hand zu haben, um die Ränder der Bereiche zu markieren, wo Sie Trennungslinien platzieren möchten.

Erfolgreiche Strategien führen

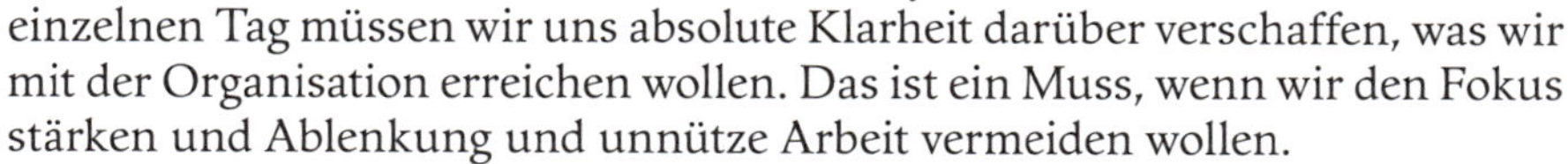

Angesichts der Komplexität, der Fülle von Informationen und etlicher Optionen bei der Auswahl der Arbeit für jeden einzelnen Mitarbeiter an jedem einzelnen Tag müssen wir uns absolute Klarheit darüber verschaffen, was wir mit der Organisation erreichen wollen. Das ist ein Muss, wenn wir den Fokus stärken und Ablenkung und unnütze Arbeit vermeiden wollen.

Der Bereich ‚Erfolgreiche Strategien führen' ist der Ausgangspunkt Ihres Obeyas. Er bildet die Grundlage und die Struktur für alle anderen Bereiche in Ihrem Raum. Tatsächlich sollte jedes andere visuelle Element in irgendeiner Form Bezug darauf nehmen, weil es sonst vermutlich nicht relevant ist.

Die Hauptzuständigkeit jeder Führungskraft besteht in der Führung der Organisation zum obersten Ziel ihrer Existenz: ihrem Zweck. Zu den Führungsaufgaben gehören die (Unterstützung der) Entwicklung einer Erfolgsstrategie, die die Gesamtbewegungen und Konzepte für die Organisation festlegt: welche Fähigkeiten zu entwickeln sind, in welche Produkte investiert werden soll, wie man eine Zukunftsplattform schafft, wie wir uns gegenüber unseren Konkurrenten positionieren etc.

Doch die Erstellung und Umsetzung eines strategischen Planes genügt nicht, wir müssen auch wissen, ob er uns beim Erreichen unserer Ziele hilft. Strategieumsetzung wirklich anzuführen, heißt, sich in einen Dialog mit den wichtigsten Stakeholdern inklusive der Teams zu begeben, um die Organisationsziele anzusprechen und sie mit einer Strategie zu verknüpfen, die eine logische und auch eine emotionale Verbindung zu den Menschen aufbaut.

Erst dann kann die Strategie von diesen Stakeholdern verstanden und unterstützt werden. Das liegt in der Zuständigkeit der Führungskraft, und der Obeya bietet einen vortrefflichen physischen Rahmen für diese Konversation.

> „Man muss an große Dinge denken, während man kleine Dinge tut, sodass all die kleinen Dinge in die richtige Richtung laufen."
>
> – Alvin Toffler, Futurologe

Sichtbare Komponenten in diesem Bereich

Schauen wir uns nun an, wie sich das auf die Komponenten übertragen lässt, die wir im Bereich ‚Erfolgreiche Strategien führen' sehen möchten. Wir erwarten hier den visuellen Nachweis dafür, dass dieses Führungsteam seine strategischen Ziele zu erreichen beabsichtigt. Denken Sie daran, wenn wir immer wieder vor Augen haben, was wichtig ist, bleibt es uns im Gedächtnis. Und dann können wir bessere Entscheidungen treffen.

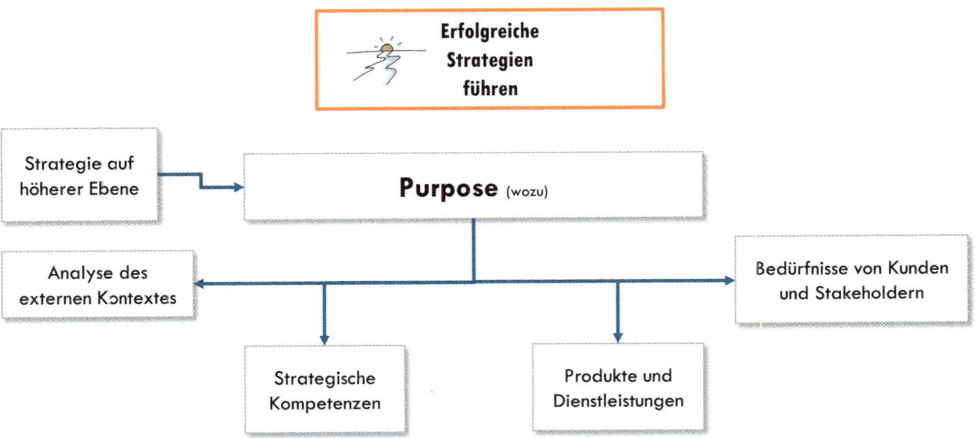

Abbildung 4.5 – Mögliche Elemente im Bereich ‚Erfolgreiche Strategien führen'

Am Anfang steht das Wozu

Wenn ein Team einen Obeya in Angriff nimmt, muss es sich zuallererst auf einen Zweck einigen. Der definiert den Erfolg des Teams und prägt alle Aktionen, die sich daraus für das eigene Team und für die Teams unter dessen Leitung ergeben. Im Grunde liefert er den Grund dafür, dass man jeden Tag zur Arbeit kommt. Beim Prius lag der oberste Zweck darin, „ein Auto für das 21. Jahrhundert zu bauen". Das war der Ausgangspunkt für die Erkundung, die letztendlich zum Prius führte.[57]

Es lohnt sich, mit Ihrem Team eine Weile darüber nachzudenken – nicht nur für Ihren eigenen Obeya, sondern auch für den Prozess der Kaskadierung zu den Teams unter Ihrer Leitung. Forschungen zufolge werden Menschen in Organisationen sehr viel effektiver, wenn sie ein Gefühl für den Zweck entwickeln und verstehen, wie ihre Arbeit dazu beiträgt. (Buckingham, 1999).[58] Simon Sinek (2009) erklärt in seinem Buch *Start with Why*[59], wie Menschen sich mit einem Sinn identifizieren und wie der sie in Sachen Loyalität an eine Organisation und deren Produkte und Dienstleistungen bindet. Umgekehrt bedeutet das, dass die fehlende Sichtbarkeit bzw. das mangelnde Verständnis eines gemeinsamen Sinns sich in der Tat negativ auf die Teamleistung auswirkt (Lencioni, 2002)[60].

Einen Sinn erarbeiten

Zunächst definieren wir ihn und bringen ihn vor allem anderen in unserem Obeya an. Ein guter Purpose liefert Führungskräften, Managern und operativen Mitarbeitern den Kontext für tagtägliche Entscheidungen.

Versuchen Sie sich vorzustellen, Sie hätten die Wahl zwischen zwei konkurrierenden Unternehmen mit den folgenden Aussagen zu ihrem Sinn – für welches würden Sie lieber arbeiten:

A. „Unser oberster Sinn liegt darin, Kinder zu inspirieren und dahingehend zu fördern, dass sie kreativ denken, systematisch schlussfolgern und ihr Potenzial freisetzen, um ihre eigene Zukunft zu gestalten." (LEGO)

B. „Wir stellen Plastikspielzeug her, mit dem man Dinge bauen kann."

Sinn B ist frei erfunden, könnte aber für ein Unternehmen stehen, das ähnliche Produkte herstellt wie LEGO. Der Hauptunterschied zwischen beiden besteht darin, dass der zweite aussagt, „was" wir tun, und der erste beschreibt, „wozu" wir das tun. Und den Unterschied erkennt man beim Lesen von Sinn B. Hier ist das „Was" tatsächlich eine Festlegung und damit auch eine Begrenzung des Rahmens (Herstellung von Plastikspielzeug). Die Aussage von LEGO hingegen fordert alle Mitarbeiter des Unternehmens und dessen Stakeholder dazu auf, sich für etwas zu engagieren, das viel größer ist als die Herstellung von Plastikspielzeug und das sich positiv auf die Zukunft der Menschheit auswirken wird. Unnötig zu erwähnen, dass Menschen den Sinn ihrer Arbeit durch so etwas ganz anders bewerten.

Zum Sinn gehört mehr als nur aufzuschreiben, was Sie als Unternehmen tun. Hier folgt eine Checkliste von Aspekten eines Purpose, die Sie vielleicht gebrauchen können, um die Qualität Ihrer Zweckdefinition zu überprüfen. Vor allem anderen geht es beim Zweck immer um das „Wozu". Und was wir tagtäglich tun, sollte in irgendeiner Weise dazu beitragen.

Aspekte eines guten Purpose:

- **Kontextbezogen**
  Stellt den Rahmen, in dem autonome Teams Entscheidungen treffen, die zum höheren Ziel führen. Das Team kann all seine Tätigkeiten überblicken und dahingehend prüfen, dass sie zum Zweck beitragen.

- **Verbindend**
  Regt Menschen zur gemeinsamen Arbeit im Team an, leitet sich gegebenenfalls vom höheren Zweck der Organisation ab und richtet die einzelnen Teams auf dieselbe Richtung aus.
- **Inspirierend**
  Etwas, wofür die Leute morgens gern aufstehen und worauf sie stolz sind.
- **Ehrgeizig**
  Regt das Bedürfnis nach Selbstentfaltung und kontinuierlicher Verbesserung an.
- **Persönlich**
  Die Formulierungen werden vom Team ausgewählt und spiegeln dessen Überzeugungen und dessen Kultur wider.
- **Kurz**
  Obgleich ein Zweck in kritische Erfolgsfaktoren aufgeschlüsselt wird, sollte der Zweck selbst soweit abstrahiert sein, dass er in einen kurzen Satz passt. Kraftvoll wird er durch die Schlüsselbegriffe.
- **Als Endresultat beschrieben**
  Mit einem Ende im Hinterkopf beginnen.

TIPP – Die Erarbeitung einer wirklich guten Purpose ist eine Fähigkeit. Zögern Sie nicht, Fachleute oder Leute in Ihrer Organisation mit einem Talent für kreatives Texten zu bitten, Ihnen bei der Definition eines Zweckes zu helfen. Und obwohl das Team eng in die Formulierung miteinbezogen werden sollte, könnten Sie erwägen, die Schlüsselworte und den Satzanfang gemeinsam mit dem Team aufzuschreiben und dann jemanden zu bitten, ein paar Verbesserungen oder alternative Sätze vorzuschlagen, aus denen Ihr Team dann wählen kann. Das wird Ihren Prozess gewiss beschleunigen, wenn das Team nicht selbst zu einem Ergebnis kommen kann.

Bestimmung der strategischen Kompetenzen

Wenn Sie Ihren Zweck erfüllen wollen, müssen Sie dafür sorgen, dass Ihre Organisation dazu in der Lage ist. Nun, da wir den Zweck haben und wissen, welches unsere Produkte sind, können wir darüber nachdenken, welche wesentlichen Fähigkeiten für unsere Organisation gebraucht werden. Wir nennen sie strategische Kompetenzen und können sie definieren als „die Ressourcen und Kompetenzen, die eine Organisation zum Überleben und Gedeihen benötigt“. (Johnson et al, 2009)[61] Wenn Sie die ausfindig machen, beginnen Sie mit der Offenlegung der Schlüsselelemente in dem System, das Sie führen sollen.

Eine Debatte über die strategischen Kompetenzen begünstigt eine Konversation darüber, was wir wirklich managen sollten und was nicht. Und das schafft den Rahmen für ungelöste bzw. nicht besprochene Zuständigkeitsfragen innerhalb bzw. außerhalb des Teams. Wenn das gut gelingt, können die Teammitglieder all ihre Tagesaktivitäten und Zuständigkeiten mit dieser Struktur verbinden. Gleichwohl können alle Tätigkeiten des Teams, die sich nicht mit einer strategischen Kompetenz verbinden lassen, höchstwahrscheinlich gestoppt werden, es sei denn, Sie haben soeben eine fehlende Tätigkeit bzw. Zuständigkeit ermittelt.

Die Bestimmung Ihrer strategischen Kompetenzen gehört auch zur Schaffung von Kontext – was muss nach Ansicht Ihres Teams unbedingt als Kompetenz für Ihre Organisation auf deren Weg zur Großartigkeit entwickelt werden? Im Allgemeinen bestehen Organisationssysteme aus ähnlichen strategischen Kompetenzen, aber es gibt unterschiedliche Herangehensweisen. Es folgt eine Liste von Themen, die für Ihre Organisation strategische Kompetenzen sein könnten:

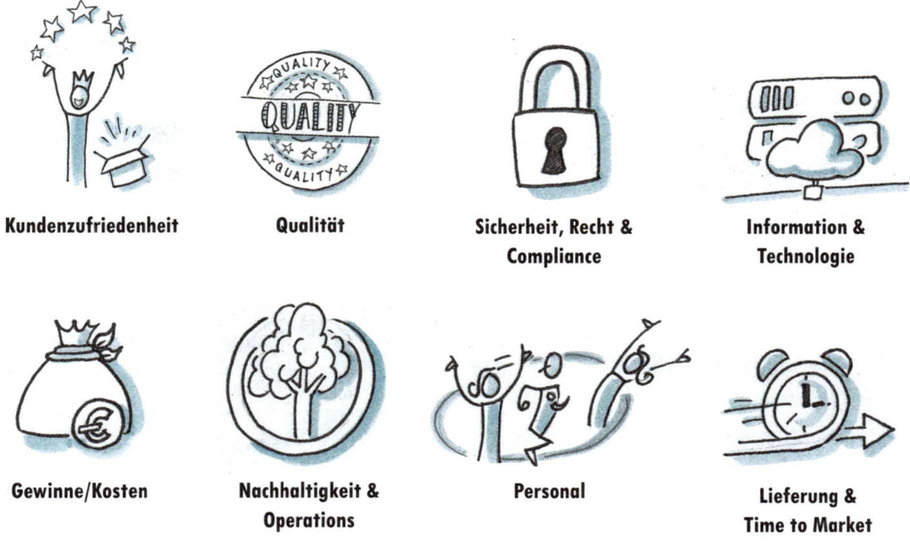

Abbildung 4.6 – Themen, die gemeinhin in strategische Kompetenzen übertragen werden

Diese Liste ist für Ihre Organisation gewiss nicht vollständig, oder womöglich verwenden Sie andere Worte oder Kombinationen. Die Liste in diesem Buch soll Ihnen helfen, potenzielle Themen für die Beine Ihres Tisches zu ermitteln. Einfach ausgedrückt, kann Ihr Team die Themen auswählen, die es zur Erfüllung seines Zweckes für unverzichtbar hält.

MECE: Bereitstellung eins soliden Fundaments für Ihren Zweck

Stellen Sie es sich als die Beine eines Tisches vor. Ihr Zweck bestimmt die Anzahl und die Qualität der Beine, die für einen Tisch benötigt werden. Wenn Ihr Tisch zu wenige Beine hat, wird er instabil und hat keinen festen Untergrund, auf dem er den Zweck erfüllen kann. Hat Ihr Tisch hingegen zu viele Beine, sind welche überflüssig und damit eine Verschwendung. Darüber hinaus sieht er seltsam aus und lässt sich wohl auch nicht so einfach gebrauchen.

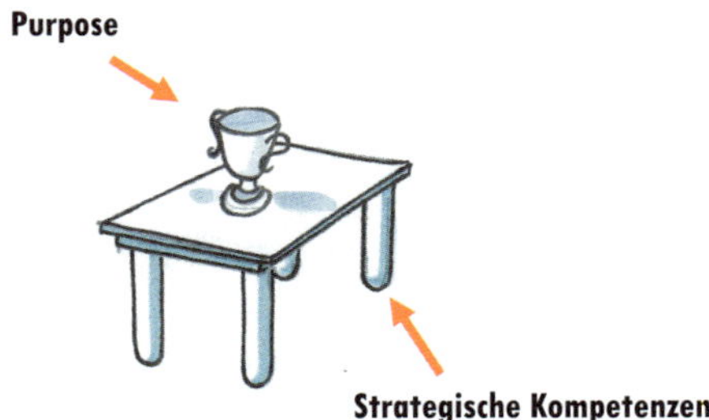

Abbildung 4.7 – Sorgen Sie dafür, dass Sie die strategischen Kompetenzen zur Unterstützung Ihres Zweckes haben

Um sicherzustellen, dass Sie die richtige Anzahl an Beinen für Ihren Tisch haben, wenden Sie bei Ihren strategischen Kompetenzen das Prinzip Mutually Exclusive and Collectively Exhaustive (MECE) an. Im Wesentlichen bedeutet das, dass das komplette Paket der strategischen Kompetenzen auf zwei Dinge hin geprüft wird:

1. Jede ist eine „Sache“ für sich (es gibt keine Überlappung mit anderen);
2. Zusammen ergeben sie ein Komplettpaket (es fehlen keine Schlüsselelemente).

Somit spielt jede strategische Kompetenz eine Schlüsselrolle bei der Stabilisierung des Tisches (Ihres Organisationssystems), sodass der Zweck erfüllt werden kann.

Weiterentwicklung der strategischen Kompetenzen -- passend zu Ihrem Team

Die Auswahl der Themen (aus der obigen Liste oder aus Ihrer eigenen) ist der Ausgangspunkt für den nächsten Schritt: qualitative Aussagen zu jedem Thema seitens (der Mitglieder) des Teams, die den gewünschten (Ziel-) Zustand der strategischen Kompetenz als Endresultat beschreiben. Im Wesentlichen wird das Team mit seinen eigenen Worten schildern, was seiner Meinung nach die erforderliche Kompetenz für die Organisation sein muss – vorzugsweise in einem einzigen Satz.

Schauen wir uns ein Beispiel zum Thema Kundenzufriedenheit an:

„Aus dem Dialog wissen wir, was unsere Kunden wollen, und wir liefern es ihnen. Das Feedback wird ständig ausgewertet und zur Freude der Kunden in sinnvolle Features übertragen."

An unserem Beispiel erkennen Sie, dass das Thema von den Mitgliedern des Teams diskutiert und ausgearbeitet worden ist. Das Beispiel wirkt ziemlich allgemein, aber wichtig daran ist, dass die Worte vom Team gewählt wurden. Sie haben eine qualitative Aussage zusammengestellt, die den gewünschten Zustand der Kompetenz zu diesem Thema beschreibt: wozu müssen wir als Organisation in Sachen Kundenzufriedenheit fähig sein, wenn wir unseren Zweck erfüllen wollen? Obige Aussage ist die Antwort auf diese Frage.

TIPP – Es gibt kein Richtig oder Falsch bei Aussagen zu strategischen Kompetenzen, es sind Ihre Worte und Sie entscheiden, wie sie unter Ihrem Tisch angeordnet werden. Sorgen Sie dafür, dass Ihr gesamtes Team in die Erarbeitung des Zweckes eingebunden wird, wobei die Überarbeitung der Wortwahl für die strategischen Kompetenzen meist von den Leuten mit speziellem beruflichem Interesse oder von jenen in der entsprechenden Funktion übernommen wird (wenn Sie zum Beispiel die HR-Abteilung leiten, werden Sie vermutlich die strategischen Kompetenzen für die Human Resources definieren).

Es folgt ein Beispiel für die Fahrradfabrik. Das Führungsteam hat eine Reihe strategischer Kompetenzen ausgewählt und so formuliert, dass sie wiedergeben, was seiner Ansicht nach für den Erfolg der Organisation gebraucht wird.

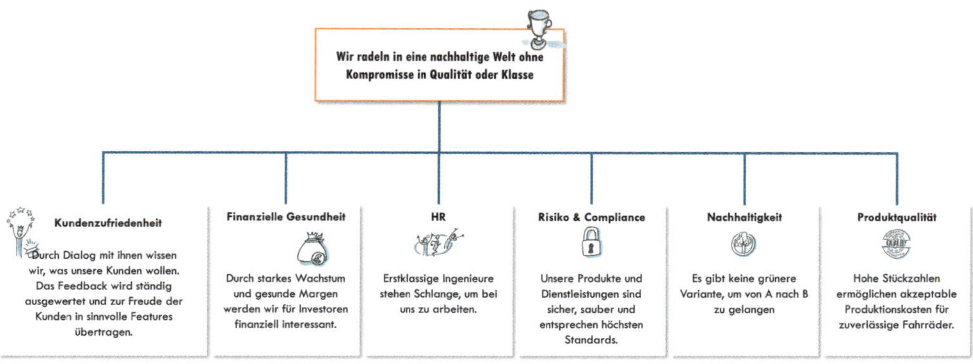

Abbildung 4.8 – Überblick über die strategischen Kompetenzen, die vom Führungsteam der Fahrradfabrik ausgewählt wurden

Für jede strategische Kompetenz in der Fahrradfabrik gibt es einen Repräsentanten aus dem Führungsteam, der für die Darstellung der Leistungen im entsprechenden Bereich zuständig ist. Diese Person wird anfangs auch dafür verantwortlich sein, die Entwicklung von Metriken und die kontinuierliche Verbesserung ihrer strategischen Säule voranzutreiben.

Hier erkennen Sie einen Bezug zur Aufstellung von OKRs, da die strategischen Kompetenzen die Kategorien der oberen Ebene repräsentieren, in denen die Objectives definiert werden, an denen das Team arbeiten sollte, um erfolgreich zu sein. In dieser Phase sind die strategischen Kompetenzen lediglich das Dach, denn OKRs erfordern Objectives, die für einen bestimmten Zeitrahmen festgelegt werden, und strategische Kompetenzen sind eine nicht endende Inspiration zur kontinuierlichen Verbesserung.

Da strategische Kompetenzen sich auf bestimmte Themen wie HR oder Sicherheit beziehen, halten Sie – sofern Sie von Scaling Agile @ Spotify (Kniberg & Ivarsson, 2012)[62] inspiriert worden sind – vielleicht die Chapter Leads für geeignete Kandidaten zur Repräsentation der strategischen Kompetenzen.

Sich zu vergewissern, dass jede strategische Kompetenz von jemandem aus dem Team formuliert und repräsentiert wird, ist ein wichtiger Teil des Aspektes ‚Systemdenken und Verantwortlichkeit'. Warum? Weil jede strategische Kompetenz einen wesentlichen Teil des Systems darstellt, der für die Erfüllung des Zweckes verantwortlich ist. Wenn irgendein Teil dieses Systems versagt, wird Ihr Tisch instabil. Und wenn wir tatsächlich Probleme oder Herausforderungen in diesem System entdecken, wollen wir Klarheit darüber, wer diese Herausforderung anführt. Und deshalb sollte in Bezug auf die Säulen immer eine Person identifizierbar sein.

> „Die meisten Leute arbeiten am selben Ziel, doch die meiste Zeit arbeiten sie an ihren eigenen Zielen. In einem Obeya wird ihnen allmählich klar, wie alles zusammenläuft und dann erkennen sie erst einen Sinn."
>
> – Nienke Alma, Agile Coach

Strategische Kompetenzen in sinnvolle Entscheidungen und Aktivitäten übertragen

Jetzt, da wir eine strategische Kompetenz für die Kundenzufriedenheit bestimmt haben – was fangen wir damit an? Wie führt eine solche Aussage zu sinnvollen Entscheidungen und Aktionen im Obeya?

Zunächst einmal sollten Sie sinnvollerweise mit Ihrem Team entscheiden, wer diese strategische Kompetenz repräsentieren wird. Das könnte der Vertriebsleiter sein, der Marketingchef in Ihrem Team oder einfach jemand, der sich am meisten für das Thema interessiert, wenn Sie in Ihrem Team keine bestimmte Aufgabentrennung haben.

Gliedern wir die Aussage in ihre Teile auf, damit wir sehen können, wie sie zu einem spezifischeren Grad an Granularität führen könnte, was wiederum zur Entdeckung von Metriken, Konzepten und sinnvollen Tätigkeiten im Obeya führen kann.

Kundenzufriedenheit

Durch Dialog mit ihnen **wissen wir, was unsere Kunden wollen.** Das **Feedback** wird **ständig ausgewertet und zur Freude der Kunden in sinnvolle Features** übertragen.

- Wer sind unsere Kunden?
- Wie viele Kunden haben uns ein konkretes Feedback gegeben?
- Wovon sind die Kunden begeistert und wovon nicht?
- Wie viele Feedbackpunkte haben wir bereits bearbeitet?
- Kommen die bearbeiteten Feedbackpunkte gut an?

Abbildung 4.9 – Strategische Kompetenzen führen zu einer relevanten Informationssammlung für andere Teile des Obeya

Wie Sie in obiger Abbildung sehen können, kann eine qualitative Aussage eine Reihe von Fragen oder Aktionen auslösen, auf die wir womöglich nicht sofort eine Antwort parat haben.

Hier beginnen wir mit dem Bau der Brücke zwischen dem Bereich ‚Erfolgreiche Strategien führen' und der Festlegung von Metriken, die wir im Bereich ‚Leistungen vorantreiben' nutzen wollen. Jede dieser Metriken versorgt uns, da sie sich alle auf die Beine des Tisches beziehen, mit Informationen, die für die strategische Kompetenz und damit auch für die Erfüllung des Zweckes Bedeutung haben.

Die Bereitstellung dieser Metriken kann zu neuen Erkenntnissen, Entscheidungen, Entwicklungen, Aktionen oder Experimenten seitens des Führungsteams führen, zum Beispiel:

- „Statten wir unsere Website mit einer Feedback-Funktion aus, damit Kunden uns ganz leicht Feedback zu unseren Produkten geben können" oder
- „Priorisieren wir mehr kundengetriebene Projekte in unserem Portfolio, sodass wir ihnen auch wirklich das liefern, was sie wollen."

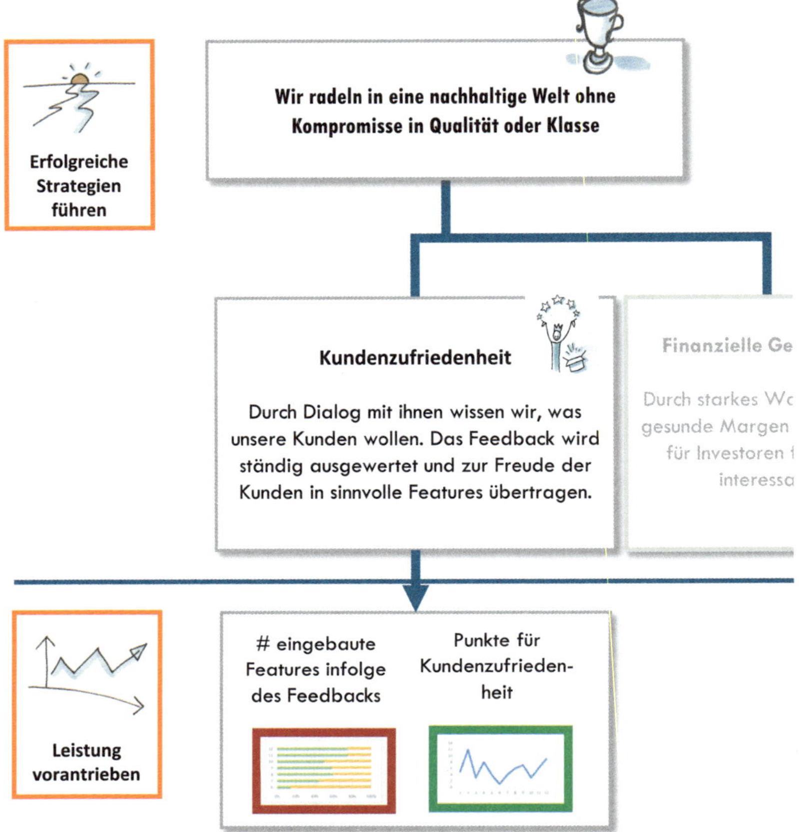

Abbildung 4.10 – Jede strategische Säule hilft bei der Bestimmung potenzieller Metriken, die im Bereich ‚Leistungen vorantreiben' genutzt werden sollen

Jetzt haben wir mit unserem Team das strategische Fundament geschaffen:

1. Der Zweck auf unserer Tischplatte erinnert uns daran, warum wir tun, was wir tun.
2. Die strategischen Säulen bzw. Tischbeine helfen uns zu verstehen, was wir tun müssen, um diesen Zweck erfüllen und eine solide Grundlage bereitstellen zu können.
3. Jede strategische Säule repräsentiert einen Schlüsselaspekt unseres Systems, der erkundet und aufgedeckt werden sollte und aus dem es zu lernen gilt. Die Metriken aus dem Bereich ‚Leistungen vorantreiben' werden dabei helfen, hier Sichtbarkeit zu schaffen.

Damit haben Sie die grundlegende Basis Ihres Obeya geschaffen.

Andere Elemente, die Sie womöglich in diesen Bereich einfügen möchten

Je nach den Erfordernissen Ihres Teams möchten Sie das Fundament vielleicht durch Tools oder Informationen erweitern, die für Sie relevant sind. Denken Sie daran, dass das Referenzmodell in dem Sinne allgemein ist, dass wenn Sie bestimmte Tools oder Methoden zur Visualisierung Ihrer Strategie nutzen, Sie sie bitte so nutzen, wie Sie es für richtig halten. Sehen wir uns einige Beispiele für Dinge an, die Sie womöglich an die Wand bringen möchten (nicht vollständig):

- **Bedürfnisse von Kunden und Stakeholdern**
  Die Stimme des Kunden gibt tatsächliche Kundenbedürfnisse wieder und überträgt diese in eine Leitlinie. Jedes Team und jede Organisation hat in irgendeiner Form Kunden, Nutzer ihrer Produkte und Dienstleistungen oder Stakeholder ihrer Organisation. Kunden können auch ‚Next-in-line'-Kunden sein, wenn mehrere Teams Teile eines Produktes oder einer Dienstleistung bauen bzw. liefern, bevor etwas tatsächlich Wertvolles den Endkunden erreicht. Auf strategischer Ebene kann es relevant und nützlich sein, die allgemeinen Bedürfnisse von Kunden zu ermitteln und zu verstehen, zum Beispiel durch die Nutzung von Personas oder realen Menschen, die Kunden- oder Stakeholdergruppen für Sie repräsentieren.

- **Externe Analyse**
  Durch das Visualisieren und Teilen von Informationen über externe Entwicklungen im Obeya versuchen wir, jene Aspekte herauszupicken, die etwas bedeuten und die sich auf unsere Entscheidungen im nachfolgenden Quartal bzw. Jahr o. ä. auswirken sollten (!). Eine praktische Möglichkeit dafür ist die Anwendung der PESTLE-Analyse.* Die kann sich auf die Prioritäten in Bereichen wie ‚Mehrwert schaffen' auswirken, wo wir entscheiden, welche Projekte zu priorisieren sind, oder sie beeinflusst beispielsweise die Entscheidung für die ausschließliche Nutzung recycelbarer Materialien für die Verpackungen anstelle von Luftpolsterfolien. Durch die Bereitstellung externer kontextbezogener Entwicklungen teilt das Team diese Entwicklungen, lernt etwas darüber und kann seine Politik für die nachfolgende Zeitperiode entsprechend anpassen.

- **Überblick über Produkte und Dienstleistungen**
  Auf dieser Ebene versuchen wir, jene Schlüsselprodukte und/oder -dienstleistungen zu identifizieren, die für unsere Kunden und/oder Stakeholder wiedererkennbar sind. Ihre Identifizierung auf dieser Ebene hilft dabei, sie zu positionieren und Entscheidungen zu treffen. Es kann sehr gut sein, dass jede/s dieser Produkte bzw. Dienstleistungen aus Hunderten von

* Steht für: Political, Economic, Socio-cultural, Technological, Legal & Environmental.

Teilprodukten bzw. -dienstleistungen zusammengebaut werden, aber diese Ebene interessiert uns hier nicht.

TIPP – Ein Geschäftsmodell-Canvas kann ein nützliches Tool für Ihren Strategiebereich sein, weil es viele der Ansatzpunkte thematisiert, auf die sich gewiss alle Führungsteams verständigen wollen, wenn sie zusammen eine Organisation führen.

Routine in diesem Bereich

Normalerweise findet die Routine in diesem Bereich so oft statt, wie Sie Ihr strategisches Rahmenkonzept überdenken müssen. Ein idealer Zeitpunkt wäre vielleicht Ihr alljährliches Führungs-Offsite. Sie könnte ein- oder zweimal im Jahr stattfinden oder wann immer etwas passiert, das sich auf Ihre strategischen Entscheidungen auswirkt, wie eine Umstrukturierung oder ein neuer CEO.

Da es in der Natur von Strategiesitzungen liegt, einen Schritt zurückzutreten und die Perspektive zu wechseln vom Alltagsbetrieb zum größeren Bild und breiteren Blickwinkel, sollte man nicht versuchen, das Meeting zu diesem Bereich in eine Zweistundensitzung zu quetschen.

Nehmen Sie sich lieber Zeit mit Ihrem Team, um Ihren Zweck aufzufrischen und Ihre Erkenntnisse und Einblicke zu festigen. Nehmen Sie sich ruhig einen oder zwei Tage, um den Inhalt durchzugehen; beziehen Sie die Leute aus den Teams unter Ihrer Leitung mit ein, ebenso wie Ihre Stakeholder oder sogar ein paar ausgewählte Kunden, beschaffen Sie sich externes Input und Empfehlungen und veranstalten Sie einen Workshop, der Sie über Ihre täglichen Narrative hinausdenken lässt.

TIPP – Bereiten Sie Ihr Meeting mit einer Tagesordnung vor, einem Ziel für jeden Punkt und einem Zeitrahmen, sodass Ihre Zeit optimal genutzt wird. Über Strategie kann man nämlich ewig reden, also bitten Sie einen Moderator oder Coach hinzu, sodass Sie sich auf den Inhalt konzentrieren können. Und sorgen Sie zu guter Letzt dafür, dass Sie die Schlüsselinformationen aus Ihrem Obeya parat haben. Halten Sie es möglichst in Ihrem Obeya ab, wo sich alle relevanten Informationen befinden. Wenn Sie ein hochauflösendes Bild machen und an die Wand projizieren, kann das räumliche Gedächtnis Ihres Teams oft helfen, sich auf den Inhalt an den Wänden des Obeya zu beziehen, auch wenn sie sich gar nicht in dem Raum aufhalten.

Leistungen vorantreiben

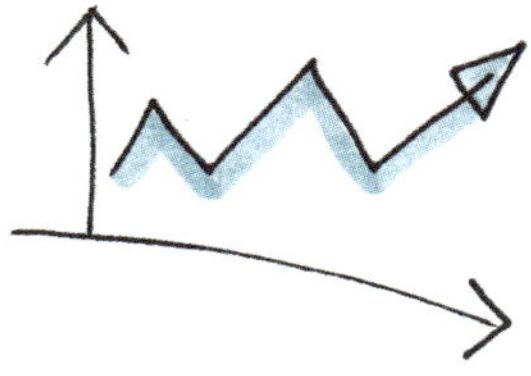

Sie können die Leistungen Ihrer Organisation nur vorantreiben, wenn Sie wissen, wo Sie hinwollen und wo Sie heute stehen. Sie treten ja auch nicht das Gaspedal Ihres Autos durch, wenn Sie gar nicht wissen, ob die Straße frei ist und Sie in die richtige Richtung fahren, außer natürlich, das war der Sinn der Sache.

In den Bereich ‚Leistungen vorantreiben' schließen wir die wichtigsten Metriken mit ein, die Ihnen helfen werden, Ihre Organisation auf Kurs zum Erreichen ihrer Ziele zu bringen. Man könnte ihn sich als Cockpit Ihrer Organisation vorstellen, wenn nicht die Windschutzscheibe fehlen würde, durch die Sie die vor Ihnen liegende Straße sehen könnten. Deshalb sind die Metriken in diesem Bereich in erster Linie dazu da, unser System aufzudecken und daraus zu lernen, sodass wir Bereiche für Verbesserungen identifizieren und priorisieren können.

Sichtbare Komponenten in diesem Bereich

In diesem Bereich werden wir einen starken Bezug zu den im Bereich ‚Erfolgreiche Strategien führen' identifizierten strategischen Kompetenzen erkennen. Sie liefern die Grundstruktur für die Metriken, die wir im Bereich ‚Leistungen vorantreiben' erarbeiten werden. Diese Metriken müssen wir erstellen, um zu erfahren, inwieweit wir fähig sind, unsere Strategie umzusetzen und unsere Ziele zu erreichen. Bisher haben wir die strategischen Kompetenzen als qualitative Aussagen formuliert. Doch von nun an werden wir durch Hinzunahme einer Definition wie: „Messen wir die Kundenzufriedenheit, doch was bedeutet das eigentlich und wie genau machen wir das?" deren Bedeutung ergründen. Durch die Beantwortung solcher Fragen kann man die strategischen Kompetenzen auf einer viel spezifischeren und bedeutsameren Ebene lebendig werden lassen.

Es folgt ein Beispiel dafür, wie der Bereich ‚Leistungen vorantreiben' aussehen könnte. Wie Sie sehen können, gibt es eine klare Verbindung zu den strategischen Kompetenzen. Dieses Layout hilft bei der Visualisierung unserer strategischen Ziele (strategischen Kompetenzen) und ermöglicht uns auch zu visualisieren, wo wir heute stehen (Ergebnismetrik) und welche Aspekte dieses Ergebnis beeinflussen (Unterstützende Metriken). Außerdem verwenden wir Farbmarkierungen, um dem Team beim Aufdecken von Problemen zu helfen, auf die es reagieren muss.

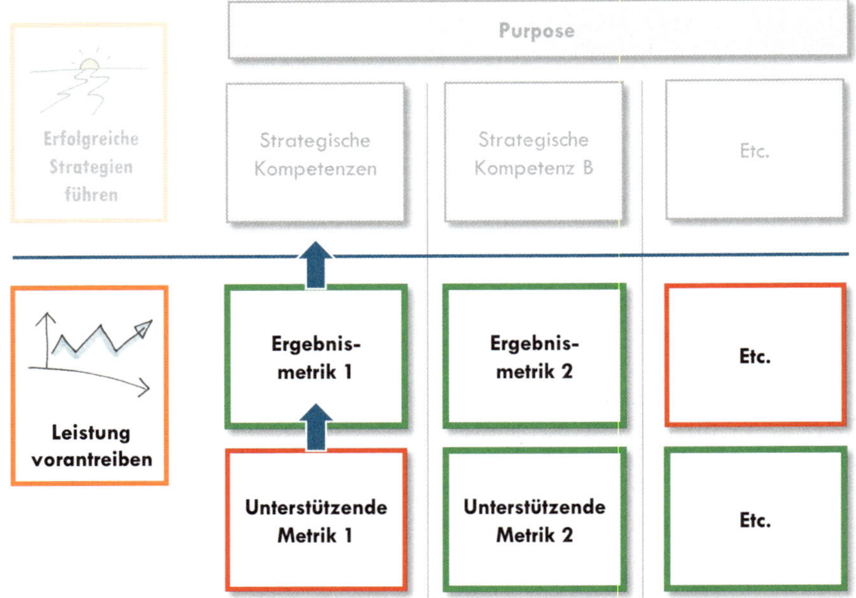

Abbildung 4.11 – Sichtbare Komponenten des Bereiches ‚Leistungen vorantreiben', rot = handeln, grün = innerhalb der erwünschten Grenzen

Was ist Leistung?

Grundsätzlich gibt Leistung darüber Auskunft, wo wir in Bezug auf unsere strategischen Kompetenzen und unsere Fähigkeit stehen, unseren Zweck zu erfüllen. Durch eine Verbesserung der Elemente des Systems hoffen wir, das Ergebnis im Hinblick auf unsere strategischen Kompetenzen zu verbessern. Damit stärken wir auch strukturell die Fähigkeit unserer Organisation, unsere Ziele schneller und auf bestmögliche Art zu erreichen.

‚Leistungen vorantreiben' heißt auch, dass wir besser in der Lage sind, die Produkte und Dienstleistungen im Bereich ‚Mehrwert schaffen' bereitzustellen. In welchem Bezug stehen die dazu? Stellen Sie sich vor, Sie hätten einen Bauplan für das beste jemals gebaute Auto, verfügen aber in Ihrer Organisation über null Ingenieurskompetenz, um ein Auto zu bauen. Viel Glück bei der Planung der Bereitstellung dieses Autos. Wenn Sie in Ihrer Organisation über keinerlei Kompetenz für dessen Bau verfügen, dürften Sie in absehbarer Zeit gar nichts erreichen.

Auswahl der Metriken für strategische Kompetenzen

Bis zu einem gewissen Grad können wir fast alles messen, doch die Relevanz und die Bestimmung der Nützlichkeit dieser Messung hängt davon ab, warum wir sie vornehmen. Einfach nur eine Zahl auszusuchen und sich danach zu richten, kommt einer Autofahrt mit verbundenen Augen gleich, bei der nur die Geschwindigkeit als Metrik genutzt wird: obwohl diese für die Anpassung der Geschwindigkeit an die anderen Verkehrsteilnehmer oder bei zu schnellem Fahren für die Verringerung der Auswirkungen einer Kollision relevant ist, ist sie nicht die einzige Metrik, die wir brauchen, um an unser Ziel zu gelangen.

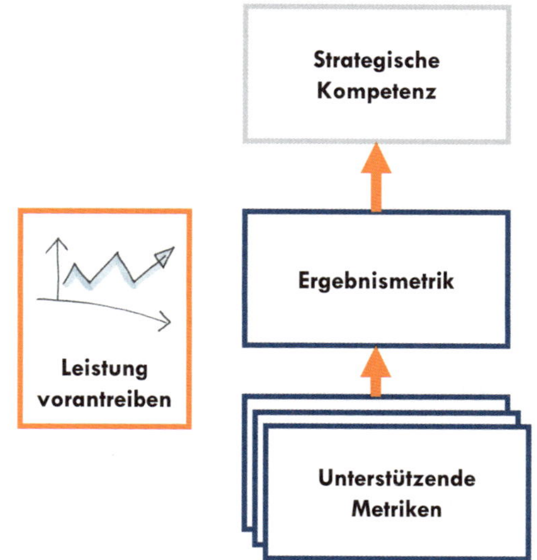

Abbildung 4.12 – Unterstützende und Ergebnismetriken

Ergebnismetriken

Nun, da wir eine qualitative Aussage für jede strategische Kompetenz definiert haben, die uns beim Erfüllen unseres Zweckes hilft, müssen wir im nächsten Schritt eine Möglichkeit finden zu erkennen, ob wir in der Lage sind, unsere Leistungen in Bezug auf diese strategische Kompetenz tatsächlich zu steigern. Wir nennen das Ergebnismetriken. Die ergeben sich aus der Art und Weise, wie wir Dinge tun, und geben uns (bestbekannten) Aufschluss über die Leistungen zu einem bestimmten Thema.

Ergebnismetriken basieren oft auf mehreren Teilaspekten, die wir unterstützende Metriken nennen. So ergeben sich beispielsweise die monatlichen Gesamtkosten unseres Fahrradfabrik-Shops aus Teilelementen, die das Ergebnis im Hinblick auf die monatlichen Gesamtkosten unterstützen: Miete, Betriebskostenabrechnung, Reinigungs- und Instandhaltungskosten. Jedes ist ein anderer Aspekt der monatlichen Gesamtbetriebskosten für unseren Fahrradfabrik-Shop.

Bezogen auf die OKRs befinden sich die Ergebnismetriken unter dem Dach der strategischen Kompetenzen und bestimmen nicht nur Ihr Ziel (indem sie eine Messlatte anlegen und diese innerhalb eines bestimmten Zeitrahmens zu erreichen versuchen), sondern messen zudem Ihre Schlüsselergebnisse. Diese Metriken sind wichtig, um zu verstehen, wo wir heute stehen und wie wir in unserem Streben nach Erreichen unserer Ziele abschneiden.

Ein relativ simples Beispiel für eine strategische Kompetenz in Bezug auf die Finanzen ist der Gewinn. In einer sehr einfachen Form könnte er wie folgt gemessen werden:

Gewinn = (Absatzvolumen x Handelspreis in € – Gesamtausgaben in €)

In diesem Fall ist der Gewinn das Ergebnis im Hinblick auf unsere strategische Kompetenz, das sich aus seinen Teilmetriken ergibt:

- Absatzvolumen
- Handelspreis
- Gesamtausgaben

Ergebnismetriken beziehen sich häufig auf folgende drei Themen[63]:

- **Qualität** (bessere Fahrräder, First Time Right).
- **Kosten** (geringere Produktionskosten, höhere Gewinnmargen).
- **Lieferung** (schnelle Markteinführungszeit, keine Verluste im Prozess).

Unterstützende Metriken

Man muss tiefer in das System eindringen, wenn man Kosten reduzieren möchte. Das Führungsteam der Fahrradfabrik möchte die Ausgaben zu senken versuchen, indem es mit denselben Lohnkosten mehr Fahrräder baut. Hier beginnen wir mit der Betrachtung von Metriken in Prozessen auf einer tieferen, eher operativen Ebene im System. Jeder Prozess besteht aus (1) einem Input und (2) einer Reihe von Aktivitäten, die im Hinblick auf (3) ein Output einen Wertbeitrag leisten.

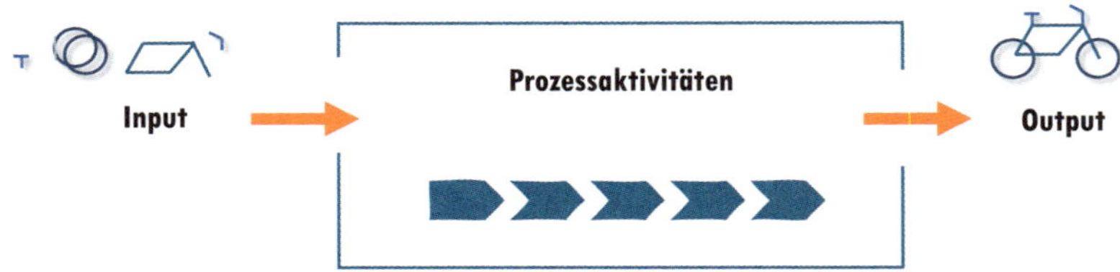

Abbildung 4.13 – Input, Prozess-Output

Die Art und Weise der Ausführung dieses Prozesses wirkt sich auf das Ergebnis hinsichtlich einer oder mehrerer strategischer Kompetenzen aus. So wirkt sich beispielsweise die Dauer des Prozesses zur Herstellung eines Fahrrades darauf aus, wie viele Fahrräder wir mit einer Fertigungsstraße herstellen können. Wenn wir pro Tag 100 Euro für den Betrieb der Fertigungsstraße zahlen, irgendwie aber 20 Fahrräder statt zehn produzieren können, so sagt das Ergebnis aus, dass wir unsere Kosten pro Fahrrad in dieser Hinsicht um 50 Prozent senken können.

Also geben uns Prozessmetriken Auskunft über die herrschenden Bedingungen, die für das derzeitige Ergebnis verantwortlich sind, bzw. für das Ergebnis, das wir im Hinblick auf unsere strategischen Kompetenzen erhalten. Wenn wir versuchen, geeignete Bedingungen zur Senkung der Ausgaben für unsere Fahrräder zu schaffen, müssen wir die Prozessmetriken genauer untersuchen, denn die können uns mehr über diese Bedingungen sagen. Sobald wir die Funktionsweise des Prozesses verstehen, können wir gezielte Veränderungen an ihm vornehmen, um die Bedingungen zu verbessern und bei der Senkung der Ausgaben ein besseres Ergebnis zu erzielen.

In diesem Fall gibt es einen direkten Zusammenhang zwischen dem Ergebnis (Gewinn) und den zugrunde liegenden Bedingungen (Absatzvolumen, Handelspreis und Gesamtausgaben). Das Führungsteam der Fahrradfabrik strebt eine hohe Marge an, die sie für Investoren interessant macht. Somit können sie jetzt an drei Knöpfen drehen, um ihren Gewinn zu erhöhen: Absatz erhöhen, Handelspreis anheben oder Ausgaben senken.

Leit- und nachlaufende Metriken

Die Ergebnismetrik wird oft als nachlaufende Metrik gesehen: sie ist das Ergebnis von etwas anderem, das Resultat von Dingen oder Ereignissen, die früher in dem Prozess geschehen sind. Wenn wir diese Dinge identifizieren können, können wir sie als Knöpfe sehen, an denen man drehen kann, um ein bestimmtes Ergebnis wie etwa Kosten, Durchlaufzeit oder Qualität zu ändern. Diese Knöpfe kann man dann Leitmetriken nennen.

Im obigen Beispiel ist die Ergebnismetrik der Gewinn und das Absatzvolumen die Leitmetrik. Wenn wir an einem Knopf drehen, um das Absatzvolumen zu erhöhen, wird unser Gesamtgewinn wahrscheinlich steigen. Dafür sollten wir vermutlich in Dinge wie Marketing investieren. Denken Sie daran, dass wir bei der Aufstellung von Annahmen zu den Auswirkungen einer Metrik auf die andere vorsichtig sein sollten. Beispielsweise denken wir, dass die Erhöhung des Absatzvolumens zu einem höheren Gewinnergebnis führt, aber sie könnte ebenso andere Teile des Systems beeinflussen; die Marketingkosten könnten steigen oder es könnten Qualitätsprobleme aufkommen, weil die Nachfrage gedeckt werden muss, was wiederum zu einer Negativwerbung des Produktes führt. Und das wirkt sich am Ende auch in negativer Weise indirekt auf die Gesamtausgaben aus. Deshalb sollten wir die Bewegungen in unserem System regelmäßig und sorgsam überwachen und gleichzeitig unsere Hypothesen und Annahmen prüfen.

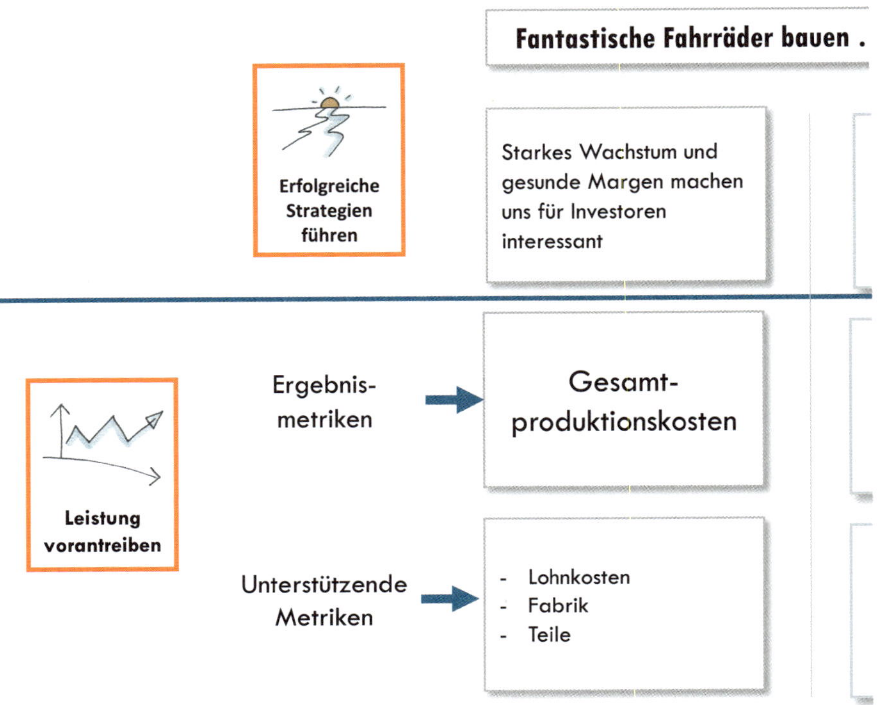

Abbildung 4.14 – Beispiel für den Flow von der strategischen Kompetenz zu den unterstützenden Metriken

Festlegung eines Schwellenwertes oder Leistungszieles

Sobald eine Metrik ausgewählt ist, werden wir untersuchen, wie sich diese spezielle Metrik verhält. Nach ein paar Messvorgängen werden wir allmählich ein Verhaltens- bzw. Leistungsmuster erkennen. Das kann zwar etwas statisch oder unregelmäßig sein, doch in jedem Fall sagt es etwas über die derzeitige Leistung aus. Das wird auch Baseline genannt.

Wir können eine Baseline nutzen, um das Verhalten der Metrik kennenzulernen, aber das wird uns nicht helfen, die Leistungen voranzutreiben. Dafür müssen wir einen Schwellenwert festlegen, der ein gewünschtes Leistungsniveau angibt. Damit bestimmen wir im Grunde ein Qualitätsmerkmal für diese Metrik. Wenn man es nicht schafft, Leistungsschwellenwerte zu bestimmen (z. B.: „wenn es sich innerhalb des Schwellenwertes bewegt, sind wir zu diesem Zeitpunkt mit seiner Leistung zufrieden"), so wird es schwierig, zu einem Konsens darüber zu gelangen, was ein Problem ist.

Die Festlegung von Schwellenwerten auf dem richtigen Niveau wird dem Team helfen:

1. Probleme sofort zu erkennen (wo die Schwellenwerte durchbrochen werden, wird die Metrik rot).
2. Prioritäten auszugleichen (legt man die Schwellenwerte auf einem akzeptablen Niveau fest, so bedeutet das, dass wir manchmal eine geringere Leistung bei bestimmten Metriken hinnehmen, die daraufhin grün werden, sodass wir uns auf andere Metriken konzentrieren können, die wichtiger sind).

Kaskadieren durch Ebenen von Metriken

Da die strategischen Kompetenzen qualitative Aussagen sind, die speziell von einem Team formuliert wurden, sind sie für jedes andere Team weitgehend einzigartig. Die strategischen Kompetenzen bestimmen die Metriken, und es gibt keinen Standard-Metriksatz, der im Bereich ‚Leistungen vorantreiben' durchweg genutzt werden sollte.

Es folgt ein Beispiel dafür, wie die Metriken auf jeder Ebene der Fahrradfabrik aussehen könnten, von der strategischen Kompetenz (oben) bis zu der Anzahl der Minuten, die man für einen Fahrradtest an der Produktionsstätte braucht.

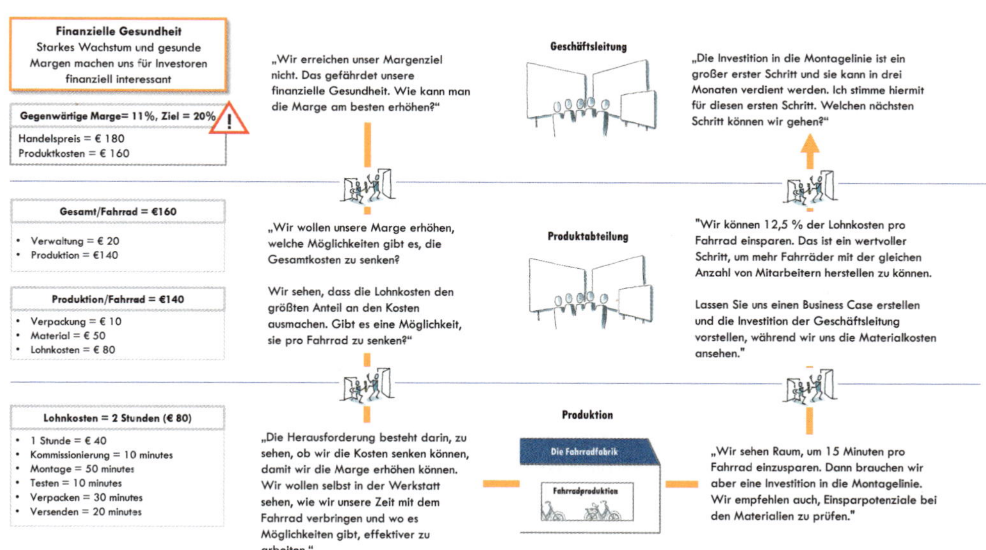

Abbildung 4.15 – Kaskadierung von der strategischen Kompetenz zu den Tätigkeiten an der Produktionsstätte

In der Abbildung sehen Sie zunächst die strategische Kompetenz, die mit dem Vorstand festgelegt wurde. In ihrer Obeya-Sitzung stellen sie fest, dass die Marge auf die Fahrräder nicht das gewünschte Niveau erreicht. Um das Problem zu verstehen und zu lösen, kann der Produktionsleiter in seinem

Obeya, wo die Produktionskosten überwacht werden, detailliertere Angaben machen. Es stellt sich heraus, dass die Lohnkosten den Hauptteil der Produktionskosten ausmachen. Um zu verstehen, warum dieser Kostenaspekt so hoch ist, muss der Produktionsleiter die Produktionsstätte besuchen, damit er sehen kann, wie die Zeit pro Fahrrad verwendet wird. Die Prüfung dieses Prozesses wird Raum für Verbesserung aufzeigen.

Dies ist ein vereinfachtes Beispiel einer Kaskade im Fall der Fahrradfabrik. Bei dieser Abbildung geht es in allererster Linie darum, zu verstehen, wie Gewinnmargen, die im Obeya der Vorstandsetage diskutiert werden, letzten Endes damit verbunden sind, wie ein Mitarbeiter die Fahrradmontage durchführt.

Um das wieder auf die OKRs zu beziehen, haben wir gesehen, dass die Ergebnismetriken auf angemessene Art die Ziele und Schlüsselresultate visualisieren. Allerdings funktionieren OKRs, wie auch Obeya, in einem Kaskadensystem durch die gesamte Organisation. Und das bedeutet im Endeffekt, dass wenn wir unseren Fokus auf die Produktionsebene und die unterstützenden Metriken verlagern, auf dieser Ebene ein neues potenzielles OKR aufgedeckt wird. Jede unterstützende Metrik deckt ein potenzielles neues OKR auf. Zum Beispiel kann die Senkung der Ausgaben im Produktionsprozess des Fahrrades ein geeignetes OKR für den Leiter des Fertigungsingenieurteams sein. Der kann dann ein weiteres OKR schaffen, das auf dem für jedes Teammitglied und für jeden Aspekt des Produktionsprozesses basiert.

Visualisierung der Metriken

Metriken geben uns Aufschluss über unser System; sie helfen uns zu erkennen, was wichtig ist, wo wir uns verbessern können und wo wir auf Probleme stoßen werden. Zu diesem Zweck sollten Metriken nicht nur kommunikativ, sondern auch von den Teams (und Stakeholdern) leicht interpretierbar sein. Sie sollten Einblicke und Erkenntnisse verschaffen und vor allem zu Aktionen bzw. Entscheidungen führen, die Sie als Team ausführen bzw. treffen können. Wenn Sie zwar eine Metrik haben, diese aber weder zu irgendwelchen Aktionen oder weiteren Entwicklungen führt, noch zu Entscheidungsfindung oder Lernaktivitäten – welchen Mehrwert hat dann die Metrik?

Die Art und Weise der Visualisierung Ihrer Metrik kann erheblich zur Qualität der Interpretation durch das Team beitragen. Hier ein paar Tipps, die bei der Erstellung gut visualisierter Metriken helfen können. Eine gute visuelle Metrik:

- ist übersichtlich visualisiert und verwendet Farben;
- ist kontextbezogen für eine (Management-) Ebene nach oben und eine nach unten;
- zeigt die vereinbarten (!) Grenzen des ‚normalen' Betriebs an (minimale und/oder maximale Markierungslinie) oder hat einen Spielraum, in dem sie operieren darf, ehe sie **rot** wird;
- hat Regeln dafür, ob und wann sie diskutiert werden sollte, falls sie **rot** ist;
- zeigt die bisherigen Leistungen an, um Trends und Muster zu erkennen;

- wird so weit wie möglich automatisch durch Knopfdruck erzeugt;
- ist auf einem gemeinsam genutzten Medium digital verfügbar und im Obeya physisch immer sichtbar;
- hat den Namen der Person, die die Metrik repräsentiert und/oder erstellt.

„Wo Angst herrscht, gibt es falsche Zahlen."
– W. Edwards Deming (1993)[64]

Beispiele für Metrikformate

Auch Statistik ist ein Fachgebiet, über das viel geschrieben wurde. Im Kontext des Obeya bieten wir hier eine grundlegende Einführung, legen Ihnen aber auch dringend ans Herz, Leute mit einigen Statistikkenntnissen in Ihr Team zu holen.

Für den Anfang gibt es hier ein paar Tools, die in Ihrem Obeya nützlich sein könnten. Nutzen Sie sie zum Lernen und Aufdecken Ihres Systems, legen Sie einen Ist-Zustand fest (auch Baseline genannt) und einen Ziel-Zustand.

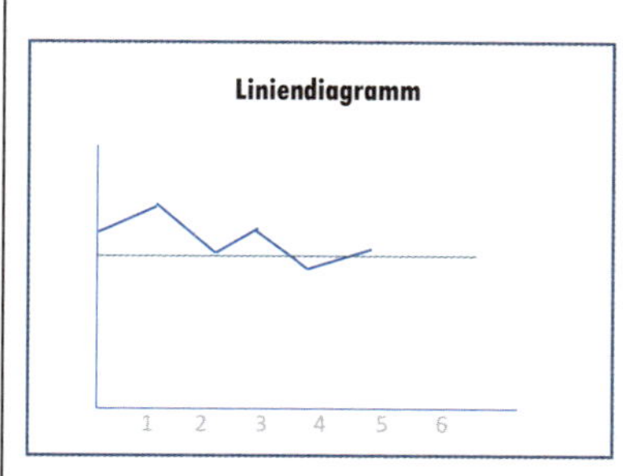	Das Liniendiagramm (auch Run-Chart genannt) ist recht einfach und seine Nutzung weit verbreitet. Es stellt auf einer Zeitachse Werte dar, die beispielsweise einen Trend des Outputs eines Prozesses darlegen. Es kann genutzt werden, um das Verhalten von Prozessen zu erkennen und deren Leistungen auf eine Baseline zu bringen. An sich liefert es allerdings nicht genug Informationen, um Aktionsträger zu bestimmen, oder darüber, wo im zugrunde liegenden System Probleme bestehen könnten.
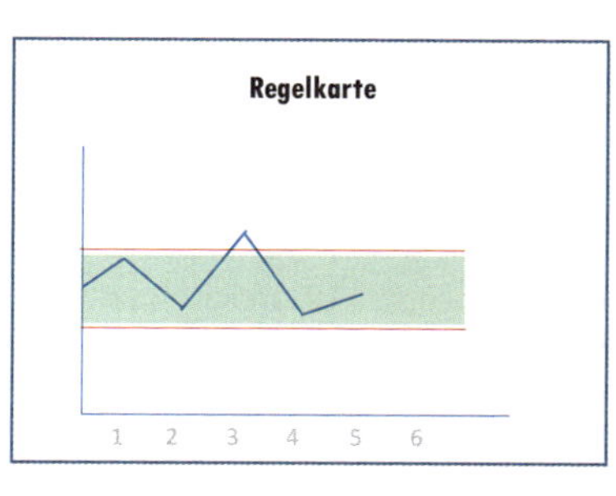	Die ursprünglich von Walter A. Shewhart entwickelte Regelkarte wird genutzt, um die normalen Prozessgrenzen der Prozessleistung zu überwachen und Anomalien zu erkennen. Sobald eine Metrik auf eine Baseline gebracht worden ist und wir ihren normalen Betriebsmodus kennen, können wir Grenzen setzen, die uns sagen, ob der Prozess sich innerhalb der vereinbarten Grenzen vollzieht. Wenn er diese Grenzen überschreitet, zeigt er eine Ausnahme an, die ein Anzeichen für ein Problem sein könnte.

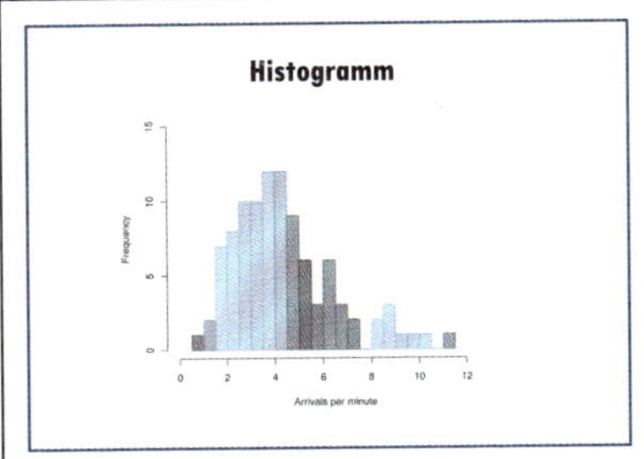	Durch das Analysieren von Ereignissen über eine Zeitachse sind wir in der Lage, Modalität und Ausreißer zu erkennen. Wenn man mit dem Histogramm eine dauerhafte Baseline für Leistungen festlegt, kann man es im Leistungsbereich verwenden, ansonsten kann es vorübergehend genutzt werden, um im Bereich ‚Probleme lösen' ein Problem aufzudecken.
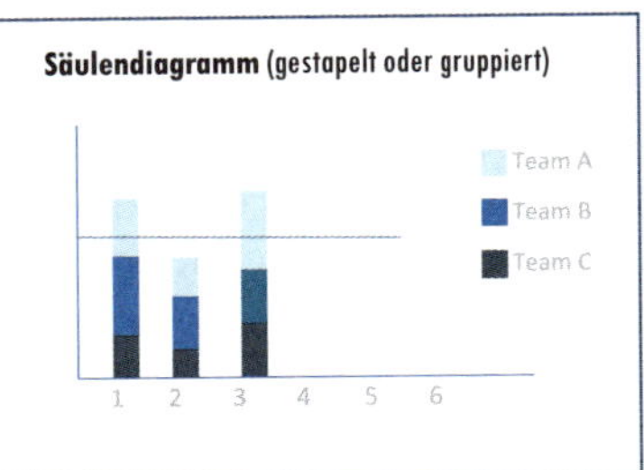	Ein gestapeltes oder gruppiertes Säulendiagramm gibt einen Wert an wie ein Liniendiagramm, bezieht aber auch die Zusammensetzung dieses Wertes aus den Elementen dieses Systems mit ein, zum Beispiel welche Abteilung in diesem Monat wie viel zum Gewinn beigetragen hat.
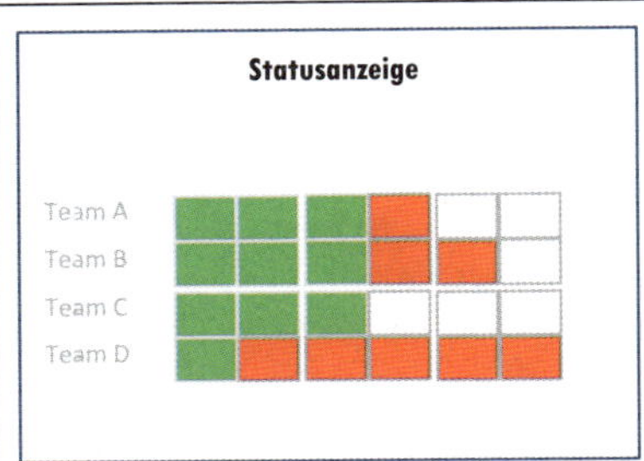	Die Statusanzeige gibt eine Teamübersicht mit Kategorien auf der horizontalen Achse. Für jedes Team wird angezeigt, wo es in Bezug auf die Kategorien steht und wie der Status dieser Kategorie ist. Sie liefert keinen Trend, eignet sich aber bestens zur Anzeige von Status, zum Beispiel bei Risiko- und Compliance-Fragen.
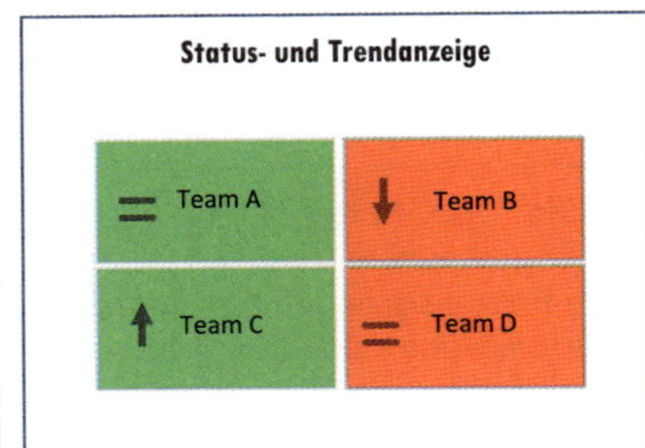	Ein Basisindikator für jedes Team zu einem bestimmten Thema, der sowohl einen Status in Bezug auf den Schwellenwert anzeigt (rot oder grün) als auch eine Trendlinie.
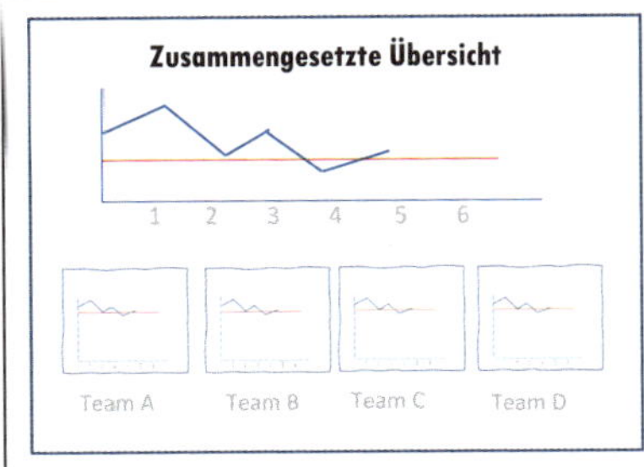	Die zusammengesetzte Übersicht kann sinnvoll sein, wenn man die mannigfaltigen visuellen Metriken kombiniert und sowohl einen Gesamtstatus anzeigt, als auch Komponentenstatus, zum Beispiel die Leistung auf Teamebene. Durch sie kann man nicht nur Probleme erkennen, sondern diese auch in dem System herausstellen. So können verschiedenartige Diagramme und Grafiken kombiniert werden.

Tabelle 4.1 – Visuelle Tools für den Obeya

Die Bestimmung der geeigneten Metriken gehört zum Lern- und Verbesserungsprozess

Leistungen voranzutreiben bedeutet für das Führungsteam, dass es eng in die Übertragung der strategischen Kompetenzen auf die Metriken und Verbesserungsherausforderungen mit ihren Teams eingebunden ist. Der visuelle Kontext, der durch diesen Prozess geschaffen wird, sollte das Resultat einer kontinuierlichen Erkundung des Systems sein, das die Leistung erbringt. Die Offenlegung der Aspekte der strategischen Kompetenzen unseres Systems im Bereich ‚Erfolgreiche Strategien führen' war das eine, aber jetzt werden wir lernen, wie wir sie beeinflussen können, damit wir die Leistung unseres Systems steigern können.

Bei jedem Erkundungsschritt steht die Führungskraft im Dialog mit den Leuten, die in dem System arbeiten und neue Fakten, Informationen und Erkenntnisse aufdecken. Im Laufe dieses Prozesses wird die Verantwortlichkeit klar, die Leistungen werden sichtbar gemacht und vor allem bekommt das Führungsteam ein besseres Verständnis vom System, das im Hinblick auf die Gesamtziele und den Gesamtzweck Ergebnisse hervorbringt.

Der Dialog erleichtert einen Prozess, der Führungskräfte in die Lage versetzt, mehr tun zu können als zur Kontrolle Berichte durchzusehen und operative Teams mit Anweisungen zu bombardieren. Die Bewertung dieser Metriken auf allen Ebenen der Organisation ist ein Beispiel für das Prinzip ‚Kaskadieren & verbinden': sie alle verbinden sich miteinander.

Das Betrachten von Metriken auf Systemebene kann dabei helfen, potenzielle Engpässe oder andere Probleme in Ihrer Organisation zu erkennen. Die Metriken, die wir in diesem Bereich finden, können womöglich Verbesserungsprojekte oder bzw. Verbesserungs-Katas anregen, wie wir sie im Bereich ‚Probleme lösen' finden können.

Rot = eine Gelegenheit zum Lernen und Verbessern

In diesem Bereich wollen wir Metriken sehen, die rot sind. Rot wird etwas, wenn es unsere akzeptablen Schwellenwerte nicht erreicht. Sobald wir das Gefühl haben, dass es zu wenig rot angezeigte Metriken gibt, sollten wir erwägen, die Messlatte für Metriken, die wir zu dem Zeitpunkt für wichtig halten, höherlegen. Warum? Weil das bedeutet, dass wir tatsächlich als Organisation die Messlatte höherlegen und versuchen, bei unserer Arbeit besser zu werden.

Wenn Sie einmal die Phase erreicht haben, in der Sie die Schwellenwerte für Metriken und die Messlatte für Ihre Teams anheben, werden Sie merken, dass Sie soeben einen ersten und sehr wichtigen Schritt vom Krisenbekämpfungsmodus hin zur kontinuierlichen Verbesserung gemacht haben!

Doch denken Sie daran, wir praktizieren nicht das Management by Objectives. Wir sollten unbedingt immer im Hinterkopf behalten, wenn wir vor dem Leistungsbereich stehen, dass dieser kein Mittel ist, um auf Ergebnisse hinzuarbeiten, sondern ein Mittel, um das System aufzudecken, zu lernen und unseren Weg zu besseren Ergebnissen zu optimieren. Eine rote Anzeige ist kein Anlass zur Bestrafung von Mitarbeitern, sondern eine Möglichkeit zum Lernen und Verbessern.

Denn in dem Moment, in dem wir beginnen, Leute für rote Signale zu bestrafen, beginnen auch die Signale zur Verbesserung zu verschwinden, während das zugrunde liegende System noch immer in Schwierigkeiten steckt. Wenn wir auf Ergebnisse drängen, statt unser Hauptaugenmerk auf die Schaffung eines effektiven Organisationssystems zu legen, praktizieren wir das Management by Objectives, und das bringt Ihnen, wie wir in Teil I gesehen haben, kaum nachhaltige Ergebnisse ein.

Metriken sind mit Vorsicht zu behandeln

„Faustregel Nummer eins lautet, alle Daten skeptisch zu betrachten."

– Kaoru Ishikawa, Autor von *What Is Total Quality Control – the Japanese Way*

Schon in den 1950er-Jahren haben Leute vor dem Risiko gewarnt, mittels Metriken Leistungen vorantreiben zu wollen, während das Output dieser Metriken gleichzeitig effektiv gesteigert wird – kein positives Geschäftsergebnis (Ridgeway, 1956).[65] Wie wir in Teil I dieses Buches gelesen haben, sollten komplexe Systeme als Ganzes respektiert werden, sodass wir nicht vorgeben können, unsere Organisation auf der Grundlage von nur einer oder zwei Metriken zu verstehen und zu leiten.

Metriken steuern oft das Verhalten und das ist eine der Schwächen in der Art und Weise, wie die Menschen gern das Management by Objectives nach Drucker nutzen: es führt dazu, dass sie das System austricksen, um bei ihrem KPI eine höhere Punktzahl zu erreichen. Doch wenn der KPI nicht zum höheren Ziel des Systems beiträgt, optimieren sie nur ihren eigenen Teil, und das wirkt dem entgegen, was wir im Obeya zu tun versuchen: Systemdenken und Kaskadierung, um das Organisationssystem als Ganzes effektiver zu machen.

Aber es gibt bei den Metriken noch andere Tücken, auf die wir achten sollten, und eine davon ist die Voreingenommenheit. Zahlen zu stark zu vereinfachen, Beweise zu finden, wo keine sind, und Wahrscheinlichkeitstrugschlüsse sind nur einige der in Teil I besprochenen Verzerrungen, die in diesem Bereich eine große Rolle spielen.

In seinem Buch *The Lean Startup* spricht Eric Ries (2013)[66] von den „Vanity Metrics", die ganz toll sind, um sich gut (oder schlecht) zu fühlen, aber nicht wirklich etwas darüber aussagen, was man als Organisation tatsächlich leistet. Die Anzahl der registrierten Nutzer kann beispielsweise über einer Million liegen, aber wenn man nur hundert aktive Nutzer verzeichnet, ist sie gar nichts wert.

Fazit: seien Sie vorsichtig bei der Verwendung und Kommunikation von Metriken. Seien Sie ehrlich in Bezug auf Ihre Lern- und Verbesserungsabsichten und nutzen Sie Metriken nicht zur persönlichen Evaluierung. Und respektieren Sie immer die Tatsache, dass eine Metrik eine Widerspiegelung der Realität ist. Sie ist nicht die Realität selbst und die Widerspiegelung könnte verzerrt sein.

Beispiel-Routine

ROUTINE ZUM BEREICH AGIEREN & REAGIEREN

Rhythmus: Mo, Di & Do
Führungsteam + Coach (+ Antragsteller)

Ziel

Auf operative Veränderungen, Anfragen und Probleme hin agieren und reagieren, während relevante Aktionen nachverfolgt werden

Check-in

- Alle anwesend und fokussiert? Was wir vor Beginn wissen sollten? Sollen wir die Verbesserungen aus dem vorangegangenen Meeting anwenden?

Inbox

- Welche neuen Hindernisse müssen wir aus dem Weg räumen?
- Welche Anfragen müssen wir beantworten?

Laufende Aktivitäten

Pro Person:

- Sind wir in der Lage, in akzeptabler Zeit unsere bestehenden Probleme und Anfragen zu bewältigen?
  Wo wird Hilfe gebraucht?
- Gibt es Entwicklungen, über die unser Team oder andere Teams informiert werden müssen?

Schluss

- Haben wir uns an die Routine gehalten und war das effektiv?
- Entscheidungen und Aktionen zusammenfassen
- Folgegespräche planen
- Ergebnis Up- und Downstream kommunizieren

In diesem Bereich sehen, lernen und handeln wir. Aber wir reden nicht länger als zwei Minuten über Inhalte

Abbildung 4.16 – Routine zum Bereich ‚Agieren & reagieren'

Mehrwert schaffen

Die Wertschöpfung für unsere Kunden und Stakeholder ist der Schlüssel für die Erfüllung unseres Zweckes und vielleicht sogar für unseren Fortbestand. So besteht eine wesentliche Aufgabe der Führung darin, die operativen Teams in die Lage zu versetzen, Mehrwert für jene zu schaffen, für die wir ihn schaffen wollen. Und deshalb müssen wir nicht nur den Wert verstehen, den wir schaffen wollen, sondern auch wie er geschaffen wird.

Im Falle der Fahrradfabrik ist der von unseren beiden Teams geschaffene Mehrwert zweifach: eins liefert die Fahrräder von der Produktionsstätte und das andere sitzt in einem Büro und entwickelt neue, coole Features, die Kunden auf der Website oder der App nutzen können. Doch wie sorgen diese Teams dafür, dass sie den von ihnen geschaffenen Wert maximieren – in der Zeit und mit dem Geld, die/das sie dafür einsetzen? Und wie stellen sie sicher, dass wenn ein Team mit der Produktion eines neuen Fahrrades beginnt, das andere Team dafür sorgt, dass es rechtzeitig auf der Website erscheint, damit Kunden es vorbestellen können? Wir können nicht alles gleichzeitig machen, also müssen wir Entscheidungen treffen.

Eine Hauptaufgabe von Leuten in Führungspositionen besteht darin, betreffs Wertschöpfung Entscheidungen zu treffen. Diese Tätigkeit wird oft als Portfoliomanagement bezeichnet und kann folgendermaßen definiert werden: die Entscheidungen, die Sie treffen, um Ihre begrenzten Ressourcen einzusetzen, um für die (‚next in line') Kunden und in Bezug auf Ihre strategischen Kompetenzen den maximalen Wert zu erringen. Diese Aufgabe muss jede Führungskraft bewältigen. Es gibt etliche Bücher und Kurse zu diesem Thema, es wird an Universitäten gelehrt, ganze Abteilungen werden damit beauftragt und mitunter ist dafür ein Portfoliomanager bzw. in agilen Bewegungen ein Product Owner zuständig. In diesem Buch reißen wir es nur kurz an, um zu verstehen, in welcher Beziehung es zum Bereich ‚Mehrwert schaffen' steht.

Im Wesentlichen gibt es in diesem Bereich zwei Arten von Aktivitäten, die wir in den nachfolgenden Abschnitten erläutern werden.

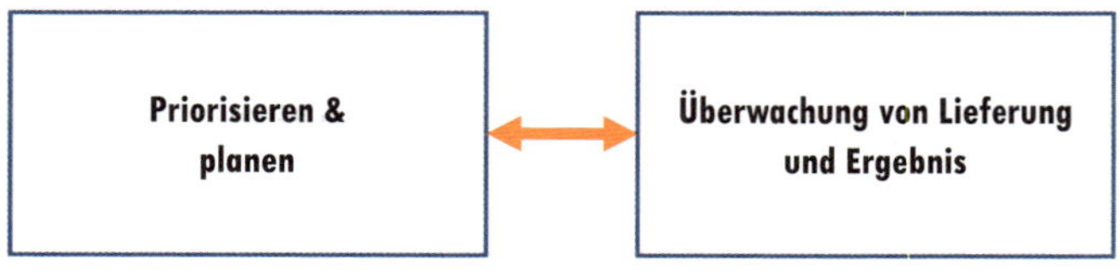

Abbildung 4.17 – Zwei Aspekte der Wertschöpfung

Sichtbare Komponenten in diesem Bereich

Folgende Komponenten sollten bei der Visualisierung der Arbeit helfen, die zur Wertschöpfung verrichtet wird, und bei der Problemerkennung im Wertschöpfungsprozess.

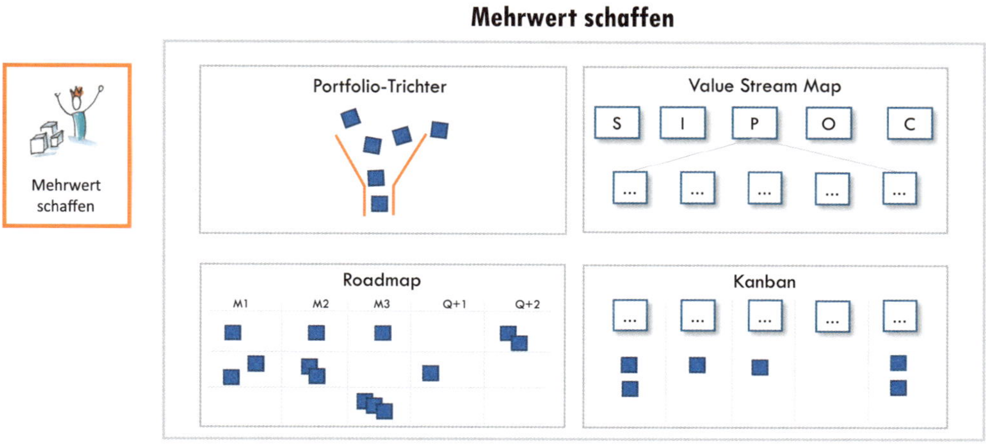

Abbildung 4.18 – Potenzielle Komponenten des Wertschöpfungsbereiches, die Sie an Ihre Wand bringen könnten

Was ist Wert?

Bei der Wertschöpfung geht es darum, wie wir die uns verfügbare Zeit und die Ressourcen einsetzen, um den Wert für die Kunden und unsere Organisation zu maximieren. Aus dieser Perspektive kann man den zu schaffenden Wert auf zweierlei Art betrachten:

1. Reale Produkte und Dienstleistungen für unsere externen oder ‚Next-in-line'-Kunden* sowie die Schritte, die wir im Lebenszyklus** dieser Produkte und Dienstleistungen unternehmen. In unserer Fahrradfabrik bedeutet das, dass zur Wertschöpfung sowohl die Einrichtung einer neuen Fertigungslinie gehört, mit der wir unser neuestes Fahrradmodell produzieren können, als auch die Art und Weise, wie reale Fahrräder daraufhin gebaut und an zahlende Kunden geliefert werden. Manche Produkte sind repetitiv

* Ein ‚Next-in-line'-Kunde kann ein anderes Team oder eine andere Abteilung in Ihrer Organisation sein, die Sie mit (Teil-) Dienstleistungen oder Produkten beliefern, bevor diese schließlich zu etwas führen, das ein realer Kunde außerhalb Ihrer Organisation nutzt.

** Zu einem typischen Lebenszyklus gehören folgende Phasen: Definition, Design, Entwicklung oder Implementierung, Nutzung oder Lieferung und dann entweder Entsorgung, Recycling bzw. Stilllegung oder eine erneute Definition für eine nächste Iteration des Produktes bzw. der Dienstleistung.

(immer dasselbe vordefinierte Produkt, das auf vorhersehbare Art produziert wird) und andere maßgeschneidert, wie etwa die Schaffung neuer und einzigartiger Features auf unserer Website, z. B. ein visuelles Farbauswahl-Tool beim Bestellvorgang.

2. Die Änderungsinitiativen, die wir infolge unserer strategischen Entscheidungen auf den Weg bringen. Diese Initiativen sollen dann zu einer oder mehreren der strategischen Kompetenzen unserer Organisation beitragen. Solche Initiativen können durch Projekte oder Programme ausgeführt werden. Beispiele wären etwa: eine Umstrukturierung zur Kostensenkung, Lean- oder agile Transformationen für Qualitätssteigerung und kulturellen Wandel, Outsourcing zur Fokussierung auf Kernkompetenzen, durch Gesetzesänderungen erforderliche Projekte etc. Jegliche Auswirkungen davon sollten die Fähigkeit der Organisation zum Erreichen ihrer strategischen Ziele verbessern.

Machen wir das am Beispiel unserer Fahrradfabrik etwas konkreter.

Man kann seine Zeit und sein Geld nur einmal verwenden, und die Beschränkungen des Raum-Zeit-Kontinuums erlauben es uns leider nicht, alles gleichzeitig zu machen. Schauen wir uns die wichtigsten Methoden zur Priorisierung und Planung von Wert im Obeya an.

Produkt Das in der Fabrik hergestellte Fahrrad. 	**Dienstleistung** Die Website, auf der Kunden Fahrräder bestellen können. 
Produkt-Lebenszyklus Ein einzelnes Fahrrad wird bestellt, produziert, geliefert, vom Kunden genutzt und zum Recycling abgeholt, sobald es abgenutzt ist. **Produktions-Lebenszyklus** Nach dem Design des Fahrrades als Produkt designen wir die Schritte des Produktionsprozesses, die Maschinen, Zulieferprodukte etc., in dessen Rahmen die Fahrräder zusammengebaut und zur Auslieferung an die Kunden vorbereitet werden.	**Dienstleistungs-Lebenszyklus** Auf unserer Website könnte ein neues Feature erstellt werden, mit dem die Kunden sich eine bestimmte Farbe aussuchen können. Dieses Feature wird designt, entwickelt, getestet und dann auf unserer Live-Website implementiert.

Änderungsinitiative Beispiel A Wir beschließen, „das Fahrrad der Zukunft" in unser Produktportfolio aufzunehmen. Dafür müssen wir eine neue Fertigungslinie einrichten, Änderungen an unserer Website vornehmen, Verträge mit neuen Zulieferern abschließen, die Batterien und Elektromotoren liefern, und unsere Mitarbeiter in der neuen Technologie schulen. Die Auswirkungen bezüglich der strategischen Kompetenzen sollten darin bestehen, dass wir durch dieses einzigartige Produkt mehr Kunden anlocken und eine höhere Gewinnmarge erzielen. Wir haben die Absicht, diese Aktivitäten binnen eines Jahres abzuschließen.	**Änderungsinitiative Beispiel B** Wir beschließen das Outsourcen der IT-Infrastrukturabteilung, die die Server verwaltet, die unsere Website betreiben. Das Projekt soll binnen acht Monaten abgeschlossen werden und erfordert, dass wir eine Ausschreibung machen, unsere Prozesse ändern, Leute in Lieferantenmanagement schulen und Änderungen an unserer Website vornehmen. Die Auswirkungen bezüglich der strategischen Kompetenzen sollten in einer längeren Betriebszeit (besseren Dienstleistungsqualität) unserer Website und geringeren Wartungskosten bestehen.

Tabelle 4.2 – Unterschiede zwischen Produkten und Dienstleistungen

Schaffung von Kontext zur Priorisierung mittels Machbarkeits-Matrix

Sie können in Ihrem Obeya eine Machbarkeits-Matrix nutzen, um in Ihrem Team zu besprechen, was wichtig ist und was nicht. Das ist keine Wissenschaft, aber ein großartiges Tool zum Teilen von Kontext mit Ihrem Team und zur Positionierung Ihrer Änderungsinitiativen. Ziel ist es, die Initiativen aufgrund ihres Wertes in Bezug auf die strategischen Kompetenzen bzw. auf strategische Entscheidungen auf höherer Ebene zu bewerten. Der Wert wird sowohl auf die positiven Auswirkungen auf die strategischen Kompetenzen hin beurteilt (z.B. Erhöhung der Kundenzufriedenheit), als auch auf die Dringlichkeit bzw. die Kosten von Verzögerungen, z.B. im Falle von Compliance-Fragen (wenn wir uns vor dem 1. Januar nicht an die neue Gesetzgebung halten, müssen wir mit Strafen rechnen), oder einer Verschiebung der Markteinführung eines neuen Produktes, was zu einer Verzögerung bei den Einnahmen führt.

Die einfachste Möglichkeit ist die Verwendung von Klebezetteln für jede Initiative und die Bündelung auf einer Liste, die dann für die nächste Zeitperiode Priorität genießt. Hier sollte unbedingt dafür gesorgt werden, dass die Änderungsinitiativen in leicht verdauliche Stücke aufgegliedert werden, die hinreichend durchführbar sind, damit keine „Öltanker"-Programme geschaffen werden, bei denen wir jeden Sinn für Agilität und Lernen verlieren.

Überflüssig zu erwähnen, dass diese Tätigkeit mit dem richtigen Verständnis, oder besser noch, unter Einbeziehung von Kunden und Stakeholdern ausgeführt wird, damit Ihr Team mit hochwertigen Kontexten versorgt wird, wobei Annahmen vermieden und alle relevanten Informationen miteinbezogen werden, um in Bezug auf den Wert Entscheidungen zu treffen.

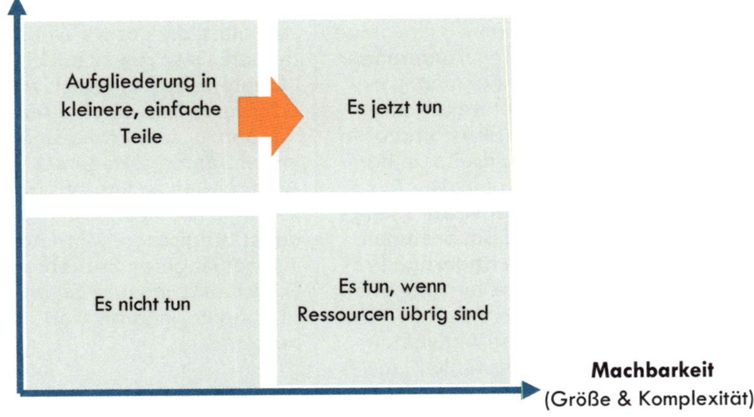

Abbildung 4.19 – Machbarkeits-Matrix für die Priorisierung des zu schaffenden Wertes

Product Owner können das Ergebnis der Machbarkeitsliste ihrem Product Backlog beifügen, Programmmanager können es in ihre nächste Iteration oder Programmphase miteinbeziehen. Wenn wir diese Übung gemeinsam ausführen, stimmen wir unsere Bemühungen aufeinander ab und verstärken damit unsere Wirkung.

Planung der Wertschöpfung

Planung ist im Wesentlichen eine Absicht, eine Reihe von Aktivitäten so zu entfalten, dass sie maximalen Wert schaffen. Wir tun das auf der Grundlage von Annahmen über die Zukunft und über die Arbeit, die wir als notwendig erachten, um bestimmte Geschäftsergebnisse zu erzielen. Doch in Wahrheit wissen wir nie, was morgen kommt. Alles ist gut, solange wir das im Hinterkopf behalten.

> „Pläne sind Dinge, die sich ändern."
> – Fujio Cho, Chairman von Toyota

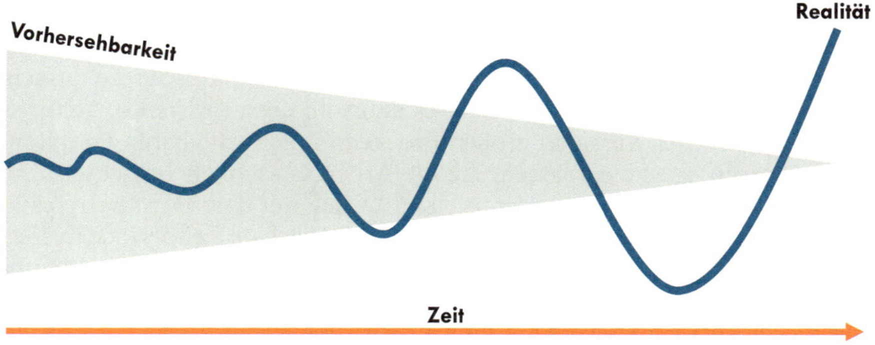

Abbildung 4.20 – Je weiter in die Zukunft, desto weniger vorhersehbar das Ergebnis

ROADMAP

Eine Form der Planung ist die Erstellung einer groben Roadmap für die Änderungsinitiativen, die wir gern entfalten, weil wir glauben, dass sie uns auf unserem Weg zur Großartigkeit helfen werden. Solch eine Roadmap ist meist ein Überblick über die Arbeit für mindestens das kommende Jahr oder die kommenden Jahre. Sie sollte nicht als detaillierter Plan für die künftige Wahrheit angesehen werden, sondern als Kommunikationsmittel zum Teilen von Kontext mit unseren Teams und Stakeholdern, sodass sie Entscheidungen darüber treffen, wie sie ihre Anstrengungen kombinieren können, um eine maximale Wirkung zu erzeugen. Das fördert die Abstimmung von Aktivitäten und verhindert, dass Mitarbeiter an verschiedenen Prioritäten arbeiten und später feststellen, dass die keinen Sinn ergeben, oder schlimmer noch, sich als kontraproduktiv erweisen.

Eine Roadmap besteht aus Meilensteinen, die für unser Team relevant sind und anvisierte Erfolge darstellen – in Bezug auf unsere strategischen Kompetenzen bzw. Produkte und Dienstleistungen.

Die Elemente auf einer Roadmap sind meist eher grob und nicht im Detail geplant. Je weiter etwas in die Zukunft reicht, desto weniger Zeit sollten wir auf dessen detaillierte Planung verwenden. Agile Planung ist toll, wenn es weniger Abhängigkeiten gibt, und die Roadmap sollte die agilen Planungsprinzipien niemals außer Kraft setzen. Doch manche Teams müssen sich mit der Wahrheit feststehender Elemente befassen, wie etwa einer Marketingkampagne, die an einem festgesetzten Datum oder einem Datum, an dem eine bestimmte Gesetzgebung implementiert sein muss, starten soll. Somit ist eine Roadmap ein wichtiges und nützliches Mittel, um die Arbeit zu kommunizieren, die unsere Organisation mit internen und externen Stakeholdern zu verrichten beabsichtigt.

PORTFOLIO

Liegen die geplanten Aktivitäten in der nahen (bzw. näheren) Zukunft, müssen wir beizeiten entscheiden, wie wir unsere begrenzten Ressourcen tatsächlich einsetzen werden. Deshalb wäre es sinnvoll, die zu leistende Arbeit so aufzubereiten, dass wir sie in großen Brocken in die verfügbaren Freiräume der operativen Teams einpassen, die die Arbeit tatsächlich verrichten. Das erlaubt dem Führungsteam, sich in einen Dialog mit den operativen Teams zu begeben, die sich daraufhin die Arbeit für die nächste Zeitperiode in diese Freiräume holen. Sobald dieser Prozess bereit ist, haben wir am Ende einen Überblick darüber, auf welche Aktivitäten wir in der nächsten Zeitperiode unsere Zeit verwenden werden und wie sich alles zusammenfügt. Das sollte die bestmögliche Art und Weise sein, innerhalb und außerhalb unseres Abteilungsbereiches Mehrwert zu schaffen.

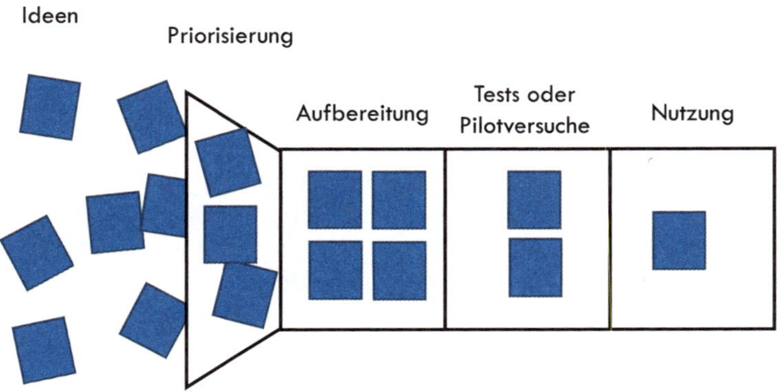

Abbildung 4.21 – Einfaches Beispiel für einen Portfolio-Trichter

Mit dem Konzept eines Portfolio-Trichters lässt sich der Umfang der laufenden Arbeiten begrenzen, wobei man von vielen Ideen ausgeht und dann in jeder Phase tiefergeht und immer kleinere Selektionen hervorbringt, die nach Ansicht des Teams einen wahren Mehrwert schaffen für die Organisation, ihre Kunden und ihre strategischen Ziele. Die Herausforderung bei dieser Methode liegt darin, dass Ideen sich schlecht vergleichen lassen und hinsichtlich der Kosten, des Nutzens, der Durchlaufzeit und des Aufwandes schwer einzuschätzen sind. Aus diesem Grund ist die Anwendung der Machbarkeits-Matrix als Ausgangspunkt, die Aufbereitung und Auswahl potenziell machbarer und wertvoller Projekte auf einer Arbeitsliste und die Begrenzung der laufenden Arbeiten für jede Phase des Portfolio-Trichters nach Kanban-Art eine einfache und doch effektive Art der Priorisierung von Arbeit.

Umgang mit Abhängigkeiten

Um durch Kapazitätsplanung kluge Entscheidungen zur Priorisierung zu treffen, müssen wir aus einem weiteren Blickwinkel verstehen, wo die wichtigsten Abhängigkeiten sind. Im ersten Schritt zur Minimierung von Abhängigkeiten muss man sicherstellen, dass die Teams so zusammengesetzt wurden, dass sie multidisziplinär sind und in hohem Maße Eigenverantwortung für ihr Produkt (bzw. ihren Teil davon) tragen.

Zum zweiten wollen wir den Umfang der Abhängigkeiten minimieren, die wir im Obeya abbilden. Warum? Weil das Managen von Abhängigkeiten an sich keine wertschöpfende Aufgabe ist. Das Visualisieren und Dokumentieren vieler Abhängigkeiten führt zwangsläufig zu Verschwendung.

Operative Teams und Leute in Funktionen wie der eines Architekten müssen Abhängigkeiten erkennen, die außerhalb des Teams bleiben, und dafür sorgen, dass sie sich in Sachen Planung mit den anderen Teams abstimmen. Die zentrale Rolle beim Abhängigkeitsmanagement sollte dem operativen Team zukommen. Wenn es darum geht, mehr strategische Entscheidungen zu teamübergreifenden Abhängigkeiten zu treffen, sollte das Führungsteam dieses Gespräch unter enger Einbeziehung der operativen Teams unterstützen.

Die Abhängigkeiten, die bei dieser Besprechung aufkommen, sind für die Strategie im größeren Kontext über mehrere interne und möglicherweise externe Teams hinweg relevant. Das ist die einzige Art der Abhängigkeit, die Sie in Ihrem Obeya visualisieren wollen. Deshalb können wir damit beginnen, ein Pull-System zu schaffen, in dem Änderungen so bearbeitet werden, wie sie es erfordern, statt sie voranzutreiben und zu warten, bis sie genutzt werden können.

Beispiel einer Meilensteinkarte

Wie wir wissen, stehen im Obeya alle Bereiche miteinander im Zusammenhang. Deshalb sollte ein Meilenstein nicht nur Informationen enthalten, die sich auf seinen strategischen Wert und seine Auswirkungen auf den Bereich ‚Leistungen vorantreiben' beziehen, sondern auch andere Informationen, die für die Wertschöpfung relevant sind. Jede Organisation hat ihre eigenen Planungsverfahren und würde vielleicht Formulierungen ändern bzw. Felder hinzufügen oder entfernen.

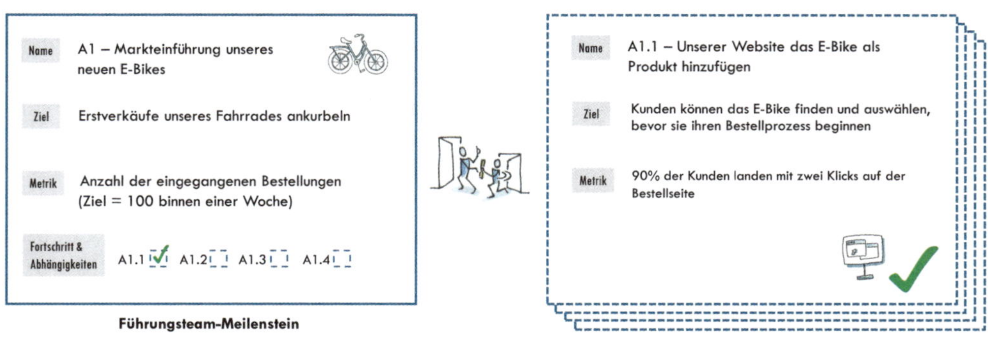

Abbildung 4.22 – Meilenstein-Muster für zwei Abstraktionsebenen

TIPP – Wenn ein Team zum ersten Mal seine Portfolio-Wand einrichtet, wird es all seine Projekte visuell präsentiert an der Wand sehen. Erfahrungsgemäß kann einen das ziemlich überwältigen, besonders wenn die Organisation nicht an ein aktives Management ihres Portfolios gewöhnt ist. Folgende Probleme könnten sich auf der Stelle offenbaren:

- Es gibt mehrere Projekte mit oberster Priorität (Es kann aber nur eins geben! Ansonsten heißt das Bündelung, nicht Priorisierung).
- Die Leute sind sich nicht sicher, ob hier tatsächlich alle aktiven Projekte enthalten sind.
- Es ist nicht wirklich klar, was definitionsgemäß ein Projekt, eine Änderung, ein kleines Projekt etc. ist.
- Es ist einfach eine Überlast an Informationen, die unzureichend strukturiert erscheint (wenn zum Beispiel aus dem Nichts plötzlich hundert Projekte visuell präsentiert werden, ist das wahrscheinlich sehr erdrückend).
- Das Management all dieser Projekte könnte aufgrund ihrer verschiedenartigen Handhabung und der sichtbaren (bzw. unsichtbaren) Abhängigkeiten zwischen ihnen extrem komplex wirken.

Lassen Sie sich auf keinen Fall entmutigen. Lassen Sie sich von niemandem einreden, dass Visualisierung nicht funktioniert, weil das, was Sie sehen, keinen Sinn ergibt. Was einen in der Tat beängstigen könnte, ist die Aufdeckung der Probleme – trauen Sie sich und gehen Sie sie an, eins nach dem anderen. Ab hier können die Dinge nur besser werden.

Lieferung und Ergebnis managen

Wenn wir uns einmal entschlossen haben, unsere Ressourcen einzusetzen, und die zu verrichtende Arbeit abschätzen können, können wir mit der Arbeit beginnen. Teams schätzen ihre verfügbaren Kapazitäten aufgrund empirischer Daten ein (z. B. wie viele Fahrräder konnten wir unter denselben Bedingungen in der vergangenen Zeitperiode produzieren? Oder wie lange dauert es für gewöhnlich, ein Feature dieser Größe und Komplexität für unsere Website herzustellen?).

In der Regel werden Teams, die zur Überschreitung ihrer Kapazitätsgrenzen gedrängt werden, weil die Führung oder die Kunden ihnen Deadlines vorgeben, langsamer. Die Teams selbst wissen am besten, wozu sie fähig sind, und sollten für die Planung ihrer eigenen Arbeit verantwortlich sein. Die Führung sollte die Arbeit nicht vorantreiben, sondern strategische Anleitung bieten, bei der Übersetzung der Stakeholder-Bedürfnisse helfen und die Teams bei der effektiven Planung und Umsetzung ihrer Arbeit unterstützen.

Ihre Wertströme erkennen

Der Prozess, aus dem Produkte bzw. Dienstleistungen hervorgehen, heißt Wertstrom. Um zu sehen, wie dieser Wertschöpfungsprozess funktioniert, werfen Sie einen Blick auf die Value Stream Map (VSM).* Das ist ein Tool zur Untersuchung und Erkundung eines Prozesses, um diesen zu verbessern. Doch am Anfang müssen die Schlüsselprozesse in der Organisation aufgedeckt werden, für die wir als Führungsteam verantwortlich sind.

Die VSM gibt dem Team einen Kontext: wie funktioniert unser Prozess? Sie erkennt außerdem Probleme und legt einen verbesserten Ziel-Zustand für den Prozess fest. Damit sollen Durchlaufzeit, Qualität und Kosten des Wertschöpfungsprozesses verbessert werden.

Wie wir in Teil II über die Schaffung von visuellem Kontext gelernt haben, ist es unerlässlich, das Value Stream Mapping und die dazugehörigen Verbesserungsbemühungen mit dem Team zu unternehmen, damit der nötige Kontext erlangt wird, in dem die Menschen tagtäglich arbeiten.

Wertströme auf verschiedenen Ebenen der Fahrradfabrik

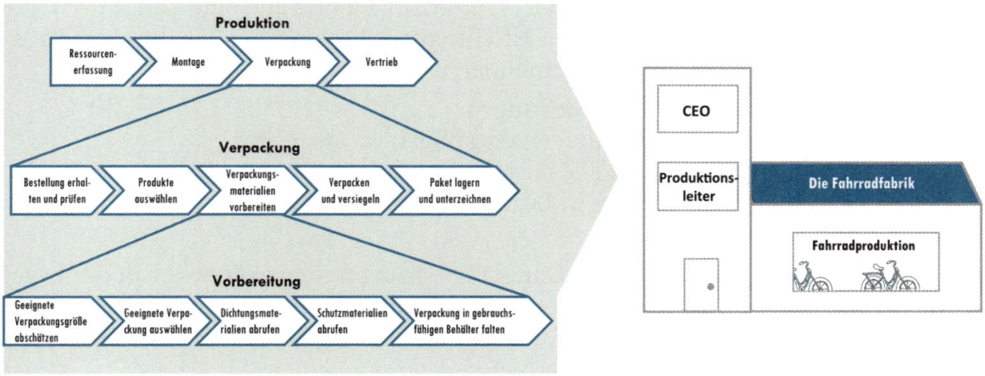

Produktion: Ressourcenerfassung → Montage → Verpackung → Vertrieb

Verpackung: Bestellung erhalten und prüfen → Produkte auswählen → Verpackungsmaterialien vorbereiten → Verpacken und versiegeln → Paket lagern und unterzeichnen

Vorbereitung: Geeignete Verpackungsgröße abschätzen → Geeignete Verpackung auswählen → Dichtungsmaterialien abrufen → Schutzmaterialien abrufen → Verpackung in gebrauchsfähigen Behälter falten

CEO

Produktionsleiter

Die Fahrradfabrik

Fahrradproduktion

Abbildung 4.23 – Beispiel für einen Wertstrom auf drei Ebenen der Organisation

Im Wesentlichen ist der Wertstrom die Gesamtheit der Aktivitäten auf einer bestimmten Abstraktionsebene, die zur Schaffung von Mehrwert für (‚Next in line'-)Kunden führt. Für Führungskräfte ist es sehr nützlich, den Wertstrom zu verstehen, weil seine Gestaltung die Baseline dafür festlegen sollte, wie er in der Praxis ausgeführt wird. Wenn wir Abweichungen von der Gestaltung erkennen, so deckt das vermutlich ein Problem auf – entweder bezüglich der Gestaltung selbst oder unserer Fähigkeit als Organisation, ihn entsprechend auszuführen. Zudem wird er Führungskräften helfen, Probleme auf einen bestimmten Teil des Wertstroms zu isolieren, da sich die Ausführung jedes

* Es gibt einige erstklassige Bücher nur zu diesem Thema, z.B. von M. Rother & J. Shook aus dem Jahr 1998: *Learning to See: Value Stream Mapping to Add Value and Eliminate Muda* (dt. *Sehen lernen*). In diesem Buch beschränken wir uns in Sachen Theorie auf ein Mindestmaß.

Schrittes eines Wertstroms auf strategische Kompetenzen wie Qualität, Kosten oder Lieferung auswirkt.

Schauen wir uns hier am Beispiel der Fahrradfabrik den Verpackungs-Wertstrom an.

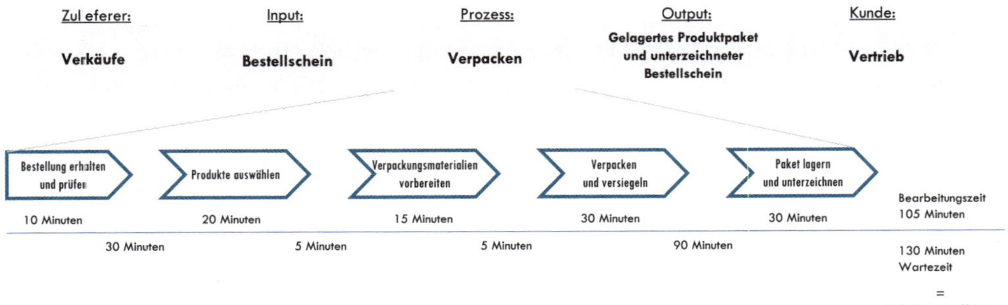

Abbildung 4.24 – Mittels VSM die Prozessleistung analysieren

Von diesem Beispiel können wir Informationen über den Prozess ableiten, inklusive Input, Output, Kunde, Durchlaufzeit und auch die Länge der Wartezeit zwischen den Schritten ist enthalten. Das können wir mit leistungsbezogenen Informationen kombinieren wie etwa:

- # der verarbeiteten Verpackungen;
- # der Verpackungen, die Verzögerungen verursachen;
- # Nacharbeitung im Falle falscher Verpackung;
- # Kundenbeschwerden in Bezug auf die Verpackung;
- etc.

Wenn wir die Map und die Daten verfügbar machen, wären wir in der Lage, Vertreter der Führung und der Basis miteinzubeziehen, um Kontext zu teilen und Schritt für Schritt zu erforschen, wo wir in dem Prozess potenzielle Probleme finden können, um uns dann an deren Lösung zu machen. Das ist viel effektiver als blinde Fehlerbehebung in dem Prozess und den dazugehörigen Problemen und das Hoffen auf bessere Ergebnisse.

TIPP – Möglicherweise entsteht bei der Betrachtung dieses Wertstrombeispiels das Vorurteil, dass eine solche Value Stream Map ganz leicht zu erstellen wäre, und dass sie so offensichtlich wirkt, dass Sie sich womöglich gar nicht die Mühe machen müssen, weil sich ja jeder etwas einfallen lassen kann, das so einfach aussieht. Schließlich weiß doch jeder, wie die Prozesse in Ihrer Organisation ablaufen, oder?

Hier ein paar der Überraschungen, die für gewöhnlich bei der Erstellung von Value Stream Maps auftauchen und den Wert der Übung klarmachen – trotz allem, was ein voreingenommenes Gehirn denken könnte:

1. Menschen scheinen unterschiedlich darüber zu denken, wie der Prozess wirklich funktioniert.
2. Viele Probleme haben ihre Ursache in unklaren Definitionen von Input, Output oder davon, wer der Kunde wirklich ist.
3. Teams sind auf ihre eigenen Aktivitäten konzentriert, statt die Durchlaufzeit für den gesamten Wertstrom zu optimieren.
4. Wenn Sie nicht schon seit geraumer Zeit das Prinzip der kontinuierlichen Verbesserung übernommen haben, liegt Ihre Prozesseffizienz wahrscheinlich unter zehn Prozent.

Eine VSM erstellt man nicht zum Spaß, denn sie deckt mühelos Verschwendung in Ihren Schlüsselprozessen auf, sodass Sie mit der Verbesserung Ihres Organisationssystems beginnen können.

Vorbereitung einer Wertschöpfungssitzung (Beispielszenario)

Roy bereitet seine erste Wertschöpfungssitzung für die Fahrradfabrik vor. Er ist neu im Team und wurde vom leitenden Manager um eine sachgemäße Darstellung dazu gebeten, wo sein Team bei der Umsetzung eines Teils der neuen Produktplattform steht. Da er bei seinem nächsten Portfoliowand-Meeting einen guten Eindruck machen möchte, beschließt Roy, sich beim Moderator nach den Erwartungen des Meetings zu erkundigen. Der erklärt ihm die Sitzungsroutine sowie die Themen, die zuletzt besprochen worden sind, und bietet ihm Hilfe beim Gebrauch der Mustervorlagen für die Portfoliowand-Karten und bei deren korrekter Anbringung an die Wand an. Dann geht Roy zu seinen Teamleitern und bespricht mit ihnen die wichtigsten Features der gemeinsamen Plattform, an denen sie arbeiten, und ihren Status, während er an einem Whiteboard mittels Post-its einen Überblick skizziert. Die Teamleiter verweisen darauf und zeigen damit, dass sie die erwarteten Fortschritte machen. Sie helfen Roy bei der Formulierung der nennenswerten Ereignisse seit dem vergangenen Portfolio-Meeting und aller wichtigen Dinge für die nachfolgende Woche. Dann spricht einer der Teamleiter ein Problem an. Einige seiner Leute hätten noch immer keinen Zugang zu dem System, an dem sie arbeiten müssen. Er gibt an, dass dieses Problem schon seit einigen Wochen bestehe und wenn es nicht in der nachfolgenden Woche gelöst würde, gäbe es bei einem der wichtigsten Features Verzögerungen. Da die Features nun auf dem Whiteboard zu sehen sind, weist einer der anderen Teamleiter darauf hin, dass wenn das erste Feature sich verzögere, es auch bei einem ihrer Features eine zeitliche Verschiebung geben würde, und das hätte Konsequenzen für Kunden und unter Umständen auch für Geschäftsergebnisse.

Roy macht ein Bild von dem Whiteboard, nachdem er das Problem des Systemzugangs und das damit verbundene Feature an dem Board kenntlich gemacht hat. Dann geht er wieder zum Moderator, um sicherzustellen, dass die Features auf dem oberen Board sich an der richtigen Stelle befinden und das Problem eines seiner Teamleiter sichtbar ist. Der Moderator hilft bei der Platzierung eines Gefahrenmagneten am besagten Feature und empfiehlt Roy, eine ,Hindernis'-Vorlage für das Portfolioebenen-Meeting des Senior Managements am darauffolgenden Tag vorzubereiten. Beim Ausfüllen der Vorlage dafür, dass er ein Hindernis zur Sprache bringt, merkt Roy, dass er vergessen hat, nach der Grundursache zu fragen und danach, wie sein Teamleiter an die Lösung der Situation herangehen möchte. Nach seinem abendlichen Gespräch mit dem Teamleiter darüber, was zur Auseinandersetzung mit dem Problem noch fehlt, fühlt sich Roy gut vorbereitet und gewappnet für das Portfoliowand-Meeting am nächsten Morgen.

Zu Beginn des Meetings am nächsten Tag bringt Roy als erster sein Hindernis zur Sprache. Er erklärt den Versammelten, wo das Problem liegt, zeigt es am Board und betont die Dringlichkeit, indem er die potenziellen Auswirkungen auf ihre Pläne erläutert. Er übermittelt auch die Grundursache, woraufhin seine Teamkollegen nicken, während sie die Anzeichen für dieses Problem erkennen, das auch ihre eigenen Teams betrifft. Mit einem seiner Kollegen aus dem obersten Führungsteam bittet Roy darum, die in zwei Wochen auf einer anderen Bahn der Portfoliowand geplante Entwicklung einer Zugangskontrollfunktion voranzutreiben, um solche Probleme in Zukunft zu vermeiden. Roys Kollege bestätigt das Problem und zeigt sich damit einverstanden, die Weiterentwicklung der Zugangskontrolllösung bis zum nächsten Meeting zu verstärken. Das Team hat jetzt einen gemeinsamen Kontext dazu, wo Roy im Hinblick auf das Erreichen der gemeinsamen Ziele steht. Sie wissen, dass er ein Problem hat, das auf ihrer Ebene behandelt und gelöst werden muss, und welche Konsequenzen das für ihr gemeinsames Portfolio hat. Darüber hinaus ist das besagte Problem auch auf Systemebene relevant, da mehr Leute davon betroffen scheinen.

Beispiel-Routine

WERTSCHÖPFUNGSROUTINE

Rhythmus: Mi 13.30 – 15.00 ungerade Wochen
Führungsteam + Coach + Programmmanager

Ziel

Zu sehen und zu lernen, ob wir unserem Liefervorhaben gerecht werden, auf Änderungen zu reagieren, Probleme zu erkennen und deren Lösung zu überwachen

Check-in

- Alle anwesend und fokussiert? Dinge, von denen wir wissen sollten? Sollen wir die Verbesserungen aus dem vorangegangenen Meeting jetzt anwenden?

Probleme

- Welche neuen Probleme hemmen die Fortschritte? (z. B. Qualität, Kosten oder Lieferzeit)
- Wie müssen wir diese Probleme angehen?
- Konnten wir die zuvor angesprochenen Probleme lösen?

Änderungen und gewonnene Erkenntnisse

Je Programm/Projekt/Team:

- Was hat sich seit unserem letzten Meeting bei unserem Lieferplan verändert?
- Erfassen wir seine Konsequenzen und Auswirkungen auf die Risiken?
- Wie müssen wir auf diese Änderung reagieren?
- Was haben wir in der vergangenen Zeitperiode gelernt?

Update Pitch

- Drei Minuten Key Updates per Stream

Schluss

- Haben wir uns an die Routine gehalten und war das effektiv?
- Entscheidungen und Aktionen zusammenfassen
- Folgegespräche planen
- Up- und Downstream kommunizieren

An dieser Wand sehen, lernen und agieren wir.
Aber wir reden nicht mehr als fünf Minuten über Inhalte.

Abbildung 4.25 – Wertschöpfungsroutine

Agieren & reagieren

Dieser Bereich verzeichnet für gewöhnlich die meisten Meetings in dem Raum und ist eine Triebfeder für den Fortschritt, die schnelle Problemerkennung und das Teilen von Kontext für die Folgeaktionen, die von Up- oder Downstream kommen. Tatsächlich kommt es auch für Manager dem am nächsten, was agile oder Lean-Teams bereits als Standups kennen.

Jedem normalen Team, das sich auf die Reise zu einer agilen oder Lean-Arbeitsweise begibt, erscheint das Standup-Konzept zunächst wie eine Menge Meetings. Doch denken Sie daran, dass diese Zeit Arbeit ist und bestehende Meetings ersetzen sollte. Es gibt keine zusätzliche Zeit, sie wird nur effektiver genutzt. Darüber hinaus werden Teams immer in der Lage sein, ihre drängenden Probleme mit ihrem Führungsteam zu besprechen, ohne länger als zwei Arbeitstage auf ein nächstes Entscheidungsfindungsmeeting warten zu müssen.

Sichtbare Komponenten in diesem Bereich

Agieren & reagieren

Agieren & reagieren

Inbox
Tägliche Anfragen
& Hindernisse

Entscheidungen

Teamverfügbarkeit und Events
Plan

	To-do	In Arbeit	Eskaliert	Erledigt
Kim				
Ted				
Janice				
Frank				

Abbildung 4.26 – Visuelle Komponenten im Bereich ‚Agieren & reagieren'

Inbox

Hier werden vor dem Meeting alle Anfragen gesammelt. Die kommen von Teammitgliedern, operativen Teams oder Teams von höheren Ebenen. Jede Anfrage sollte auf dem Meeting von jemandem vorgestellt werden, der den Kontext der Anfrage erklären kann. Das soll Annahmen dazu vermeiden, was angefragt wird und warum. Auch die Verwendung einer Mustervorlage mit bestimmten Feldern wie „was sind die Auswirkungen“ oder „warum ist das gerade jetzt dringend und wichtig“ wird dem Team bei der Entscheidung darüber helfen, ob es sofort behandelt werden muss oder für später geplant werden kann. Dadurch ist das Team wahrscheinlich besser in der Lage, angemessen zu reagieren.

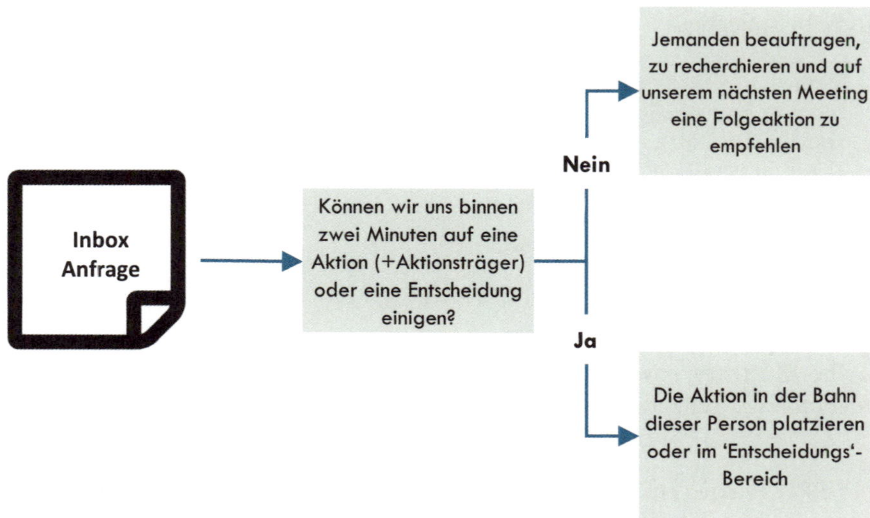

Abbildung 4.27 – Umgang mit Anfragen aus der Inbox

Aktions-Board (Kanban/Scrum Board)

Auf diesem Board gibt es den simplen Aufbau ‚Zu erledigen, in Arbeit, Fertig‘, was die Aktivitäten des Teams betrifft, die für mindestens zwei weitere Teammitglieder relevant sind.

Die meisten Teammitglieder haben vermutlich schon mit dieser Art von visuellem Führungssystem gearbeitet, da ja immer mehr Teams agile Methoden übernehmen.

In diesem Bereich muss man sich auf eine Definition von ‚Fertig‘ einigen, um Diskussionen darüber zu vermeiden, wann etwas fertig ist. Zum Beispiel: „wir sind mit einer Aktion gegen dieses Hindernis vorgegangen, sodass wir es jetzt abschließen können“ ist ein großartiges Zeichen für schießwütige Fehlerbehebung: wir beschießen ein Problem mit einer Lösung und dass verschwindet es. Das Problem ist nur, dass wir nicht sicher wissen, ob die Aktion (die die Lösung enthält, wie wir hoffen) das Problem tatsächlich lösen wird. Wenn wir darüber hinaus noch nicht einmal erforscht haben, warum das Problem überhaupt aufgekommen ist, müssten wir womöglich irgendwann noch einmal Zeit darauf verwenden.

Hindernisse

Wenn ein Hindernis wichtig ist und wir sichergehen wollen, dass es aktiv bearbeitet und gelöst wird, werden wir in der Lage sein, die Aktivitäten rund um das Hindernis auf dem Aktions-Board zu verfolgen. Es hilft, wenn diese Aktivitäten sich visuell auf ein Hindernis beziehen, beispielsweise durch die Platzierung des eigentlichen Hindernisses in Ihrer Bahn von ‚Zu erledigen, in Arbeit, Fertig'.

> „Die Stärke des Obeya beruht nicht nur auf dem einem Raum, sondern vielmehr auf der Verbindung der verschiedenen Organisationsebenen, zwischen denen Botschaften hoch- und 'runterkaskadiert werden, um Teams zu helfen, Hindernisse zu beseitigen, die sie nicht allein aus dem Weg räumen können."
>
> – Sven Dill, Agile Coach

Teamverfügbarkeit und Veranstaltungskalender

Hier werden alle großen Ereignisse angezeigt, wie etwa Unternehmens- oder Tribe-Meetings, sowie auch die freien Tage von Teammitgliedern bzw. deren regelmäßige Teilzeitarbeitstage.

TIPP – Platzieren Sie dieses Board möglichst auf einem mobilen Whiteboard. Auf diese Weise können Sie Ihre Standups an verschiedenen Orten oder in den Teilen des Raumes abhalten, die gerade nicht von anderen Leuten genutzt werden. Das trägt zu mehr Flexibilität bei und verschafft auch anderen Leuten Zugang zu den Informationen im Obeya.

Praktisches Beispiel einer Sitzung zum Bereich ‚Agieren & reagieren'

Das Team findet sich am Montag nach dem Mittagessen am Aktions-Board ein ...

John eröffnet das Meeting „Okay Leute, können wir anfangen? Sind alle fokussiert?" – die Teilnehmer legen ihre Telefone weg und fokussieren ihre Aufmerksamkeit.

John erklärt kurz den Zweck des Meetings und prüft das visuelle Material auf Aktualität, sodass das Team die neueste Version der Wahrheit seines Systems vor sich hat.

„Beginnen wir also mit den Hindernissen", sagt John. Worauf Anne aufgeregt antwortet: „Ja, ich habe eins!"

Anne wedelt mit der Hinderniskarte herum, die sie soeben ausgefüllt hat, und erläutert sie dem Team: „Mein Team versucht, das System in Betrieb zu nehmen, aber sie warten noch auf die Autorisierung, seit mittlerweile fünf

Werktagen. Infolgedessen muss das Marketing womöglich seine Kampagne verschieben, wenn wir es nicht binnen weiteren zwei Tagen zum Laufen bringen. Die Grundursache liegt, soweit ich feststellen konnte, bei einem Fehler im Onboarding-Prozess, bei dem die Ingenieure in meinem Team nicht den geeigneten Systemzugang erhalten haben, und wir scheinen das nicht allein hinzubekommen".

Anne macht weiter: „John, ist es irgendwie möglich, dass mein Team frühzeitigen Zugang bekommt?" John antwortet: „Das scheint wichtig zu sein. Ich trage eine Aktion auf dem Aktions-Board ein, um in Absprache mit den Jungs die Anfrage zu finden und zu sehen, ob wir sie für heute priorisieren können."

Er fährt fort: „Beachten Sie bitte, dass wir unter Hochdruck alle Arten von Zugangsanfragen bearbeitet haben, vor allem seit der neue Onboarding-Prozess eingerichtet ist." Dazu Anne: „Ja, das Gefühl hatte ich auch, vielleicht finden wir dort eine Grundursache für das Problem."

Jetzt steigt Judy, die für den Onboarding-Prozess verantwortlich ist, in die Diskussion ein: „Der Onboarding-Prozess sollte die Produktivität der Ingenieure steigern. Das klingt, als täte er das nicht, aber ich verstehe auch nicht warum, denn egal was wir tun, die Zugangsrechte scheinen immer weitere Probleme aufzuwerfen."

Judy redet weiter: „Es scheint keine einfache Lösung dafür zu geben, und wir haben nicht alle nötigen Daten hier, um eine Entscheidung zu treffen, also leite ich eine Verbesserung im Verbesserungsbereich ein und halte sowohl Anne als auch John über unsere Fortschritte auf dem Laufenden."

Sie beenden das Gespräch, indem sie Johns Aktion auf dem Aktions-Board eintragen, damit sie beim nächsten Standup nachverfolgt werden kann, und sich eine Kata-Vorlage für Judys Verbesserung nehmen.

Beispielroutine

ROUTINE ZUM BEREICH AGIEREN & REAGIEREN

Rhythmus: Mo, Di & Do 13.00 – 13.30
Führungsteam + Coach (+Antragsteller)

Ziel

Auf operative Veränderungen, Anfragen und Probleme hin agieren und reagieren, während relevante Aktionen nachverfolgt werden

Check-in

- Alle anwesend und fokussiert? Dinge, von denen wir wissen sollten? Sollen wir die Verbesserungen aus dem vorangegangenen Meeting jetzt anwenden?

Inbox

- Welche neuen Hindernisse müssen wir beseitigen?
- Welche Anfragen müssen wir bearbeiten?

Laufende Aktivitäten

Pro Person:

- Sind wir in der Lage, unsere bestehenden Probleme und Anfragen in annehmbarer Zeit zu bewältigen? Wo wird Hilfe gebraucht?
- Gibt es irgendwelche Entwicklungen, über die unser Team und andere Teams informiert werden müssen?

Schluss

- Haben wir uns an die Routine gehalten und war das effektiv?
- Entscheidungen und Aktionen zusammenfassen
- Folgediskussionen planen
- Ergebnis Up- und Downstream kommunizieren

An dieser Wand sehen, lernen und handeln wir.
Aber wir reden nicht mehr als zwei Minuten über Inhalte.

Abbildung 4.28 – Routine zum Bereich ‚Agieren & reagieren'

Probleme lösen

In diesem Bereich wird die Führungsverantwortung beim Lösen von Problemen visualisiert. Er hilft dabei, Probleme zu erkennen, sie zu priorisieren, ihre Lösung zu verfolgen und die Verbesserungsdenkweise anzuwenden. Durch das Lösen von Problemen verbessern wir unsere Leistungen im Hinblick auf das Erreichen unserer Ziele.

Entgegen klassischen Managementansichten, denen zufolge Probleme Dinge sind, die man sobald wie möglich loswerden muss, weil sie unseren Zielen im Weg stehen, betrachten wir Probleme in diesem Bereich als die Arbeit, die wir verrichten, um die Leistungen unseres Systems zu steigern. Durch die systematische Arbeit an diesen Problemen steigern wir effektiv die Systemleistung. Deshalb sollte dieser Bereich im Obeya anzeigen, dass unser Führungsteam Probleme und damit auch die Leistungsverbesserung ernst nimmt. Hier erwarten wir, Beweise für relevante, priorisierte Problemlösungsaktivitäten zu finden.

> „Die Arbeit mit Obeya hat es uns ermöglicht, einander schnell über Probleme zu informieren, auf sie zu reagieren und sie zu lösen. Damit werden in der Tat E-Mails vermieden und man spart die Zeit zur Festlegung einer Struktur, weil es bereits eine gibt. Das hilft Ihnen effektiv, Ihre Zeit auf die Lösung des Problems zu konzentrieren, statt sie für die Organisation von Meetings etc. aufwenden zu müssen."
>
> **– Pauline van Brakel, Chief Product Officer**

Visuelle Komponenten in diesem Bereich

Obgleich Probleme überall im Obeya visuell aufgedeckt werden sollten, egal wo sie entdeckt werden, bezieht sich dieser Bereich speziell auf den strukturellen Prozess der Problemlösung. Das bedeutet, wenn Probleme klein genug sind, um mittels einer einfachen Aktion behoben zu werden, kommen sie an das Aktions-Board. Wenn die Probleme allerdings mehr erfordern als nur ein paar Aktionen, um verstanden und gelöst zu werden, dann gehören sie in den Bereich ‚Probleme lösen'.

Der Bereich ‚Probleme lösen' passt am besten an einen Ort, wo die angepackten Probleme im logischen Zusammenhang zu der Leistung stehen, die verbessert werden muss. Somit können wir sicherstellen, dass die Probleme, an denen wir arbeiten, im Zusammenhang mit unserer Fähigkeit stehen, unseren Zweck zu erfüllen. Das hilft bei der Priorisierung. Wenn zum Beispiel eine strategische Kompetenz mit einem Rot-Status gekennzeichnet ist, sollten wir in der Lage sein, rasch ein Verbesserungs-Storyboard in dem dazugehörigen Bereich zu finden, um die Leistungen auf das gewünschte Niveau zu bringen.

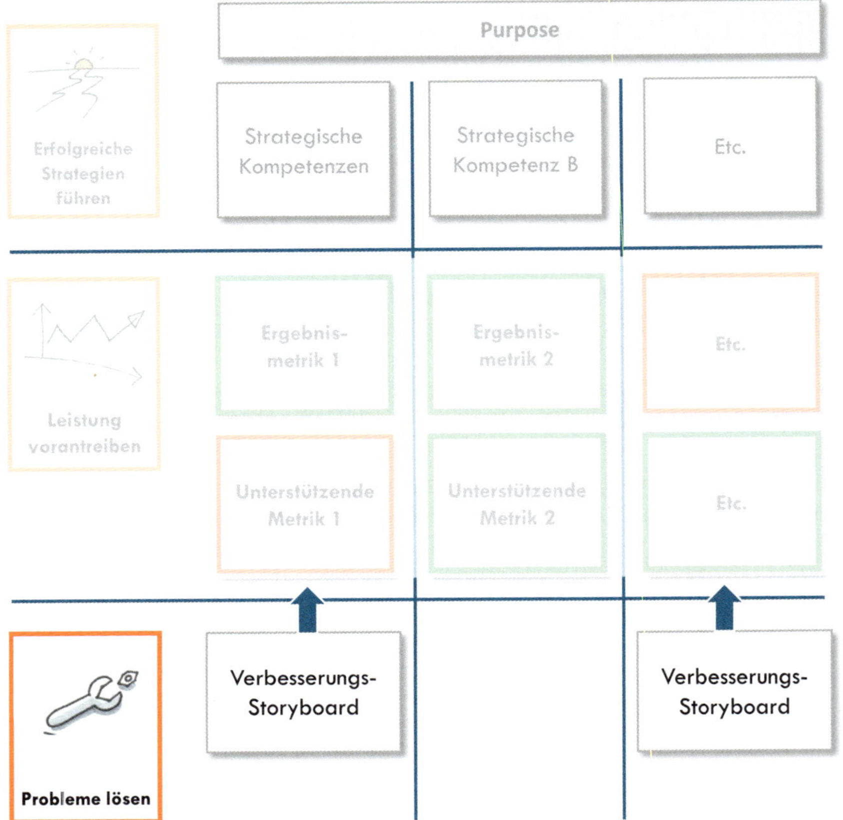

Abbildung 4.29 – Bereich ‚Probleme lösen' bezogen auf die Metriken des Bereiches ‚Leistungen vorantreiben', die Strukturprobleme aufdecken

Obwohl Sie sich in diesem Bereich für eine beliebige Problemlösungsmethode entscheiden können, plädieren wir sehr stark für die Nutzung der Verbesserungs-Kata, weil die für den Anfang eine recht einfache Methode darstellt, wenn sie auch schwierig zu beherrschen ist.

Probleme im richtigen Bereich angehen

Probleme können in allen Bereichen und Routinen des Obeya in Angriff genommen werden. Doch je nach ihrer Art tun wir das auf unterschiedliche Weise. Der Grund dafür liegt darin, dass manche Probleme sich relativ leicht lösen lassen mit nur einer oder zwei Aktionen, die wir am Agieren- & reagieren-Board anbringen könnten, während andere zu kompliziert bleiben, um ihre Grundursache mit einer einfachen Aktion beseitigen zu können.

Um die Herangehensweise an den Umgang mit Problemen zu vereinfachen, gibt es hier einen Ablauf, der den Platzierungs- und Lösungsansatz für Probleme unterstützt, egal wo oder wann sie im Obeya angesprochen werden.

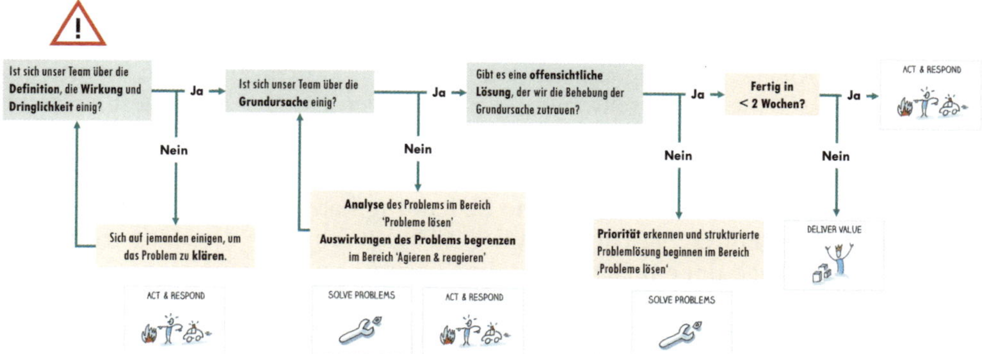

Abbildung 4.30 – Problem-Entscheidungsablauf

Sorgen Sie dafür, dass Sie das Problem samt Kontext verstehen, um Verschwendung zu vermeiden

Ein kritischer Schritt beim Problem-Entscheidungsablauf, den wir hier sehen, ist der allererste: „Ist sich unser Team über die Definition des Problems, seine Wirkung und seine Dringlichkeit einig?“. Hier verursacht unsere voreingenommene und System-1-Denkweise womöglich verschwenderisches Handeln. Denn wenn wir bei diesem Schritt Annahmen anstellen, finden wir am Ende vielleicht nur Lösungen für ein Symptom statt für ein Problem. Die zentrale Botschaft aller beschriebenen effektiven Problemlösungsmethoden liegt darin, dafür zu sorgen, dass man das Problem wirklich versteht, ehe man es zu beheben versucht. In seinem Buch *Managing to Learn* liefert John Shook (2008)[67] sehr aufschlussreiche Beispiele dafür, was zwischen einem Manager und jemandem aus dessen Team schiefgehen kann, wenn sie zu einem Problem voreilige Schlüsse ziehen. Eine einfache und doch effektive Möglichkeit zur Vermeidung anfänglicher Schwierigkeiten mit der Problemdefinition ist die Anwendung der Methode ‚Fünfmal Warum‘: Warum ist das ein Problem? Durch das wiederholte Stellen dieser Frage kann der Dialog zwischen dem Problemlöser und dem Manager in tiefere Schichten vordringen, sowohl was das Verständnis ihres Systems angeht, als auch die Art und Weise, wie sich eine Sache auf die andere auswirkt.

Storyboards für Probleme mit keiner erkennbaren Lösung

Das Verbesserungsmuster und die Coaching-Kata werden im Bereich ‚Probleme lösen‘ angewendet. Sie werden mittels Storyboards visualisiert, die für gewöhnlich auf ein A3-Blatt (29,7 x 24 cm) gedruckt werden.

Einfach alles zu verbessern, ist nicht der richtige Weg im Lean-Konzept. Wenn Sie für eine Verbesserung Zeit aufwenden, obwohl eine andere Verbesserung eine größere Wirkung auf den Kunden hat und dringender ist, könnte die Verbesserung als Verschwendung erachtet werden oder zumindest als nicht maximale Wertschöpfung.

Darüber hinaus wollen Menschen, wenn sie wissen, dass ihre Arbeit wichtig ist, mehr arbeiten, weil das eine Bedeutung hat. Wie wir von Daniel Pink (2009)[68] erfahren, ist ein sinnvolles Ziel vielleicht eine der stärksten Triebfedern. Doch um ein Gefühl für die Bedeutung zu bekommen, muss für die Leute im Obeya sehr klar ersichtlich sein, wie die Verbesserungen, für die sie ihre Zeit aufwenden, die Umsetzung der strategischen Geschäftsziele unterstützen.

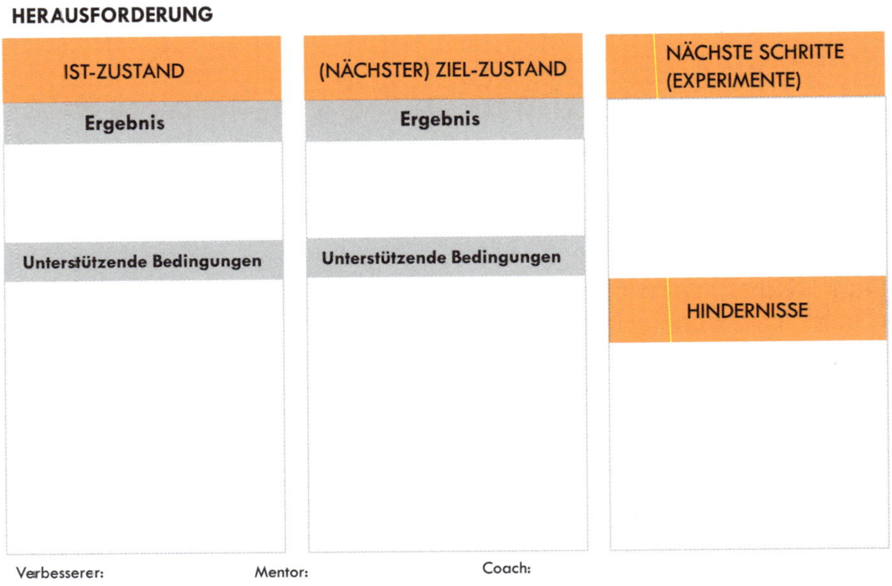

HERAUSFORDERUNG

IST-ZUSTAND	(NÄCHSTER) ZIEL-ZUSTAND	NÄCHSTE SCHRITTE (EXPERIMENTE)
Ergebnis	Ergebnis	
Unterstützende Bedingungen	Unterstützende Bedingungen	HINDERNISSE

Verbesserer: Mentor: Coach:

Abbildung 4.31 – Beispiel für ein Verbesserungs-Kata-Storyboard

Zur effektiven Problemlösung brauchen Sie Fähigkeiten und Tools

Ob es sich um ein (relativ) einfaches oder ein komplexeres Problem handelt – in jedem Falle werden die Personen, die daran arbeiten, in hohem Maße davon profitieren, dass sie Problemlösungstechniken erlernt und geübt haben, die bei der Aufdeckung des Systems helfen, in dem das Problem auftritt. Sie werden der tieferen Ursache auf den Grund gehen und Verbesserungen auf

Systemebene vornehmen statt auf oberflächlicher Symptomebene. Unterschätzen Sie nicht, wie viel effektiver eine Person sein kann bei der Erkennung von Ist- und Ziel-Zuständen oder beim Ersinnen hocheffektiver Experimente, wenn sie diese Tools und Techniken beherrscht. Und unterschätzen Sie ebenso wenig das Potenzial einer solchen Person, wenn sie diese Tools und Techniken ihren Kollegen beibringt, die sie dann wiederum an andere weitergeben können.

Zu den Tools, die ein effektiver Problemlöser nutzen könnte, gehören die Ursache-Wirkung-Analyse mittels Ishikawa-Diagramm, das Value Stream Mapping, Pareto Charts sowie verschiedene Arten von Metriken wie Regelkarten, Histogramme etc. Es gibt jede Menge Lesestoff, Fachleute, Coaches und Communities, die sich auf Problemlösungstechniken spezialisiert haben. Ich empfehle Ihnen, ausgiebig Gebrauch davon zu machen.

Beispielroutine

Diese Routine ist buchstäblich eine Kopie der Coaching-Fragen von Mike Rother. Zu der Original-Karte und vielen anderen Quellen zur Toyota Kata, die er kostenlos zur Verfügung stellt (fantastisch!), konsultieren Sie bitte seine Website: http://www-personal.umich.edu/~mroth- er/Homepage.html.

ROUTINE ZUM BEREICH PROBLEME LÖSEN

Rhythmus: 2 X 15 Minuten pro Woche
Mentor + Verbesserer

(Dies setzt voraus, dass Sie ein Storyboard erstellt und mit der Verbesserungs-Kata begonnen haben.)

Pro Mentorenfragen an den Verbesserer (Coaching-Kata):

- Was ist Ihr **Ziel-**Zustand?
- Was ist Ihr **aktueller** Zustand im Moment?
- Welche **Hindernisse** hindern Sie Ihrer Ansicht nach am Erreichen des Ziel-Zustandes?
  Welches *eine* nehmen Sie jetzt in Angriff?

  -> Über Fortschritte reflektieren
  1. Was haben Sie als letzten Schritt geplant?
  2. Was erwarten Sie?
  3. Was passiert gerade?
  4. Was haben Sie gelernt?

- Was ist Ihr **nächster Schritt** (nächstes Experiment)? Was erwarten Sie?
- Wie schnell können wir gehen und sehen, was wir aus diesem Schritt **gelernt** haben?

Abbildung 4.32 – Problemlösungsroutine

Teil V:

Der Einstieg – Transformation Ihres Führungssystems

Bereit für den Einstieg in Obeya? Schauen wir uns nun die eher praktischen Einzelheiten der Umsetzung für Ihr Team an. Wir werfen einen Blick auf die Voraussetzungen für den Einstieg sowie darauf, was in Sachen Anlagen und Raum zu beachten ist, gehen die Transformationsschritte durch und machen auf Tipps und Tücken aufmerksam, um Ihrem Team zu einem guten Start zu verhelfen.

Dieses Kapitel behandelt die praktischen Schritte, die der Reihe nach ausgeführt werden sollten, um eine erfolgreiche Obeya-Transformation umzusetzen. Und wenn Sie bisher erst einige dieser Schritte ausgeführt haben, könnten Sie in Erwägung ziehen, in die Planung der verbleibenden Schritte Aspekte miteinzubeziehen, die bei der erfolgreichen Umsetzung Ihres Obeya-Vorhabens hilfreich sein werden.

Es nennt sich Transformationsansatz und nicht Implementierungsplan, weil die Beteiligten die Art und Weise, wie sie ihre Arbeit organisieren und betrachten, wahrhaftig ändern müssen. Es geht über die Visualisierung hinaus, bestimmt aber auch ihre Meeting-Gepflogenheiten, ihre Meeting-Planung, das Output der Meetings und wie sie moderiert und gecoacht werden.

Der Zweck eines Transformationsansatzes liegt schlicht darin, Erwartungen zu managen und zu kommunizieren. Auf diesen Plan sollten sich zumindest der Sponsor, der Coach und der Moderator einigen. Es kann auch sehr wertvoll sein, irgendeine Form der Überprüfung mit einem der Beteiligten zu haben, um die praktische Machbarkeit zu testen und eine erste Zustimmung zu bekommen, bevor der Plan dem Rest des Führungsteams präsentiert wird.

Der folgende Überblick zeigt ein Basis-Layout eines möglichen Transformationsansatzes.

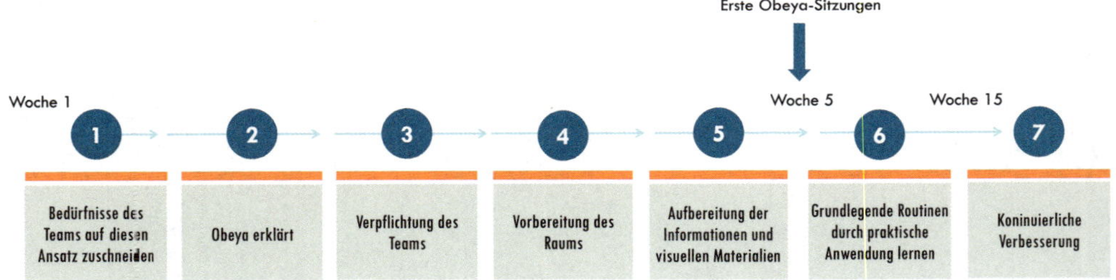

Abbildung 5.1 – Beispiel für Transformationsansatz-Schritte im Obeya

Es ist wie Scrum für Manager!

Das Tolle an Obeya ist, dass es eine überaus praktische Struktur für die Führungsaktivitäten bietet. Man könnte sogar sagen, dass sich ein Führungsteam, das sich zur Arbeit mit Obeya entschließt, derselben Transformation nähert wie ein operatives Team, das den Einstieg in Scrum wagt. Wenn Scrum eine praktische Art der Anwendung agiler Prinzipien für ein Team ist, bietet Obeya eine praktische Herangehensweise an die Anwendung von Lean- und agilen Prinzipien auf Führungsebene.

Gemeinsamkeiten finden sich auch in den Aspekten der Aneignung von Prinzipien als Denk- und Handlungsweisen, der Implementierung eines visuellen Managements mittels Scrum Board, der Einigung auf Veranstaltungen wie der Daily Scrums (Planungs- und Review-Meetings), und natürlich der Visualisierung der Arbeit und der Leistungen des Teams.

Einer der Vorteile, die Einführung einer neuen Arbeitsweise auf diese Art zu betrachten, besteht darin, dass es eine Struktur gibt. Sie müssen nicht über die Struktur diskutieren, weil sie eine bewährte Arbeitsweise ist. Das Vorhandensein einer systematischen Arbeitsmethode, die mit Teams getestet wurde und sich bewährt hat, senkt die Akzeptanzschwelle. Wenn man nur Prinzipien hat und sie ohne praktische Arbeitsweise interpretieren und in dauerhafte Verhaltensweisen transformieren muss, so ist das unglaublich schwierig und führt letztendlich zu Variabilität und damit zu potenzieller Verschwendung.

Wie lange wird das Ganze eigentlich dauern? Das hängt von Ihrem Team und dessen Bereitschaft (Strebsamkeit und Engagement) sowie dessen Kompetenz (Fähigkeiten und Wissen) zur Arbeit mit Obeya ab. Manche Teams schaffen es, schon nach einem oder zwei Monaten davon zu profitieren, andere mühen sich ein halbes Jahr ab, bevor sie endlich beginnen, Probleme zu lösen und echten Wert aus der Arbeit mit Obeya zu gewinnen. Der Trick besteht wohl darin, es wirklich zum Laufen bringen zu wollen und dann den Nutzen daraus zu ziehen. Wenn Sie es nicht wirklich zum Laufen bringen wollen oder müssen, werden Sie schon bei den kleinsten Problemen ins Schleudern kommen.

Schritt 1: Vorgehensweise vereinbart

Bei diesem ersten Schritt erstellt eine leitende Führungskraft mit einem Coach oder jemandem aus dem Team, der beim Einstieg hilft, einen Überblick über die sieben Schritte. Der Coach erteilt Ratschläge über häufige Stolpersteine und die folgenden Schlüsselaspekte der Kickstart-Schritte, um die Chancen auf einen erfolgreichen Ausgang zu maximieren. Wenn der Coach noch keine Erfahrungen mit Obeya hat, sollte man einen Coach hinzuziehen, der über solche Erfahrungen verfügt, sodass es bei den sieben Schritten auch einen Wissenstransfer gibt.

Sponsor aus der Führungsebene an Bord

Der leitende Sponsor sollte die Triebfeder für die Transformation der Arbeitsweise sein. Wenn er nicht dahintersteht, werden Sie wohl keinerlei Verbesserungen erzielen. Deshalb ist es wichtig, ihn an Bord zu bekommen, indem man sich bei diesem ersten Schritt auf den Ansatz einigt.

Der leitende Sponsor muss außerdem in der Lage sein, das Team zum Erreichen des Ziels bzw. der angestrebten Verbesserung zu motivieren und ihm gegebenenfalls einen gewissen Handlungsdruck zu vermitteln, um diese Transformation in Gang zu setzen. Diese Motivation sollte sich allerdings nicht auf eine rigorose und dogmatische Implementierung eines Tools fokussieren, sondern auf das Erreichen des tatsächlich erwünschten Zustandes.

Bestimmung der Beteiligten: Das Führungsteam

Die Bestimmung der Teammitglieder ist Teil der Definition des Ansatzes. Diese Aufgabe übernimmt für gewöhnlich die leitende Führungskraft in ihrer Rolle als Teamleiter. Der Coach kann hier beratend zur Seite stehen, was zum Beispiel die Gruppenstärke oder den Grad der Einbindung der verschiedenen Funktionen betrifft. Auch Fähigkeiten, Wissen und Erfahrungen können als zusätzliche Faktoren in einem Führungsteam gefragt sein.

Wann ist es sinnvoll, in einem Obeya-Meeting Leute zu einem Team zusammenzubringen? Hier ein paar Ideen dazu:

- Wenn sie nach einem gemeinsamen Ziel oder Zweck streben.
- Wenn es untereinander Abhängigkeiten gibt.
- Wenn sie dieselben Ressourcen nutzen (Menschen, Prozesstechnologie).
- Wenn sie dieselbe Lösung anwenden bzw. dieselben Methoden nutzen, um zu einer Lösung zu gelangen.

Wenn es keinen gemeinsamen Willen oder Zweck gibt, um gemeinsam auf einen Erfolg hin zu arbeiten, sollten Sie Obeya nicht als Führungsinstrument nutzen, wenn die Leute nicht die Absicht haben, für das Erreichen eines klar definierten, gemeinsamen Ziels zusammenzuarbeiten. Was gäbe es da schließlich noch zu führen?

Schwerpunkte und zentrale Herausforderungen ermitteln

Wahrscheinlich befindet sich jedes Team in einer anderen Phase, was seine Entwicklung (Findungs-, Streit-, Regelungsphase etc.) oder auch die Fähigkeiten und das Know-how sowie die Werte und Überzeugungen etc. betrifft. Die einen sind offen für Veränderungen und andere wehren sich hartnäckig gegen alles, was ihre fest eingefahrene Routine gefährdet, die in den vergangenen zehn Jahren Bestand hatte. Jedes Team ist einzigartig und das sollte bei einem Transformationsansatz berücksichtigt werden. So könnten sie mit unterschiedlichen Herausforderungen konfrontiert sein, auf die man durch eine Feinabstimmung des Kickstart-Ansatzes eingehen könnte.

Dies ist ein guter Zeitpunkt, um sich mit dem Team hinzusetzen und zu beurteilen, ob sie das Bedürfnis haben, ihre derzeitige Arbeitsweise zu ändern, und ob sie motiviert sind, ihre Obeya-Reise zum Erfolg zu führen. Wenn nicht, ist jetzt der ideale Zeitpunkt gekommen, um sich damit auseinanderzusetzen, bevor Sie mit den nächsten Schritten weitermachen.

Abstimmung des Ansatzes auf Teamreife und Timing

Der Kickstart-Ansatz ist ein allgemeines Beispiel dafür, wie man mit einem Obeya beginnen könnte. Er kann entsprechend den Bedürfnissen des Teams abgestimmt und getimt werden – vom Coach und vom leitenden Sponsor. Gemeinsame Überlegungen mit mindestens einem der Teammitglieder sorgen in der Regel für Zustimmung und ermöglichen eine Beurteilung der Machbarkeit.

An dieser Stelle lässt sich die anfängliche Bereitschaft des Teams zu einem Einstieg in die Arbeit mit Obeya bestens beurteilen. Wenn das Team willens und bereit ist zu lernen und wenn es einen gewissen Handlungsdruck spürt, dann sind Sie auf dem richtigen Weg.

Gesamtzeitplanung vereinbart

Die Obeya-Erläuterung sollte zeitlich ebenso geplant werden wie die gewünschten Gesamtzeitrahmen zur Absolvierung der sieben Schritte. Die leitende Führungskraft sollte die Triebkraft für die Ausführung der Schritte in diesen Zeitfenstern sein, und der Coach hilft beim Tempo.

Schritt 2: Obeya erklärt

In dieser Phase geht es ausschließlich darum, dem Team verständlich zu machen, wozu es sich verpflichtet. Verpflichtung ist wichtig, weil sie vermutlich mehrere Aspekte ihrer gewohnten Arbeitsweise ändern müssen, beispielsweise wie sie an Probleme herangehen oder wann und wie ihre Meetings stattfinden etc. Automatisch kommt im Obeya gar nichts, das Team wird in den Prozess der Schaffung und effektiven Nutzung des Obeya harte und ernsthafte Arbeit und Intellekt hineinstecken müssen. Und bevor sie damit beginnen, müssen sie begreifen, welche Konsequenzen das für sie hat.

Das Team mit Obeya vertraut machen

Um etwas über Obeya zu lernen, sollten Sie es aus erster Hand erleben. Besuchen Sie einen bestehenden Obeya-Raum in Ihrer Organisation oder machen Sie einen Referenzbesuch in einer anderen Organisation. Mit Ihrem Team in einem Obeya zu stehen, wird alle Sinne des Teams ansprechen und hilft ihm vermutlich besser zu verstehen, was das ist. Natürlich sollte auch jemand anwesend sein, der sachgerecht erklären kann, wie der Raum funktioniert und wie seine Nutzer ihn eingerichtet haben. Am meisten bringt es, wenn Ihr Team ein anderes (erfahrenes) Team bei der Nutzung des Obeya beobachten kann.

Eine gemeinsame Referenz zum Sehen, Lernen und Handeln schaffen

Beim Obeya geht es nicht darum, vorliegende Berichte an die Wand zu hängen. Denn die wahre Herausforderung besteht in der Art und Weise, wie wir unser System definieren und Probleme aufdecken können. Doch solch eine Fähigkeit ist in Managementteams nicht selbstverständlich. Üblicherweise sind Probleme etwas Schlechtes und sollten vermieden werden. Doch jetzt machen wir eine 180-Grad-Wende und bemühen uns fortan, Probleme aufzudecken, damit wir uns verbessern können. Diese Wende darf nicht unterschätzt werden.

Es ist unerlässlich, das Team mit den grundlegenden Prinzipien von Obeya vertraut zu machen. Auch wenn manche vielleicht von sich behaupten, Lean- oder agile Experten zu sein, so entsteht dadurch nicht automatisch ein gemeinsamer Referenzrahmen dafür, wie das Führungsteam sein System im Obeya visualisieren sollte.

Das lässt sich ganz einfach umsetzen, zum Beispiel mit Workshops oder einem gewissen Maß an Schulungen für das gesamte Team, wobei das Gelernte möglichst gleich im realen Obeya in die Praxis umgesetzt werden sollte. Sie können auch das Referenzmodell aus diesem Buch als Referenzrahmen nutzen.

Herangehensweise an Aufdeckung und Lösung von Problemen erklären

Die meisten Manager werden weiter aus der Hüfte schießen, wenn sie nicht angeleitet werden, die Verbesserungsmethode und die Philosophie dahinter zu übernehmen. Wo liegt hier das Problem? Es gibt keins, wenn Sie lediglich das bekommen wollen, was Sie immer bekommen haben. Nur wenn Sie wahrhaftig nachhaltige Verbesserungen für Ihr Team und dessen Leistungen anstreben, ist es an der Zeit, Probleme in einem anderen Licht zu sehen.

Die Tools für Verbesserung sind das eine, aber viel wichtiger ist es, das zugrunde liegende Denkmuster zu verstehen. Alles was im Obeya passiert, ist intrinsisch verbunden – das Denkmuster der kontinuierlichen Verbesserung, das Stellen einer Herausforderung, das Verstehen des Ist-Zustandes, die Festlegung eines Ziel-Zustandes und das Streben danach. Es zeigt sich im Bereich ‚Erfolgreiche Strategien führen' (der eine Herausforderung stellt), und dann beim Aufbau unserer Bereiche ‚Leistungen vorantreiben' und ‚Mehrwert schaffen', dass wir im Hinblick auf diese Herausforderung sowohl Ist- als auch Ziel-Zustände festlegen. Wenn wir das erwartete Ergebnis nicht sehen, nutzen wir die Bereiche ‚Agieren & reagieren' und ‚Probleme lösen', um Experimente und Aktivitäten durchzuführen, die uns beim Erreichen unserer Ziele helfen sollten.

Diese Denkweise muss dem Team durch eine Präsentation oder (vorzugsweise) einen Workshop vermittelt werden, bei dem es sie ausprobieren kann.

Es muss sehr deutlich werden, wie wir Obeya nutzen werden, denn in der nächsten Phase werden wir uns dazu verpflichten müssen. Zum Glück geht das völlig konform mit dem gesunden Menschenverstand, ebenso wie das Befolgen des Verbesserungszyklus aus Planen, Umsetzen, Prüfen und Handeln.

Typische Funktionen im und rund um den Obeya

Obgleich der Obeya im Prinzip ein offener Raum ist, den alle besuchen können, empfiehlt es sich, für die direkten Stakeholder einige Funktionen zu definieren. Zur Vermeidung von Verwirrung sollte gleich zum Start eines jeden Obeya eine klare Inhaberschaft für die Informationen festgelegt werden sowie eine Vereinbarung darüber, was das bedeutet. Denn sonst fangen die Leute womöglich an, die Verantwortlichkeit bei den anderen zu suchen oder die Inhaberschaft für Informationen abzulehnen, was wiederum zu schwindenden Teilnehmerzahlen oder chaotischen Meetings mit veralteten Informationen etc. führen kann.

Also helfen ein paar definierte Funktionen bei der Klarstellung von Verantwortlichkeiten. Hier ein paar allgemeine Funktionen, die für Ordnung in Ihrem Obeya sorgen. Beachten Sie dabei, dass es sich hier um allgemeine Bezeichnungen handelt, also Funktionen sind, die nicht auf eine Person beschränkt und auch kein Vollzeitjob sind.

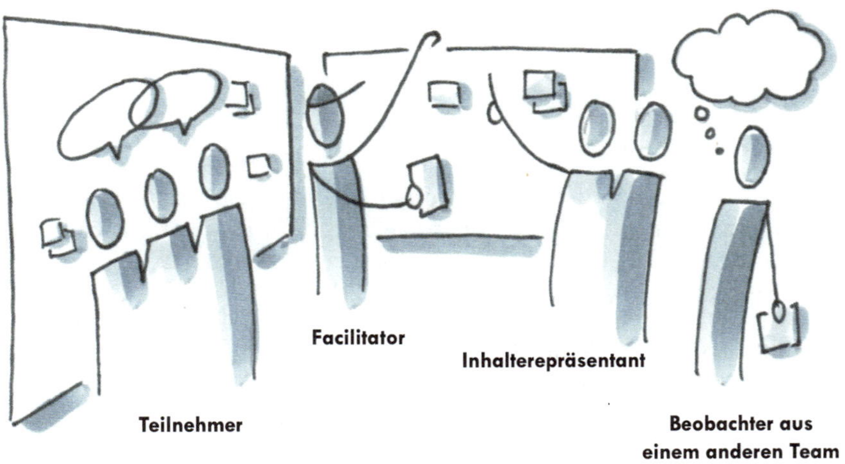

Abbildung 5.2 – Funktionen im und rund um den Obeya

Sponsor

In der Regel ein leitender (oder der oberste) Manager, der an den Obeya-Sitzungen teilnimmt und die Einrichtung und Entwicklung der Obeya-Arbeitsweise leitet. Der Inhaber ist der Hauptrepräsentant des Obeya seines Teams auf der nächsthöheren Managementebene, für den Fall einer Kaskadierung. Außerdem wird der Inhaber mit dem Moderator oder Coach zusammenarbeiten, um alles rund um die Funktionsweise des Obeya zu verbessern. Die Inhaberschaft dieser Person ist der Schlüssel zum Erfolg, und darum sind Dinge wie Hintergrundwissen über Lean-Methoden, frühere Obeya-Erfahrungen und ausreichende Überzeugungskraft bei seinen Kollegen nützliche Eigenschaften für die Person, die diese Funktion übernimmt.

Aktiver Teilnehmer

Im Grunde alle (und alle Funktionen), die aktiv mit den Informationen an den Wänden arbeiten, indem sie eine der Obeya-Sitzungen besuchen. Die Teilnehmer sollten die Informationen an den Wänden schon vor der eigentlichen Sitzung durchgehen, um die Lesezeit während der Sitzung zu verkürzen. Alle Teilnehmer, die zu dem Team gehören, das in dem Obeya arbeitet, können mithilfe des Coaches Verbesserer an der Verbesserungswand sein.

Passiver Teilnehmer/Zuschauer

Häufig kann der Kontext, der in einem Obeya-Meeting geschaffen wird, auch Mitgliedern der Organisation nützen, die nicht direkt in das Führungsteam involviert sind, das das Meeting veranstaltet. Sie nehmen also nicht aktiv teil, sondern beobachten das Meeting, sodass sie den Prozess der Führungskräfte nicht stören, aber dennoch passiv Kontext teilen. Mitunter sind das Experten, die sich auf Bitten einer Führungskraft kurz (nicht länger als fünf Minuten) zu einem spezifischen Thema äußern oder zu ihren Erkenntnissen, zum Beispiel in Bezug auf eine Verbesserung. Sie werden um eine kurze aktive Teilnahme zu einem bestimmten Thema gebeten.

Inhalterepräsentant

Der Inhalt an den Wänden kommt von einem vereinbarten Inhaltsanbieter, der auch ein Teilnehmer ist. Inhaltsinhaber sind für die rechtzeitige Verfügbarmachung von Information an den Wänden vor einer Sitzung zuständig bzw. delegieren das an jemanden aus ihrem Team. Sie sind verantwortlich für die Erstellung einer Auswahl von Informationen, die zu ihren Zuständigkeiten passt. Die gründliche Kenntnis der Inhalte der präsentierten Informationen und die Schaffung einer fundierten Wissensbasis zu den Funktionsweisen des entsprechenden Systems durch die Beteiligung an Verbesserungen (hinsichtlich) der Metrik gehören ebenfalls zu den Aufgaben des Inhaltsanbieters.

Facilitator

Jeder, der auf operativer Ebene im Obeya mit anpackt, entweder während der Sitzungen oder außerhalb. Das vorrangige Ziel des Moderators besteht in der Unterstützung der reibungslosen Planung und Ausführung der Obeya-Sitzungen auf logistischer Ebene. Das reicht von der ausreichenden Bereitstellung von Stiften und Post-its bis hin zur aktiven Moderation der Sitzungen auf der Grundlage der Routinen. Diese Funktion kann mit der des Coaches kombiniert werden. Die Teammitglieder können sich auch bereiterklären, selbst abwechselnd die Sitzungen zu moderieren – vorausgesetzt, sie beherrschen die Routinen. Wenn sie dann wirklich moderieren, sollte man hin und wieder einen Coach hinzuziehen, der Verzögerungen bei der Durchführung der Routinen zu vermeiden hilft, die sich mit Sicherheit auch ohne die Einbeziehung eines externen Coaches zeigen.

Der Moderator sollte kaum ‚sichtbar' sein, aber dem Team dennoch helfen, die Routine möglichst effektiv zu befolgen. Er ist die Verbindung zwischen dem Gebäudemanagement und dem Team, der in Vorbereitung der Meetings auch den Raum herrichtet und die Kommunikationssysteme bereitstellt.

Coach

Das ist der Obeya-Experte mit einem Coaching-Background, der der Gruppe und den Einzelpersonen hilft, entsprechend ihren eigenen Ambitionen ihr Führungsverhalten zu entwickeln, etwas über die Obeya-Arbeitsweise zu lernen, ihre Inhalte festzulegen und zu hinterfragen etc. Der Hauptunterschied zwischen dem Coach und dem Moderator besteht darin, dass der Coach über fundiertes Wissen und Erfahrungen mit Obeya sowie im Team- und möglichst auch Einzel-Coaching verfügt und zudem in der Lage ist, sich auf das Erreichen höherer Reifegrade zu fokussieren, während der Moderator den Schwerpunkt auf die Logistik legt und für einen reibungslosen Ablauf der Sitzungen sorgt.

Ein guter Coach führt Sie auf Ihrer Reise und hilft Ihnen bei der Definition der richtigen strategischen Kompetenzen, Metriken, visuellen Materialien etc. Er hilft Ihnen außerdem, sich gleich von Anfang an jeder Wand mit dem richtigen Rhythmus und den passenden Routinen zu widmen. Ein sehr wichtiger Erfolgsfaktor bei der Implementierung von Obeya ist der Coach, der das ‚externe Gewissen' des Teams darstellt und über dessen Verhalten nachdenkt, wenn es von seinen Ambitionen abweicht. Selbst erfahrenere Teams werden mitunter nachlässig in ihren Routinen, womit die Effektivität des Obeya sogleich in Gefahr gerät.

Der Coach kann auch moderieren, doch je nach den Eigenschaften des Teams kann es recht schwierig werden, sowohl das Verhalten zu coachen als auch die Meeting-Routine zu unterstützen.

Der Coach und/oder Moderator wird manchmal auch Obeya Master genannt, was auf der Ebene von Moderation und Unterstützung für das Team so etwas ist wie ein Scrum Master für Führungsteams. In diesem Buch werden wir uns weiterhin an die Funktionen von Coach und Moderator halten, um genauer auf Begriffe einzugehen, die die meisten Leute kennen.

In der Regel muss vor dem Start mit Obeya jemand dem Führungsteam erklären, was diese Arbeitsweise für sie bedeuten könnte und wie sie implementiert werden sollte. Die Funktion des Coaches oder Obeya-Experten wird dann mit dem eindeutigen Zweck übernommen, Ratschläge dafür zu geben, wie die Dinge implementiert werden sollten, statt auf eine Coaching-Frage zu antworten und eine Person oder ein Team durch den Denkprozess zu geleiten. Das in diesem Buch beschriebene Führen mit Obeya ist ausgereift genug, sodass ein erfahrener Coach es einem Team effektiv vorstellen und dieses bis auf ein Anfängerniveau schulen kann, damit es sich auf seine Reise begeben kann.

Beginnen mit dem Ende im Hinterkopf

Die nachfolgende Tabelle stellt ein aktuelles (klassisches) Führungssystem und einen Ziel-Zustand dar, bei dem Obeya als Tool innerhalb eines Führungssystems genutzt wird, das effektiv arbeitet. Die gemeinsame Prüfung, Bearbeitung und Einigung auf einen Ziel-Zustand mit dem Team helfen dabei, sich auf Verbesserungen im Hinblick auf diesen Ziel-Zustand zu einigen. Das hilft ihnen auch, die Unterschiede zwischen der heutigen Arbeitsweise des Führungsteams und der künftigen mittels Obeya zu verstehen.

Obeya-Herausforderung: Gemeinschaftliches Lernen und kontinuierliche Verbesserung für all unsere Teams möglich machen, sodass wir unsere knappen Ressourcen optimal nutzen und für die Kunden Mehrwert schaffen können, während wir unseren Zweck erfüllen und auf die Bedürfnisse des Planeten, der Menschen und des Gewinns eingehen.

Den Ziel-Zustand erreicht man nicht über Nacht. Das dauert Jahre, wenn Sie ihn überhaupt jemals erreichen. Deshalb bezeichnen wir die Nutzung von Obeya als Transformation und nicht als Implementierung. Implementieren können Sie die Nutzung der Wände und der visuellen Elemente daran, nicht aber ein verändertes und kohärentes Verhalten in und um Ihr Führungsteam herum, als wäre es eine Waschmaschine.

TIPP – Beurteilen Sie das Buch nicht nach seinem Einband! Die Effektivität des Obeya ergibt sich nicht aus den sichtbaren Teilen an den Wänden. Stattdessen ist das, was Sie an den Wänden sehen, das Ergebnis dessen, wie das Führungsteam arbeitet, interagiert und seine Führungs- und Produktionssysteme versteht. Beurteilen Sie das Buch also nicht nach seinem Einband, wenn Sie einen Obeya betreten. Womöglich betreten Sie einen Raum, der wirklich ordentlich und eindrucksvoll aussieht, doch das sagt nichts darüber aus, wie er genutzt wird und ob das Team in diesem Raum effektiv sein kann. Ebenso kann es ein gutes Zeichen sein, wenn er etwas chaotisch aussieht, weil er dann vielleicht einfach viel genutzt wird.

	Ist-Zustand	Ziel-Zustand
Erfolgreiche Strategien führen	Die Strategie existiert nur als Übersichtsdokument. Kommunikation findet nur auf Managementebene statt oder geht von dort aus. Teams verrichten ihre Arbeit entsprechend den bekannten Mustern und dem Status quo.	Die Strategie wird in jeder Abteilung von CEO-Ebene durch Dialog und Feedback auf die operative Ebene übertragen, und das schafft Verständnis und Zustimmung und erhöht die Machbarkeit. Die Teams bringen ihre Tagesaktivitäten und Ergebnisse mit dem Zweck in Verbindung. Sie prüfen, adaptieren und verbessern ihre Arbeitsweise, um die strategischen Ziele zu erreichen.
Leistung vorantreiben	Leistungen werden durch das Output sichtbar, wie Budget-Burndown, Umsatz, Anzahl der Nutzer etc. KPIs werden auf Basis des Management by Objective (MbO) festgelegt. Der Fokus liegt nur auf den Ergebnissen und nicht auf dem Weg zu den Ergebnissen bzw. dem System, das sie hervorbringen soll.	Leistungen sind mit der Strategie verbunden, sodass Führungskräfte klare Prioritäten setzen können. Leistungen sind auf Prozessebene sichtbar, etwa in Prozesszykluseffizienz, Durchlaufzeit, spezifizierter und tatsächlicher Budgetausschöpfung, Kundenfeedback etc. Das Team strebt nach Erkenntnissen auf der Systemebene der Wertschöpfung und nach Verbesserungen.
Mehrwert schaffen	Der Wertschöpfungsprozess ist unvorhersehbar für Teams bzw. Abteilungen, die die Arbeit verrichten, mit ihren jeweiligen Zielvorgaben. Es gibt eine Liste mit obersten Prioritäten, die alle gleichzeitig angegangen werden, womit sich im Grunde alle verzögern. Es gibt keine Einblicke in die Ressourcenausschöpfung im Hinblick auf die Umsetzung der strategischen Ziele.	Die Wertschöpfung (-skette) ist als Prozess oder Plan sichtbar und ist damit vorhersehbarer geworden. Engpässe werden visualisiert und die Arbeitsabläufe nacheinander angegangen, wobei man auf gewichtete Prioritäten aus der Strategie zurückgreift.

	Ist-Zustand	Ziel-Zustand
Agieren & reagieren	Führungskräfte sind für Mitarbeiter schwierig zu erreichen, wenn nicht gerade irgendwelche Einzelgespräche anstehen. Probleme und Anfragen werden per E-Mail behandelt, bis das Problem groß genug ist, um Priorität zu erlangen. Probleme bleiben für lange Zeit unausgesprochen bzw. ungelöst.	Führungskräfte sind mehrmals pro Woche zu einer bestimmten Zeit an einem bestimmten Ort, um Probleme und Anfragen von den Teams frühzeitig aufzugreifen. Auf diese Weise können die Führungskräfte die Teams optimal unterstützen, um im Hinblick auf die Strategie Mehrwert zu schaffen.
Probleme lösen	Probleme werden ad hoc gelöst. Probleme und deren Grundursachen bleiben infolge der Fehlerbehebung und der Belohnung ‚grüner' Berichte unsichtbar, bei denen es eine Loslösung der Ergebnisse im Bericht von der Realität gibt, wie sie an der Basis wahrgenommen wird.	Führungskräfte verbessern sich kontinuierlich mit ihren Teams und das ist sichtbar. Mittels wissenschaftlichen Denkens und Verbesserungs-Kata begeben sich Führungskräfte in stetigen Dialog mit dem Team, um praktische Problemlösung zu betreiben, um die strategischen Ziele zu erreichen.
Rhythmus & Routine	Meetings sind ad hoc und werden chaotisch in Tagesordnungen geplant. Momente zu schaffen, um Teams aufeinander abzustimmen, kostet sehr viel Zeit, weil die Tagesordnungen aus allen Nähten platzen. Meetings müssen weit im Voraus geplant werden, womit nicht mehr so leicht auf Änderungen reagiert werden kann. Meetings haben oft kein klares Ziel und keine klare Tagesordnung, die Leute kommen unvorbereitet. Es fehlt an objektiven und faktenbasierten Informationen, die zur Entscheidungsfindung nötig sind.	Die Planung fast aller Meetings unterliegt einem festen Rhythmus und einer Routine. Somit ist das Führungsteam verfügbar, um auf große oder kleine Änderungen und Probleme zu reagieren. Ziel und Tagesordnung sind vereinbart, Sachinformationen sind sichtbar und dem Team zugänglich, sodass Entscheidungen getroffen werden können. Meetings werden als effektiv erachtet, Führungskräfte haben mehr Zeit für ihre Teams und auf der Tagesordnung gibt es mehr Raum, um an der Basis Präsenz zu zeigen (Gemba Walks), oder auch für spezifische Meeting-Themen.

Tabelle 5.1 – Vom Ist- zum Ziel-Zustand im Obeya

Schritt 3: Verpflichten

Nun, da unser Team verstanden hat, was wir vorhaben, ist es an der Zeit, durch ein paar explizite Vereinbarungen aus dieser Verpflichtung Nutzen zu ziehen.

Zustimmung: Die verbleibenden Schritte angehen

An dieser Stelle könnte die oberste Führungskraft unseres Teams die Zustimmung all unserer Teammitglieder dafür erbitten, dass sie sich zur Beteiligung an den verbleibenden Schritten verpflichten und fortan die Obeya-Arbeitsweise übernehmen.

Bei den verbleibenden Schritten müssen die Mitglieder des Führungsteams einiges investieren. Wir müssen aus verschiedenen Quellen Informationen zusammentragen, über Ziele, Vorgaben und mögliche Schwellenwerte nachdenken etc. Es liegen noch mindestens zwei Tage vor uns, an denen von uns erwartet wird, dass wir unsere Zeit der Bestückung der Obeya-Wände widmen. Sprich: wir werden beginnen müssen, unsere Tagesordnungen klären. Zum Glück wissen wir inzwischen, warum und in gewissem Maße auch, worauf wir uns einstellen können.

Zustimmung zum Coaching und Facilitation

An sich sind wir Menschen nicht besonders gut im Nachdenken und leicht auszutricksen, was zu falschen oder verzerrten Schlussfolgerungen führen kann (Kahneman, 2011).[69] Darüber hinaus überschätzen wir uns selbst noch öfter als andere. Da dies zum Menschsein gehört, müssen wir uns damit auseinandersetzen. Das beginnt mit der Anerkennung der Tatsache, dass es gut wäre, eine unvoreingenommene dritte Person zu haben, die uns mit ehrlichen und objektiven Beobachtungen und Betrachtungen zu unseren Fortschritten im Hinblick auf unsere Arbeitsweise und unsere gemeinsamen Ziele versorgt.

Deshalb ist ein Coach nicht nur eine gute Idee, sondern wohl eher ein Erfordernis, besonders in dieser Phase, und das gilt unabhängig von der Reife unseres Teams. In der Tat bitten reifere Teams oft um mehr Coaching, weil ihnen ihr eigener Hang zur Voreingenommenheit bewusster wird und weil sie besser verstehen, wie viel wir nicht wissen.

Wenn Sie einen Coach um Unterstützung für das Team bitten, gilt es Folgendes zu beachten:

- Die Teammitglieder müssen damit einverstanden sein, als Gruppe und als Einzelpersonen gecoacht zu werden.
- Der Coach sollte eine Arbeitslizenz haben (vorzugsweise ein schriftliches Statement, das die Vorhaben, die Ziele und den Coaching-Ansatz beschreibt).

- Der Coach sollte sich mit Lean- und agilen Arbeitsweisen gut auskennen und auch im Obeya-Thema kompetent sein. Außerdem sollte er geschult und als Coach erfahren sein, möglichst im Einzel- und Teamcoaching.

Zustimmung zu Rhythmus & Routine

Nun, da das Team verstanden hat, warum bestimmte Dinge auf spezielle Art gemacht werden, beispielsweise durch das Befolgen einer strukturierten Routine, die Fragen stellt, sodass wir in Meetings Verzerrungen vermeiden können, sollten wir darüber reden, wie wir das in die Tat umsetzen.

An dieser Stelle hilft die Erläuterung des empfohlenen Rhythmus und der Routine dem Team dabei, die nächsten Schritte im Kickstart-Ansatz in ihre tägliche Praxis zu übertragen. Dies ermöglicht ihnen auch, genauer hinzuschauen und mit den Verfeinerungen zu beginnen. Sie werden wissen, wonach sie in den Obeya-Meetings suchen sollen, sodass sie anfangen können, Daten zu sammeln und so zu visualisieren, dass sie ihnen helfen, das Produktions- und Führungssystem zu begreifen und Probleme zu entdecken.

Der tatsächliche Einstieg in den neuen Rhythmus und die neue Routine kann ein ziemlich beängstigendes Vorhaben sein, da die meisten Leute die Meetings in ihren Terminkalendern herumschieben müssen. Zunächst wird das Ringen darum wohl ein Problem aufdecken: das Fehlen eines Rhythmus führt zu einem ungeordneten Meeting-Chaos, wodurch es schwierig wird, Zeit für eine effektive Ausrichtung zu finden.

Wenn Sie sich den Diskussionen stellen wollen, die darüber aufflammen könnten, ob man wegen des Obeya mehr Zeit für Meetings aufwenden sollte, ist jetzt ein guter Zeitpunkt, um kurz zu analysieren, welche Meetings unsere Teammitglieder momentan haben, welche vom Obeya ersetzt werden und auch welche überflüssig werden.

Da es eine Weile dauern wird, sämtliche Meetings in den Zeitplänen aller Teammitglieder unterzubringen, empfiehlt es sich, einige Wochen im Voraus zu planen, bevor der eigentliche Rhythmus und das erste Obeya-Meeting beginnen.

Zur Bestätigung der eingegangenen Verpflichtungen eine Charta unterzeichnen

Um sicher zu sein, wozu sich das Team verpflichtet, und um der unklaren Entscheidungsfindung immer einen Schritt voraus zu sein, hat es sich bewährt, mit dem Team eine Charta zu unterzeichnen, also die Teammitglieder physisch unterzeichnen zu lassen und das sichtbar im Obeya unterzubringen. Das wird den Teammitgliedern und dem Coach helfen, etwaige Abweichungen auf dem Weg zu ihrer Verpflichtung aufzuzeigen. Die Charta sollte das Ziel der Arbeit mit Obeya enthalten und die Coaching-Arbeitslizenz. Auch die Werte des Teams könnte man dort festhalten, weil die dem Verhaltens-Coaching dienlich sind.

TIPP – Mit Ihrem Team eine Charta zu unterzeichnen, in der es seine Verpflichtung, das Ganze zum Erfolg zu führen, liest und tatsächlich unterschreibt, hilft ihm, diese Verpflichtung später auch einzuhalten. Es kann beim gegenseitigen Coaching darauf Bezug nehmen oder ein Coach kann sie als Arbeitslizenz verwenden.

Sind sie bereit, Willens und in der Lage?

Bereit – sollen wir jetzt endlich damit anfangen?

Wann ist ein guter Zeitpunkt, um damit zu beginnen, die Art und Weise zu verbessern, wie Sie Ihre Organisation führen? Nun, es hilft schon mal, wenn das Team in seinen Köpfen Raum hat für die System-2-Denkweise.

Am einfachsten wäre es wohl in einem Moment, in dem das Team in irgendeiner Hinsicht etwas Neues beginnt – nach dem Sommer oder zu Beginn eines neuen Jahres, besonders wenn eine Strategieüberprüfung oder Planungssitzung ansteht. Ich persönlich bedenke immer die Verzögerungskosten. Für mich klingt es immer ein wenig unsinnig, wenn Teams behaupten, sie hätten wegen einer Deadline zu viel Arbeit, um ihre Fähigkeit zu verbessern, diese Deadline mit Obeya einzuhalten, aber aus einer System-1-Denkweise betrachtet ist das ja vollkommen nachvollziehbar.

Es empfiehlt sich immer, Ihren Obeya mit einer Lean- oder agilen Transformation zu beginnen, denn schließlich soll die Transformation auf eine Verbesserung der Organisationskompetenzen abzielen, damit wir unseren Zweck erfüllen können. Und wo geht das besser als in einem Obeya?

Im Prinzip gibt es bei Obeya keinerlei Beschränkungen, was die Implementierung in jeglichen Organisationen betrifft, egal welcher Branche oder Größe. Auch wenn Ihre Organisation über keinerlei Erfahrungen mit Lean- oder agilen Methoden verfügt, kann Obeya ein nützliches Instrument sein – unter einer Bedingung: Sie müssen willens sein, die Arbeitsweise und deren zugrunde liegende Prinzipien zu übernehmen und sie sich wirklich anzueignen.

Bereit zu sein heißt auch, dass Sie wissen, warum sie den Einstieg in Obeya wagen wollen. Warum Obeya? Welche Erwartungen haben Sie, welche Probleme, mit denen Sie sich derzeit herumschlagen, würden Sie gern lösen? Wenn Sie auf diese Fragen keine Antwort haben, ist jetzt vielleicht gerade nicht der richtige Zeitpunkt, um damit zu beginnen.

> „Ich denke nicht, dass jedes Team von der Nutzung eines Obeya profitieren wird. Wenn ein Team nicht gut zusammenarbeitet, wird auch ein Obeya daran nichts ändern. Es erfordert eine entschlossene Zustimmung seitens der Teams, die ihn nutzen, und der Teamleiter muss es verstehen, wollen und auch durchziehen, weil man sonst kaum den wahren Wert daraus ziehen kann. Die im Umgang mit Obeya erfolgreichsten Teams glauben fest an das Konzept, haben ausgehend von ihren eigenen Bedürfnissen einen Anfangs-Obeya eingerichtet und entwickeln ihren Obeya auf der Grundlage eines Rhythmus für kurzzyklische Verbesserungen immer weiter."
>
> **– Leendert Kalfsbeek, IT-Manager**

Willens – was geben wir auf, um das zu tun?

Ohne einen Wunsch nach Veränderung, einen Handlungsdruck oder ein reales Bedürfnis bzw. einen Willen zur Verbesserung ist jede Änderung sehr schwer durchzusetzen. Bei einer Obeya-Transformation geht es nicht darum, ob das Tool zur derzeitigen Arbeitsweise des Teams passt, sondern darum, ob das Team seine Arbeitsweise ändern und verbessern will.

Es gibt einen ziemlich großen Unterschied zwischen der Nutzung einer Wand, um ein mannshohes Gantt-Diagramm zu erstellen (dasselbe, das Sie schon in Ihrem Projektplanungstool hatten), und der Einrichtung eines Obeya. Der Obeya funktioniert als System mit den Bereichen und den Prinzipien als deren Bestandteilen. Wenn man anfängt, Teile davon wegzulassen, so wirkt sich das erheblich auf die Ergebnisse des Systems aus. Wenn Sie vorhaben, sich ein paar Obeya-Elemente herauszupicken und unverzichtbare Teile wie die Prinzipien ‚Rhythmus & Routine' oder ‚Kontinuierliche Verbesserung' zu vernachlässigen, gehen Sie das Risiko ein, einen Raum zu schaffen, der exakt dieselben Verhaltensweisen und Ergebnisse hervorbringt, die Sie schon in der Vergangenheit hatten.

Wenn Sie sich entschließen, eine Lean- oder agile Transformation in Angriff zu nehmen, kann der Obeya ein sehr starker Katalysator für diese Transformation sein, der Managementteams dabei unterstützt, den Wandel der Transformation zu bewältigen und zugleich dafür sorgt, dass sie auf das abgestimmt bleiben, was bei den operativen Teams abläuft. Während manche Lean- und agile Führungs- und Schulungsphilosophien etwas schwer fassbar sein können, um sie am Arbeitsplatz anzuwenden, ist der Obeya eine Plattform für Führungskräfte, mit der sie Lean- und agile Führungsmethoden in ihren Arbeitsalltag integrieren können. Und sie müssen es noch nicht einmal lean oder agil nennen.

Obeya hilft Teams beim Einstieg in Lean- und agile Prinzipien mittels praktischer Routinen und führt Gewohnheiten und Denkweisen ein, unterstützt durch visuelles Management. Wenn man eine andere neue Arbeitsweise wie diese übernimmt, kann man sich da nicht hineindenken, sondern muss einfach loslegen. Darin liegt die Stärke der Anwendung eines (mehr oder weniger präskriptiven) Ansatzes wie Obeya, wie er in diesem Buch beschrieben wird.

In der Lage – verfügen wir über die richtigen Fähigkeiten, um das zum Laufen zu bringen?

In puncto Fähigkeiten gehen wir davon aus, dass Sie, wenn Sie in einer Führungsposition sind, auch intellektuell in der Lage sind, mit Obeya zu arbeiten, zumal das sehr viel mit gesundem Menschenverstand zu tun hat.

Doch das Team sollte der Tatsache offen gegenüberstehen, dass es neue Fähigkeiten erlernen bzw. seine vorhandenen Fähigkeiten anders einsetzen wird. Hier einige der vom Team erwarteten Fähigkeiten, und wir sollten prüfen, ob diese ausreichend vorhanden sind. Wenn nicht, sollten wir sie durch Schulung oder eine befristete Einstellung kompetenter Fachleute während des Transformationsansatzes angehen, sodass wir sie uns aneignen können.

Fähigkeiten und Kenntnisse	Teammitglieder	Coach
Betriebswirtschaft und Statistik		
Führen		
Wissenschaftliches Denken		
Coachen		
Verbesserungsmethode (Toyota Kata)		
Produkt-/Dienstleistungskenntnisse		
Markt- und Domänenwissen		
Angewandte Kenntnisse der Methodik (z. B. Lean oder agil)		
Fachwissen über Methodik		
Fachwissen über Obeya		

Tabelle 5.2 – Wer sollte über welche Fähigkeiten und Kenntnisse verfügen?

Dieses Buch will einen Ansatzpunkt bieten zur Transformation Ihrer gegenwärtigen Managementgepflogenheiten hin zu einer effektiveren Arbeitsweise mit Obeya, wodurch Sie mit Ihrem Team eine höhere Effektivität erreichen. Diesen Grundstandard können Sie als Ausgangspunkt für Ihre Verbesserungs-Reise übernehmen. Sie sollten immer im Hinterkopf behalten, dass diese Reise nie zu Ende geht. In diesem Fall ist tatsächlich der Weg das Ziel.

Bleiben Sie offen für Feedback und konzentrieren Sie sich auf die Lernfähigkeit. Nutzen Sie diese Fähigkeit dann auch dafür, Ihre Anwendungsweise des Obeya zu verbessern. Stellen Sie aber auf jeden Fall sicher, dass Sie die Grundlagen von Obeya beherrschen, ehe Sie gravierende Veränderungen vornehmen, sonst könnten Sie das System insgesamt verlieren.

Wie sich die Arbeit mit Obeya und die Schaffung von Transparenz auf das Verhalten auswirken kann

Da der Obeya gegenüber Ihrer derzeitigen Arbeitsweise eine radikale Veränderung darstellen kann, bringt er in Bezug auf die Arbeitsweise bestimmte Aspekte mit sich, denen manche sich vielleicht energischer widersetzen als andere. Mögliche Beispiele für solchen Widerstand:

- **Transparenz in Bezug auf Ihrer Arbeitsweise**
  Teammitglieder fühlen sich womöglich unangenehm exponiert oder kontrolliert, wenn sie ihre Ergebnisse und die Art, wie sie sie erreicht haben, transparent machen sollen. Vielleicht haben sie das Gefühl, dass ihnen die Autonomie über ihre Arbeitsweise abhandenkäme, wenn andere beobachteten, was sie tun. Andere könnten sie bewerten und dann versuchen, in ihre Arbeit einzugreifen.

- **Transparenz in Bezug auf Ergebnisse**
  Wenn wenig Vertrauen da ist, denken Teammitglieder womöglich, leitende Führungskräfte könnten nach Daten suchen, die als Grundlage für die nächste Runde der Reduzierung der FTEs dienen sollen. Wenn es in der Organisation wenig oder gar kein Vertrauen gibt, ist letztere Angst vermutlich gerechtfertigt. Damit taucht ein neues Problem auf. Wenn das der Fall ist, sind sehr explizite Vereinbarungen mit der obersten Führung darüber, was Sie zur Schaffung von Sicherheit für die Teammitglieder zu tun gedenken, vermutlich eine Bedingung dafür, das Team an Bord zu bekommen. Im Obeya muss der Schwerpunkt auf dem Lernen liegen, nicht auf den Ergebnissen.

- **Verantwortlichkeit**
  Verantwortung zu übernehmen, erfordert Mut, besonders in einer Organisation, in der Leute keine Entscheidungsbefugnis über ein autonomes Produkt oder autonome Dienstleistungen haben und nicht für die Fehler von anderen bestraft werden möchten. Wenn die Leute nur widerstrebend Verantwortung übernehmen, gibt es womöglich Probleme wie etwa (1) Angst (man wird bestraft, wenn die Dinge falsch laufen, statt dass man sich auf den Lernaspekt des Problems fokussiert) oder (2) ein Autonomieproblem – wenn Sie zu einem bestimmten Produkt bzw. einer Dienstleistung keine Entscheidungsbefugnis haben, aber man trotzdem von Ihnen erwartet, Verantwortung dafür zu übernehmen. Das wirft womöglich ein noch größeres Problem auf. Wenn Sie meinen, in Ihrem Obeya keine bedeutsamen Entscheidungen treffen zu dürfen, ist es vielleicht an der Zeit, darüber zu reden, wie Ihre Organisation organisiert ist.

Schritt 4: Voraussetzungen schaffen

Bereit zur Vorbereitung Ihres Obeya? Das Team sollte Zugang dazu haben und die Anlagen nutzen können (Trennungslinien, Klebezettel, Stifte etc.).

Geeignete Location finden

Wenn Sie an dieser Stelle noch keine geeignete Örtlichkeit gefunden haben, sollten Sie das jetzt tun. Hier ein paar Tipps zur Beurteilung der Eignung einer Räumlichkeit:

- sie ist dem Team und den relevanten Mitgliedern der Organisation zugänglich;
- viel Platz, vorzugsweise an einer oder zwei (magnetischen) weißen Wänden;
- es ist erlaubt, Inhalte an die Wände zu bringen;
- der Raum sollte für die Sitzungen des Teams permanent verfügbar sein;
- auch Nicht-Teammitglieder sollten Zugang haben, um Informationen oder Kontext zu sammeln.

Es hilft anderen Leuten zu verstehen, was sie vor Augen haben, wenn man ein Schild mit dem Namen Ihres Teams und des Obeya anbringt, auf dem vielleicht auch der Rhythmus der Sitzungen unter der Woche angegeben ist.

Raum und Anlagen

Einen Raum haben Sie nun also, oder eine Wand, oder ein großes Whiteboard. Super! Und was jetzt? Zunächst sollten Sie darüber nachdenken, wie Sie den Obeya nutzen möchten. Möchten Sie viel zeichnen und skizzieren? Dann bieten sich Whiteboards oder vielleicht Glaswände an. Wollen Sie viel Papier an der Wand befestigen? Dann sind wahrscheinlich Magnetwände sinnvoll. Oder wenn all das nicht möglich ist, könnten Sie auch einen Restick-Klebestift in Erwägung ziehen, der jedes Stück Papier wie von Zauberhand in einen wiederverwendbaren Klebezettel verwandelt.

Wandfläche maximieren

Die ideale Wand in einem Obeya hat eine raumhohe magnetische Whiteboard-Beschichtung. Der Vorteil solcher Wände besteht darin, dass man sie sowohl zum Schreiben als auch zum Anbringen von Blättern mittels Magneten nutzen kann. Es gibt ja jede Menge praktischer Magneten in allen möglichen Formen, die dabei helfen, die visuellen Elemente zu betonen. Da die Wände vollmagnetisch sind, können Sie diese Magneten anbringen, wo Sie wollen, ohne auf Klebeband oder Blu-Tack angewiesen zu sein.

Vermeiden Sie möglichst Wände mit vielen Fenstern, es sei denn, Sie wollen auch die nutzen. Es ist oft schwierig, auf einem Blatt Papier zu lesen, das an einer Fensterscheibe klebt. Ich habe auch einmal ein Team erlebt, das besorgt darüber war, die Leute in dem Nachbargebäude könnten die unternehmensspezifischen Informationen, die es an den Wänden hatte, tatsächlich lesen (jedenfalls wenn sie sich entschließen würden, Ferngläser mitzubringen).

TIPP – Reden Sie frühzeitig mit Ihrem Facility-Management-Team! Einmal hatte ein Facility-Management-Team seine Hausaufgaben gemacht, online über Obeya recherchiert und dann einen wirklich nett aussehenden Raum eingerichtet mit schönen Glasplatten vor den Magnetboards. Nur leider hatten sie uns nicht gefragt, wie wir den Raum nutzen wollten, und statt wie erwartet an den Wänden zu schreiben (wofür sich mit Glas bedeckte Wände wirklich gut eignen), schrieben wir so gut wie gar nichts auf. Vielmehr wollten wir Hunderte kleiner Magneten verwenden, um kleine Meilenstein-Zettel an eine große Portfolio-Wand zu heften. Schließlich entfernte das Facility-Management-Team die schönen Glasscheiben und vergrößerte die Magnetwände. Am Ende hatten wir dann wirklich gute Anlagen in diesem Obeya, doch bis dahin wurden leider Zeit, Material und Geld verschwendet.

Mobile Whiteboards

Schaffen Sie genug Platz zum Umherlaufen. Wenn man die Möglichkeit hat, ein mobiles Whiteboard zu nutzen (vorzugsweise faltbar, sodass man die nutzbare Oberfläche maximieren kann), so hilft das bei der Mobilität und der Positionierung der Bereiche genau dort, wo Sie sie brauchen. Aufgrund seiner Beweglichkeit können Sie es in dem Raum umherschieben, je nachdem, wo das Team Platz braucht, um herumzulaufen und mit den visuellen Materialien zu interagieren.

Ich habe operative Teams erlebt, die bei ihren Meetings mit dem Führungsteam ihre eigenen mobilen Whiteboards in den Obeya geschoben haben.

Schaffen Sie einen offenen Raum und geben Sie acht auf sensible Informationen

Die Grundannahme ist, dass dieser Raum für alle zugänglich ist, die sich im Bürogebäude frei bewegen dürfen. Manche Managementteams haben sich allerdings dazu entschlossen, den Zugang zu ihrem Obeya zu beschränken. Je nachdem, welcher Teil der Organisation im Obeya repräsentiert wird, kann es ein höheres Maß an geheimen oder sensiblen Informationen geben. Und das kann Teams zu der Entscheidung bewegen, Außenstehenden den Zugang zu ihrem Obeya zu verwehren.

Offenheit und Transparenz auf allen Ebenen sind entscheidend für die Schaffung einer Kultur, in der alle involviert sind und auf denselben Zweck hinarbeiten. Allerdings gibt es Teams, die der Meinung sind, dass sie ihren Raum abschließen müssen, um Informationen zu schützen, die tatsächlich nicht mit anderen Mitgliedern derselben Organisation geteilt werden können. Für gewöhnlich machen die wirklich sensiblen Informationen nicht mehr als fünf Prozent der in ihrem Obeya verfügbaren Informationen aus. Ausnahmen gibt es natürlich, wenn Teams per Definition in einem Umfeld arbeiten, das sich mit geheimen oder hochsensiblen Informationen befasst oder solchen, die an sich einen hohen strategischen (Markt-) Wert haben. Selbst in solchen Fällen sollten Teams das noch einmal überdenken.

Am wichtigsten ist jedoch, dass das Management in der Lage sein sollte, alle nötigen Themen zu besprechen, ohne das Gefühl zu haben, nicht offen sprechen zu können, weil es um sensible Themen geht. Wenn zum Beispiel Pläne diskutiert werden, die möglicherweise Arbeitsplätze betreffen, ziehen sie möglicherweise eine vertrauliche Sitzung vor, in welchem Fall es von Vorteil wäre, eine Tür schließen zu können. Ich habe Teams erlebt, die offene Sitzungen abgehalten haben, an denen sogar interessierte Stakeholder (Mitarbeiter, das leitende Management oder Mitglieder operativer Teams) als Beobachter teilnehmen durften.

Der vielleicht besten Gruppe bin ich in der ING Bank begegnet. Sie hatten tatsächlich hin und wieder Publikum und mussten sogar die Anzahl der Zuschauer begrenzen, weil das Interesse in anderen Teilen der Organisation so groß war. Sie haben wahrhaft inspirierende Standards gesetzt, nicht nur weil sie gezeigt haben, wie effektiv solche Meetings sein können, sondern auch wegen ihrer Offenheit. Wie viele Managementteam-Meetings haben Sie jemals besucht, weil sie sowohl interessant als auch frei zugänglich für Kollegen waren?

Materialien

Um einen Obeya für das Team visuell attraktiv zu gestalten, brauchen Sie Materialien, die dabei helfen, gewöhnliches Papier in eine Obeya-Wand zu verwandeln, die ihren Nutzern eine kognitive Leichtigkeit ermöglicht. Sie brauchen Ausrüstungsgegenstände, die zur Schaffung eines visuellen Überblicks in dem Raum beitragen, wie Linien und Rahmen. Sorgen Sie für genügend Ausrüstung und Materialien für den Start des Obeya, es kann eine Weile dauern, bis alles Nötige im Raum angeliefert wird.

Welche Arten von Material benötigen Sie, um Ihre Ausdrucke an die Wand bringen zu können und sie ordentlich und ansprechend zu präsentieren? Zunächst wäre da der Drucker. Da Sie mit Signalfunktionen arbeiten werden und deshalb vermutlich auch mit Farben, brauchen Sie wohl einen Farbdrucker.

Materialien, die Sie benötigen werden, selbst wenn Sie keine weißen Magnetwände haben:

- Trennungslinien (meist 3 Millimeter breites Klebeband, das auch für die Linien bei Malerarbeiten genutzt wird);
- Klebezettel und Stifte;
- Restick-Klebestift (kann jedes Stück Papier in einen Klebezettel verwandeln! Sehr nützlich, wenn Sie keine magnetischen Wände haben);
- Whiteboard und/oder Permanentmarker, möglichst in verschiedenen Farben.

Wenn Ihre Obeya-Wände aus magnetischem Material bestehen, können Sie Ihrer Materialliste auch Magnetelemente hinzufügen:

- Magneten in Form von Smileys und Warnzeichen;
- Magnetrahmen (A3 oder A4), etwa zur Einrahmung von Metriken, in roter oder grüner Signalfarbe;
- viele kleine Magneten (vorzugsweise in Ihrer Wandfarbe, sodass sie nicht so auffallen), um Zettel an der Wand anzubringen.

Digital – Ja oder Nein

Sollen Sie in Ihrem Obeya digitale Hilfsmittel verwenden? Ob Sie es glauben oder nicht, es gibt so etwas wie Technologieverzerrung, wobei wir Dinge für besser halten, wenn sie auf einem Bildschirm sind. Erinnern wir uns zunächst daran, dass sich im Obeya alles um die Qualität der Interaktion zwischen Menschen dreht, was immer am besten von Angesicht zu Angesicht funktioniert, dafür gibt es einfach keinen Ersatz. Denken Sie nur daran, wie unterschiedlich Sie Ihr eigenes Engagement wahrnehmen, wenn sie ein Online-Schulungsvideo ansehen oder aber wenn bei Ihnen im Raum ein Coach anwesend ist.

Bei folgenden Anwendungen sind digitale Hilfsmittel im Obeya jedoch sehr nützlich:

- Einzige zuverlässige Datenquelle wie eine Intranet-Seite, auf der all die Berichte aus dem Obeya auch dann verfügbar sind, wenn Sie nicht im eigentlichen Raum sein können.
- Ein Informationssystem wie ein Portfoliomanagementsystem, das leicht Informationen herausfiltert, um in bestimmte Fragen tiefer einzutauchen, und das Links und Status findet, die über die Detailtiefe hinausgehen, die im Obeya präsentiert werden kann.
- Hilfsmittel für Audio-/Videoanrufe mit der Gruppe (sorgen Sie dafür, dass das Video die Leute einfängt, sodass sie auch die non-verbale Kommunikation deuten können).

Doch wie gesagt geht nichts über die gemeinsame Anwesenheit in einem Raum. Auch die Arbeit mit echtem Papier vertieft Ihren Bezug zu den Daten erheblich und hinterlässt stärkere Eindrücke, weil mehr Teile des Gehirns beteiligt sind (z. B. Bewegung, Berührung etc.).

Zum Schluss ein paar häufige Missverständnisse:

- Eine Aktion lässt sich digital schneller aufschreiben als auf einen Klebezettel (letzteres geht deutlich schneller).
- Wenn die Leute ihre Aktionen nicht klar auf einen Klebezettel schreiben, werden diese viel besser dokumentiert sein, wenn sie in ein digitales System eingegeben werden (es wird ebenso kryptisch sein wie vorher).
- Wenn die Leute nicht genug Disziplin an den Tag legen, um ihre Informationen vor einer Sitzung auf echtem Papier zu aktualisieren, dann werden

sie diese Disziplin nicht wie von Zauberhand bekommen, nur weil sie mit einem digitalen System arbeiten.
- Für alle Systeme gilt: Unsinn rein, Unsinn raus. Ihr Tool kann noch so toll sein – wenn es mit falschen oder verzerrten Informationen gefüttert wird, ist es nutzlos.

Information versus Kommunikation

Bringt eine Portfoliowand dasselbe wie ein Blick in Ihr Portfoliomanagement-Tool? Nein, tut sie nicht: die Portfoliowand ist ein immersives Kommunikationsmittel und verschafft Überblick. Und das Portfoliomanagement-Tool ist ein Informationssystem, mit dem man tiefer ins Detail gehen kann. In diesem Punkt können beide nebeneinander genutzt werden, aber sie erfüllen verschiedene Funktionen.

Eins ist sicher, wenn Sie im Obeya lernen wollen, sind Sie am besten dran, wenn Sie die Freiheit haben, Übersichten zu erstellen, die flexibel genug sind, um diesen Lernprozess voll und ganz zu unterstützen. Und dabei wollen Sie sich gewiss nicht von dem Format und der Anzeigefunktionalität eines digitalen Systems einengen lassen.

Daten zusammentragen

Während die einen an den physischen Aspekten des Raumes arbeiten, sammeln die Mitglieder des Führungsteams Daten zur Vorbereitung auf die erste Aufbereitungssitzung. Wonach sie suchen sollten: nach strategischen Dokumenten, die bei der Definition des Zweckes helfen und in den Bereich ‚Erfolgreiche Strategien führen' kommen, nach Portfolioinformationen zur Schaffung von Mehrwert sowie nach Berichten, die zeigen, wie sie Leistungen vorantreiben.

Ihren Coach schulen

Dies ist ein guter Zeitpunkt, um mit der Schulung Ihres vorgesehenen Coaches zu beginnen, sofern er keine Erfahrungen mit Obeya hat. Versuchen Sie, diesen Coach zu schulen und ihn auf Trab zu bringen, sodass er die Obeya-Sitzungen von Anfang an moderieren und seine Fähigkeiten in den ersten zehn Wochen der Obeya-Nutzung auf ein Basisniveau bringen kann.

Schritt 5: Informationen aufbereiten

Vorbereitung für den Aufbau der Bereiche

Schon bei der Aufbereitung der Informationen, mit denen Ihr Team arbeitet, beginnen wir mit dem Aufbau des eigentlichen Obeya. Je schneller die Dinge an der Wand konkret werden, desto besser. Hier ein Überblick darüber, wie in dieser Phase die Bereiche aufgebaut werden.

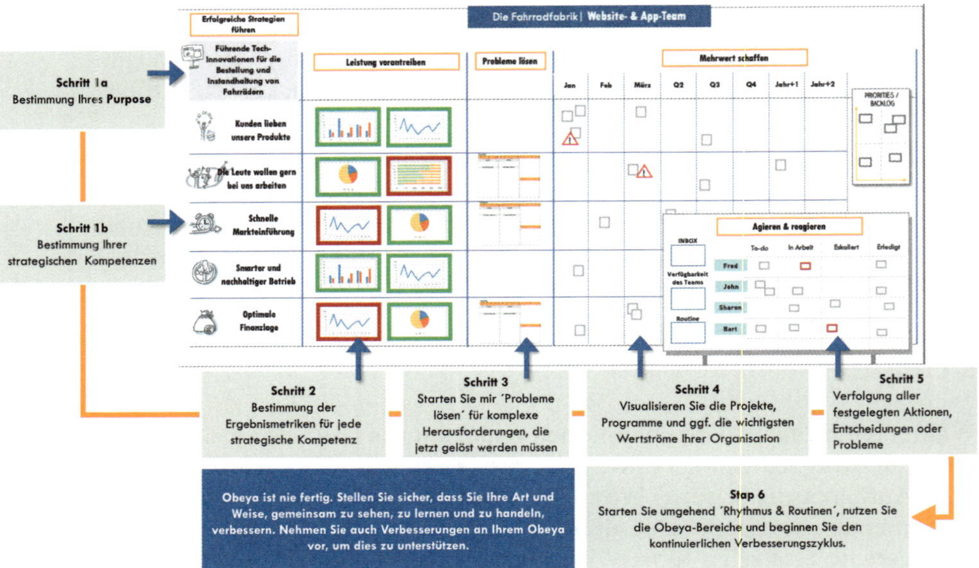

Abbildung 5.3 – Überblick über die Schritte beim Aufbau der Bereiche Ihres Obeya

Erfolgreiche Strategien führen

In dieser Phase unternimmt das Team die ersten Schritte zur Transformation der derzeitigen Strategie in den Beginn des künftigen Bereiches ‚Erfolgreiche Strategien führen'. Wir sollten außerdem in der Lage sein, nicht nur die strategischen Kompetenzen zu definieren, die wir zum Vorantreiben der Leistungen brauchen, sondern auch die Produkte, Dienstleistungen und zentralen Projekte und Programme im Bereich ‚Mehrwert schaffen' – und das auf einer Granularitätsstufe, wie sie zum jetzigen Zeitpunkt für unser Team relevant ist.

Das ist oft unerforschtes oder vernachlässigtes Terrain, dem unser Team seine volle intellektuelle Kraft widmen muss. Sich dafür Zeit zu nehmen, ist eine absolute Voraussetzung. Versuchen Sie das nicht in 60 Minuten hineinzuquetschen, sondern reservieren Sie sich dafür mindestens eine halben Tag.

Erste Inhalte für die Bereiche ‚Mehrwert schaffen' und ‚Leistungen vorantreiben'

Nun, da das Team eine Übersicht über die wichtigen Dinge angelegt hat, kann es diese nutzen, um die verfügbaren Daten zu filtern, die es zusammengetragen hat. So wird eine sofortige Filterung der Daten, die berichtet werden, aber vielleicht nicht (so) relevant sind, aufgedeckt und kann vernachlässigt werden. Das Team wird die relevanten Berichte nutzen und auch herausfinden, ob irgendwelche relevanten Informationen fehlen. Das ist der erste Schritt zur Bestückung der Wände und zur Aufdeckung von Problemen. Das nimmt locker einen weiteren Tag in Anspruch, wenn ein guter Start gelingen soll (fertigwerden können Sie noch nicht).

Mit einer kleinen Auswahl visueller Elemente beginnen

Der Vorteil einer anfangs überschaubaren Auswahl visueller Elemente liegt darin, dass jeder nicht verfügbare Bericht bei Bedarf angefordert wird, womit man das Pull-Prinzip aus dem Lean-Konzept befolgt. Wenn es einen Bedarf gibt, wird er vermutlich auch genutzt. Der erwartete Effekt sollte hier darin bestehen, dass es für jede strategische Kompetenz zumindest einen Bericht gibt. Und wenn der Wunsch besteht, dass das Team sich eingehender mit den Details eines Berichts beschäftigt, um Handlungsfähigkeit und Verantwortlichkeit zu erhöhen, kann das ein guter nächster Schritt sein, sofern der sich auf eine vorrangige Herausforderung bezieht. Natürlich sollte jeder neu vorgestellte Bericht in den ersten Wochen seiner Einführung sorgsam geprüft werden, damit man sichergehen kann, dass er am Ende zu einem gefestigten, wertvollen Bericht wird, den das Team effektiv nutzen kann.

Wenn ein Obeya mit Berichten zugepflastert ist und Informationen veraltet erscheinen, ist es vermutlich an der Zeit, ein paar Blätter von der Wand zu reißen. Zu viele Berichte bedeuten sowohl administrative Überlast als auch eine visuelle Störung des kognitiven Prozesses für die Teammitglieder, die womöglich verwirrt sind oder Zeit mit einer Diskussion darüber verschwenden, warum ein Bericht nicht aktualisiert worden ist.

Schritt 6: Mit den Routinen beginnen

Den Rhythmus und die Routine übernehmen

Die Aneignung eines Rhythmus und einer Routine für jeden Bereich im Obeya wird eine ziemlich große Veränderung im Terminplan eines Managers darstellen. Anfangs wird es so aussehen, als gäbe es etliche zusätzliche Meetings. Allerdings muss von Anfang an betont werden, dass das genau die Arbeit ist, die wir planen, und nichts Zusätzliches. Es ist ein Ersatz, keine

Zugabe zu Ihrem bestehenden Zeitplan. Und wenn der vernünftig organisiert ist, sollte der Manager in der Lage sein, all seine Managementaufgaben innerhalb der geplanten Routinen zu erledigen, während zugleich Zeit und geistiger Raum freigesetzt werden, um seine Teams zu unterstützen und zu coachen. Im Grunde sollten Manager in derselben Zeit mehr schaffen und somit ihre Zeit effektiver nutzen können.

> „Eins der Teammitglieder war gegen die sofortige Übernahme der Obeya-Meetings, als wir den Vorschlag gemacht hatten. Doch als wir erklärten, welche Meetings er dann tatsächlich weglassen könnte, weil wir sie durch Obeya-Meetings ersetzen würden, war er vollauf einverstanden."
>
> – Sytze Hiemstra, Tribe Lead

Sobald Sie die Meetings geplant haben, wird sich das Format der Durchführung einer Routine vermutlich deutlich von der Art und Weise unterscheiden, wie Sie Ihre Meetings zuvor abgehalten haben. Bei vielen klassischen Meeting-Formen gibt es eine vom Vorsitzenden oder Moderator vorbereitete Tagesordnung (oder auch nicht), die Themen danach priorisiert, was vom Vorsitzenden gerade als am drängendsten diskutiert wird, nicht selten unter Einfluss anderer Mitglieder des Führungsteams. Auf den Meetings lehnen sich dann alle zurück, während der Vorsitzende die festgelegte Tagesordnung abarbeitet, und warten darauf, dass sie an der Reihe sind, entweder ihre Meinung zu äußern oder relevante Informationen zu einem Thema bereitzustellen. Oft sitzen Sie dann anderthalb Stunden in einem Meeting, bei dem das einzige für Sie relevante Thema so weit unten auf der Tagesordnung stand, dass es wegen langwieriger und mitunter auch hitziger Debatten zu weiter oben stehenden Themen einfach nicht mehr behandelt werden konnte. Und Ihre wertvolle Zeit ist dahin.

> „Durch den Obeya kam mehr Fokus in die Gespräche des Führungsteams. Worüber müssen wir reden und was besprechen wir zuerst? Das fällt zuerst auf, wenn man Teams beim Einstieg in Obeya beobachtet."
>
> – Sven Dill, Agile Coach

Obeya-Meetings sind viel fokussierter und sollten aufgrund des Systemdenkens und des Verantwortlichkeitsprinzips für die meisten Teammitglieder relevant sein. Darüber hinaus priorisieren sie gleich zu Beginn des Meetings die zu diskutierenden Probleme ausgehend von deren Auswirkungen und deren Dringlichkeit, statt eine Tagesordnung abzuarbeiten, die von jemandem aufgesetzt worden ist, der die Person mit der Kontrolle über die Tagesordnung am besten beeinflussen kann. Am wichtigsten ist aber wohl, dass die Meetings im Obeya nicht für ausgiebige Debatten und Meinungen gedacht sind, sondern dafür, auf der Basis verfügbarer Fakten so schnell wie möglich aktiv zu werden und Verantwortung zu übernehmen. Wenn man über Inhalte reden möchte, sollte man höchstens fünf Minuten darauf verwenden, gerade genug Kontext zu schaffen, damit alle das Problem und dessen Kontext verstehen und sich auf die wertvollste Vorgehensweise einigen können. Wenn es mehr

Bedarf gibt, über Inhalte zu sprechen, damit man auf die richtigen Aktionen kommt, ist das in der Regel nur für zwei oder drei Teammitglieder relevant, womit ihre Aktion die Planung eines Folgegespräches ist.

TIPP – Wenn Sie prüfen möchten, ob sich Ihr Rhythmus und Ihre Routine für Ihren Zweck eignen, empfiehlt es sich, dem Führungsteam die folgende Frage zu stellen: „Finden Sie auch, dass alle Probleme, die besprochen werden mussten, rechtzeitig besprochen wurden und zu sinnvollem Handeln geführt haben?" Lautet die Antwort „nein", so entdecken Sie womöglich gerade Raum für Verbesserung – entweder in Ihrem Rhythmus (verfügbar zu sein, um Probleme schneller anzugehen) oder in Ihrer Routine (sie anders anzugehen oder Wege zu finden, schneller aktiv zu werden).

Sorgen Sie bei der Übernahme des Rhythmus und der Routinen dafür, dass Sie die Sitzungen der Teams berücksichtigen, die mit Ihrem Team verbunden sind. Sorgen Sie beispielsweise dafür, dass die operativen Teams zuerst ihr Standup abhalten können, sodass sie danach die Probleme, die Ihrer Unterstützung bedürfen, direkt in Ihr Führungs-Standup im Obeya mitbringen können. Dadurch entsteht ein Flow zwischen den Meetings, der das Tempo und die Effektivität bei der Problembehandlung unterstützt. Das könnte in etwa so aussehen wie auf dem nachfolgenden Beispielplan.

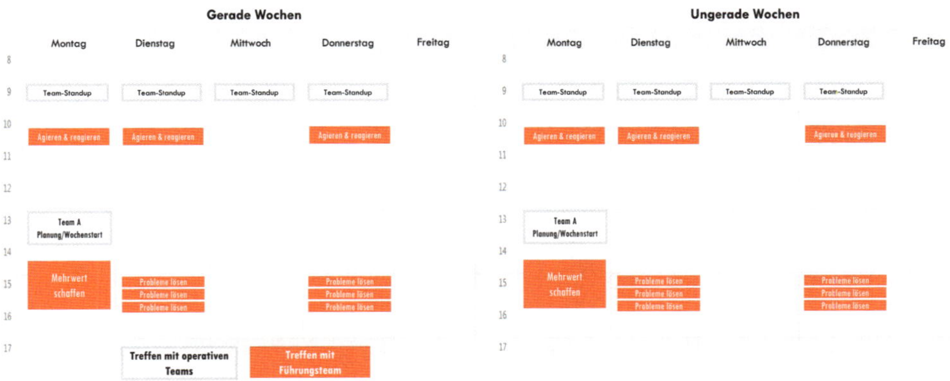

Abbildung 5.4 – Beispieltagesordnung, die die Teilnahme auf zwei Teamebenen miteinschließt

Direkt in die Routinen einsteigen

Nach der ersten Aufbereitung steht der Raum im Prinzip zur Nutzung bereit. Es ist wichtig, die Dynamik aufrechtzuerhalten, also versuchen Sie, bis zur nächsten Woche direkt in die Routinen einzusteigen, auf die man sich in Schritt drei geeinigt hat.

Dem Team sollte auch klar sein, dass die ersten paar Routinen vielleicht nicht so reibungslos ablaufen wie erwartet. Sich an eine Routine zu halten, unterscheidet sich wirklich erheblich von den formlosen Managementteam-Meetings, wie wir sie jahrzehntelang hatten. Wir haben in diesem Buch gelernt, dass hinter der Übernahme einer Routine die Idee steht, dass Sie besser darin werden, je mehr Sie üben. Und genau dieses Üben wollen wir sehen: Lernen und Verbessern.

Wenn Sie können, beginnen Sie mit allen Routinen auf einmal, während Sie gleichzeitig sämtliche alten Meetings abschaffen. Denn je länger sie nebeneinander existieren, desto weniger echten Wert werden Sie daraus ziehen können, was Zeit- und Effektivitätsgewinn betrifft. Der Coach und das Führungsteam können sich zusammensetzen, eine Liste aller existierenden Meetings zusammenstellen und festlegen, wie und wann sie durch die neuen Routinen ersetzt werden.

TIPP – Kennen Sie Shu Ha Ri? (Einzelheiten werden auf der nachfolgenden Seite erklärt.) Ändern Sie die Routinen in der ersten Phase nicht, es sei denn, das ist absolut notwendig. Es gibt einen Grund dafür, dass die Routinen so angelegt sind, und wir müssen zuerst lernen, warum, bevor wir sie ändern sollten. Das gehört zur Herausbildung Ihrer Fähigkeiten. Die Anfangsroutinen sind momentan Ihre bestbekannte Arbeitsweise. Verbessern Sie sie, statt sie abzustoßen.

Zusätzliche Coaching-Unterstützung

Wenn Sie noch nicht gleich einen erfahrenen Coach in Ihrem Team haben, versuchen Sie, einen erfahrenen Coach hinzuzuziehen, der bei den Sitzungen im Hintergrund Schatten-Coaching betreibt. Er sollte sich im Hintergrund halten und seine Beobachtungen mit dem für das Team vorgesehenen Coach besprechen.

Veranstalten Sie eine Retrospektive

Die erste Retrospektive als Teil des Kickstart-Ansatzes gleich von Anfang an zu planen, kann in mehrfacher Hinsicht von Vorteil sein:

- Das Team weiß, wann es die Arbeitsweise beurteilen wird und ist somit in der Lage, bis zu dieser Sitzung auszuharren. In der Zwischenzeit kann es seine Angelegenheit an dem Board ablegen.
- Sie sind sicher, dass sie kommt und nicht wegen verspäteter Planung verschoben wird.
- Ein Rhythmus für Retrospektiven kann nützlich sein, denn so können Teammitglieder ihre Verbesserungen für einen speziellen Moment aufheben. Und es wird nicht auf jeder Sitzung über die Methode diskutiert.

Versuchen Sie, nach etwa zehn Wochen der tatsächlichen Praktizierung der Routinen eine Retrospektive anzuberaumen. Damit sollte das Team genug

Zeit haben, die Routine bis auf ein grundlegendes Kompetenzniveau zu erlernen, die Vorteile zu erleben und zu erkennen, ob die Routine selbst oder die Art ihrer Anwendung geändert werden muss.

Führen Sie die Retrospektive so durch, dass Verbesserungen auf der Stelle implementiert werden. Überstürzen Sie nichts, indem Sie einfach eine halbe Stunde an ein normales Meeting dranhängen und dabei Verbesserungen auf Klebezettel pfeffern. Das vermittelt den Eindruck, als hätte die Implementierung von Verbesserungen nur wenig Priorität, und zudem könnten die Aktionen womöglich nicht rechtzeitig erledigt werden. Die Zeit Ihres Führungsteams ist zu kostbar, um sie mit dem Nachdenken über Verbesserungen zu verschwenden, die gar nicht implementiert werden!

Es ist keine Schande, sich für die erste Retrospektive rund anderthalb Stunden Zeit zu nehmen. In der Regel übernimmt die Leitung in diesem ersten Meeting ein Manager, der Fehlerbehebung aus der Hüfte betreibt und Lösungen für Probleme in die Runde wirft, der daraus eine Sitzung über Emotionen und Subjektivität macht und der gewinnt, weil er die beste Idee für eine Lösung hat, die weitgehend von einem geringeren Teil der Teammitglieder ausgeführt wird. Deshalb kommt man um eine gute Vorbereitung auf die Retrospektive nicht herum:

- Nutzen Sie eine Tagesordnung mit Zeitfenstern.
- Klären Sie gleich zu Beginn, warum Sie Obeya nutzen und was der Ziel-Zustand ist, um sicherzugehen, dass die Verbesserungen auf das fokussiert sind, was *gebraucht* wird (nicht unbedingt auf das, was einige Teilnehmer vielleicht gern *wollen*).
- Sorgen Sie dafür, dass zur Problemlösung die Verbesserungsdenkweise angewendet wird. Vermeiden Sie unklare oder voreingenommene Aussagen wie „das Meeting dauert zu lange" oder „wir sind nicht mehr so effektiv wie früher". Gehen Sie solche Beschwerden an, indem Sie sie in die Perspektive der Herausforderung und des Ziel-Zustandes rücken, und prüfen Sie die sachbezogenen Daten. Wenn Sie das beispielsweise in Schritt drei getan haben, prüfen Sie den alten Terminplan der Führung, um festzustellen, wie viel Zeit da gebraucht wurde.
- Stellen Sie während der Sitzung genug Zeit für die Implementierung der Verbesserungen zur Verfügung (z.B. Zeitfenster für Änderungen des Rhythmus oder der Routine). Nicht implementierbare Verbesserungen sollten jemandem als Aktionsträger zugewiesen werden mitsamt Fälligkeitstermin.

Schätzen sie ihren Lernweg richtig ein – eignen sie sich zunächst die Grundlagen an

Das vielleicht Allerwichtigste, was man bei Obeya im Hinterkopf behalten sollte, ist, dass Rosinenpicken hier nicht funktioniert. Und Sie müssen lernen zu begreifen, wie die Dinge zusammen funktionieren, bevor Sie irgendetwas ändern, denn sonst ruinieren Sie das System. Beim Lean-Konzept gibt es den

Begriff Shu Ha Ri, der sich auf die Verständnisebenen bezieht, die Menschen durchlaufen, wenn sie neue Arbeitsweisen erlernen:

Was (Shu)

Verstehen, *was* man tun muss. Es beginnt mit dem Vertrauen in die Standard-Arbeitsweise und der Befolgung des Standards ohne (versehentliche) Abweichungen. Das Ziel besteht darin, diesen Standard zu automatisieren, sodass er korrekt und natürlich effizient befolgt werden kann. Konzentrieren Sie sich in dieser Phase auf das Vertrauen in den Standard und auf dessen Befolgung, ändern Sie ihn nicht.

Wie (Ha)

Verstehen, *wie* der Standard innerhalb des Systems funktioniert. Wie wirkt er sich auf das Ergebnis der Ziele aus, die wir zu erreichen versuchen? Langsam erkennen wir den Wert des Standards, den wir nutzen, und wir können ihn fast blind befolgen. Nehmen Sie in dieser Phase kleine Verbesserungen vor, sofern Sie welche sehen, aber nur wenn Sie sicher sind, dass Sie keine anderen Teile des Systems zerstören.

Warum (Ri)

Verstehen, *warum*. Wir sehen nicht mehr nur die Auswirkungen, sondern verstehen, warum wir die Dinge so tun, wie wir sie tun. Wir verstehen, wie das System mit all seinen Elementen innerhalb und außerhalb seines Kontexts funktioniert. Der Standard wird befolgt. An diesem Punkt können wir wirkungsvollere Verbesserungen anstoßen und coachen, während wir uns ihrer Auswirkungen auf die Menschen, die Prozesse, die Organisation und die gesamte Wertschöpfungskette bewusst sind.

> „Ich habe schon oft erlebt, dass Menschen Obeya nutzen wollten, weil es cool und angesagt ist. So war es auch bei Scrum, der agilen Methode und der Arbeitsweise von Spotify. Wie ein neuer Trend, dem die Leute meinen folgen zu müssen, um zu zeigen, dass sie auf dem neuesten Stand der Marktentwicklungen stehen. Ich finde, mehr Teams sollten sich erst darüber klarwerden, was sie erreichen wollen, und dann über ein geeignetes Tool oder einen passenden Ansatz nachdenken. Jedes Tool hat ein anderes Rezept und wirkt sich anders auf die Teamdynamik aus. Wenn man sich für das falsche Tool zur Problemlösung entscheidet, so könnte das die Teamleistung beeinträchtigen."
>
> **– Leendert Kalfsbeek, IT-Manager**

Merkmale eines guten Meetings

Ein gutes Meeting sollte durch Folgendes gekennzeichnet sein:

- Klare Verantwortlichkeiten in der Gruppe und Klarheit über Funktionen und die Beteiligung an der Entscheidungsfindung.

- Die Teilnehmer sind willens und in der Lage, ihre Kenntnisse, Erfahrungen und Standpunkte zu teilen, aber auch bereit, diese von anderen anzunehmen.
- Es herrscht von Anfang an Klarheit darüber, ob das Meeting konvergent sein sollte (z.B. Entscheidungen treffen oder die richtige Lösung auswählen) oder divergent (z.B. Ideen generieren oder Lösungserkundung betreiben).
- Teil eines Zyklus aus Planen-Umsetzen-Prüfen-Handeln: für welchen Teil ist das Meeting vorgesehen? Oder bearbeiten wir den gesamten Zyklus in einem einzigen Meeting?

Schritt 7: Kontinuierliche Verbesserung

Machen Sie weiter so!

Sie haben es geschafft! Sie haben die erste Phase der Nutzung von Obeya überlebt. Genug ‚aufgetragen und poliert', jetzt ist es an der Zeit, auf eigenen Füßen zu stehen und zu erkennen, ob Sie die den Bogen der kontinuierlichen Verbesserung raushaben.

Denken Sie daran, so wie im Obeya wird es sonst nirgends gemacht, schließlich verbessern wir uns kontinuierlich! Es gibt auch keine Fähigkeitsreifegrade, die Sie anstreben sollten. Die Reise der kontinuierlichen Verbesserung wird Sie dorthin bringen, wohin Sie gehen müssen, und sie geht nie zu Ende. Das Gute daran: Sie haben sich auf eine Reise begeben, auf der Sie (noch) besser werden bei der Erfüllung Ihres Zweckes für Ihr Berufsleben!

Coaching und Moderation

Transformation ihrer Meeting-Gepflogenheiten

Bei herkömmlichen Meeting-Formen gibt es potenziell jede Menge Verschwendung, zudem haben sie negative Auswirkungen auf uns selbst und unsere Organisation (Lencioni, 2004).* Dazu kommen niedrige Zufriedenheitsquoten und ein ebenso geringer Spaßfaktor.

Im Obeya stehen die Teilnehmer (statt zu sitzen), damit sie aktiv bleiben, und die Themen werden entsprechend ihrer Priorität aufgeworfen, wobei es auf ihren Wert ankommt und nicht darauf, wie wichtig einige Mitglieder sie einstufen. Sehen wir uns ein paar Unterschiede an, die Sie bei der Transformation Ihrer Meetings in Obeya-Meetings zu erwarten haben.

---

* Lencioni, 2004, *Death by Meeting.*

Herkömmliche Meetings	Obeya-Meetings
Fokus auf Inhalt und Entscheidungsfindung mit der Gruppe	Fokus auf Prozess und Aktionen für Entscheidungsträger (die dann Entscheidungen treffen können)
Die Priorisierung der Diskussionen richtet sich nach dem, was der Vorsitzende für das Wichtigste hält	Die Priorisierung der Diskussionen richtet sich nach dem, was sich am stärksten auf den Wert für den Kunden auswirkt (also Probleme zuerst)
Festgelegte Aktionen werden beim nächsten Meeting wieder aufgegriffen	Festgelegte Aktionen werden auf häufigen Standups überwacht, sodass sie nicht unters Radar fallen
Berichte oder PowerPoints werden vor dem Meeting (oder währenddessen) versendet	Visuelle Elemente sind in dem Raum ständig präsent
Manche Meetings werden ad hoc geplant, manche regelmäßig, aber sie werden fast immer überzogen	Alle Meetings werden im Voraus geplant und gehen pünktlich zu Ende, ausgenommen die der Inhaltseigentümer.

Tabelle 5.3 – Herkömmliche Meetings versus Obeya-Meetings

Sich auf Meetings vorbereiten

Zu Beginn eines Obeya-Meetings wünscht man sich so viel wertschöpfende Zeit wie möglich, was die Interaktion und Entscheidungsfindung mit den Teammitgliedern betrifft. Das heißt, dass die Teilnehmer vorbereitet erscheinen. Sie kennen die aktualisierten Informationen in dem Raum, haben sich über die neuesten kontextuellen Entwicklungen informiert und die zu besprechenden Themen durchgesehen.

Zu den ineffektivsten Handlungen im Obeya gehört es, sich erst während des Meetings mit dem visuellen Material vertraut zu machen, denn das verursacht sogleich Wartezeit für die Teilnehmer, die vorbereitet erschienen sind. Außerdem könnte das zu wenig durchdachten Fragen oder Annahmen führen, mit denen die fehlende Vorbereitung (und die Überzeugung, dass Manager alle Antworten kennen sollten) kompensiert werden soll. Wenn Manager sich jedoch vorbereiten, können sie sich ihre Fragen zurechtlegen und Hintergrundprüfungen vornehmen, falls sie sehen, dass etwas fehl am Platz ist. Und das vermeidet wiederum Diskussionen über die Legitimität der visuellen Materialien an der Wand.

Die Wertschöpfung des Meetings ergibt sich nicht aus der Anwesenheit im selben Raum und aus dem Lesen, sondern aus der Konversation, bei der Kontext geteilt, Probleme erkannt und Aktionen und Entscheidungen vereinbart werden, um diese Probleme anzugehen.

Die solidesten Erfahrungen zur Schaffung von Sinn und Erinnerung in unserem Gehirn macht man, wenn eine Person im Obeya einem die Entwicklung einer Situation erklärt, während sie die Informationen über eine Arbeit physisch von einer Stelle zu einer anderen verschiebt. Die Platzierung der Visualisierung wird durch visuelle Vorgaben unterstützt (z. B. ein Zeitrahmen von Juli bis September) und ein Text erläutert den Inhalt der Arbeit, vielleicht mithilfe eines Symbols oder einer Zeichnung, um ihre Bedeutung hervorzuheben.

Abbildung 5.5 – Multi-Aktivierung in Obeya-Sitzungen durch Bewegen, Zeigen und Reden, um Nachdruck zu verleihen

Entscheidungen treffen

Fundierte Entscheidungen zu treffen, ist nicht so leicht, wie es vielleicht aussieht. Oft gibt es zahlreiche Interpretationen und Annahmen, die bei Entscheidungen eine Rolle spielen, vor allem wenn man zuvor nicht an der Diskussion beteiligt war. Mitunter kann die Diskussion so hitzig verlaufen, dass die Qualität der Entscheidung darunter leidet, weil alle zum nächsten Thema übergehen wollen, bevor eine wirkliche Entscheidung gefällt wurde. Hier kommt es dem Moderator zu, dem Team bei der fundierten Entscheidungsfindung zu helfen.

So können Moderatoren dafür sorgen, dass im Meeting fundierte Entscheidungen getroffen werden:

- Bei der Entscheidungsfindung auf Fakten zurückgreifen, nicht auf Meinungen oder Annahmen.
- Auf die visuellen Materialien und Informationen eingehen, die *im* Obeya zu finden sind, nicht auf vermeintliche Fakten, die wir im Moment der Entscheidungsfindung nicht verifizieren können. Wenn wir zu einer bestimmten Art von Informationen eine Entscheidung fällen, brauchen wir sie in unserem Raum (um gute Entscheidungen treffen zu können).
- Im Falle einer umsetzbaren Vereinbarung werden der Aktionsträger (wer) und die Definition von ‚Erledigt' (der Zustand, der erreicht werden soll, wenn die Aktion abgeschlossen ist) festgelegt.
- Es wird geprüft, ob Unterstützung vom Team oder von anderer Seite erforderlich ist, um die Entscheidung in die Praxis umsetzen zu können.

Falsche Konsenseffekte vermeiden

Haben Sie schon einmal an einem Meeting teilgenommen, bei dem das Protokoll des vorangegangenen Meetings besprochen wurde und jemand sagte „darauf haben wir uns aber nicht geeinigt"? Wo dann plötzlich alle aufschauen und sich an ihre Interpretationen der Vereinbarungen erinnern. Oft haben mindestens einer oder zwei Leute eine andere Erinnerung an das, worauf man sich geeinigt hat. Das ist eine Folge einer unklaren Vereinbarung.

Mithilfe seines Moderators kann ein Team falsche Konsenseffekte vermeiden, indem es jede Entscheidung dadurch ins Blickfeld rückt, dass es sie in einem ganzen Satz auf einen blauen, breiten Klebezettel schreibt und diesen dann an der Wand befestigt. Das sollte vorzugsweise am Ende der Diskussion passieren und die Entscheidung sollte laut vorgelesen werden, damit es keine Missverständnisse darüber gibt, was entschieden wurde. Sobald die Vereinbarung getroffen wurde, kann sie auf dem Aktions-Board im Bereich ‚Vereinbarungen' untergebracht werden oder auch an einer anderen sichtbaren Stelle im Obeya, auf die das Team sich einigt.

Compliance und Entscheidungsfindung

Vor ein paar Jahren moderierte ich in einem Obeya, in dem das Team seine Entscheidungen aus Compliance-Gründen protokollieren sollte. Das Team fragte, wie es das machen sollte, weil wir die Entscheidungen des Führungsteams jetzt auf blaue Klebezettel schrieben und an einem Whiteboard befestigten, statt ein E-Mail-Protokoll zu verwenden. Nachdem wir die Optionen mit einem Compliance-Beauftragten besprochen hatten, fanden wir eine ganz simple Lösung. Die Entscheidungen mit der höchsten Einstufung (die sich z.B. auf die Kunden auswirkten, zu erheblichen Investitionen führten oder die Aufmerksamkeit der Medien hervorriefen) konnten wir einfach per E-Mail mit dem Team teilen, indem wir entweder ein Bild von den Entscheidungen machten oder sie in die E-Mail selbst eintippten. Diese einfache Maßnahme genügte als Protokoll. Obendrein fand das Team heraus, dass nur ein Bruchteil seiner Entscheidungen überhaupt ein Protokoll erforderte, wodurch sich sein Aufwand für den Versuch, all seine Entscheidungen formal zu protokollieren, deutlich verringerte.

Durch die nähere Betrachtung der Richtlinien einer Entscheidung auf einem Klebezettel erkannte das Team nicht nur, dass vieles möglich war, wenn man statt formaler Protokollierung Klebezettel nutzte, sondern auch dass die Klärung der Richtlinien zu weniger Verwaltungsaufwand führt.

Wollen Sie Top-Leistungen erbringen? Dann ziehen Sie einen Coach hinzu

Einen Coach zu beschäftigen, bedeutet nicht, dass man seine Arbeit nicht allein hinbekommt. Keinen Coach zu beschäftigen, bedeutet allerdings, dass man sich selbst darauf beschränkt, nur so schnell zu wachsen, wie man Zugang zu seiner System-2-Denkweise hat. Wenn Sie in Ihrer Organisation ein Top-Leistungsträger sind, nutzen Sie Ihr System 2 wohl hauptsächlich dafür, Krisen zu bekämpfen und Dinge zu erledigen, während Ihre eigenen Überlegungen vom hektischen Alltag weggefegt werden. Jede Sportmannschaft hat einen Coach. Die Fehler bei anderen zu sehen, ist immer einfacher, und obendrein sind wir uns nicht immer dessen bewusst, wie unser Verhalten von dem abweicht, wie wir uns eigentlich verhalten wollen. Manchmal nehmen wir uns vor, mit alten Gewohnheiten zu brechen, und wir könnten eine sanfte (oder kräftige) Gedächtnisstütze gebrauchen, wenn wir es nicht tun. Vielleicht müssen wir uns der Gewohnheiten bewusst werden, die wir an uns gar nicht wahrgenommen haben.

Nicht jeder steht dem Coaching so selbstverständlich positiv gegenüber. Erklärungen dafür lauten beispielsweise „Was kann ich schon von dieser Person lernen?“, „Ich bin zu beschäftigt für ein Coaching“ oder „Ich arbeite am besten allein“. Treten wir einen Schritt zurück und gehen wir davon aus, dass das menschliche Ego im traditionellen Managementgebaren so herausgebildet wurde, dass die Person der Ansicht ist, als Manager alle Antworten kennen zu müssen. Da das Lernen Teil unserer Arbeit ist und nicht obendrauf kommt, sollten wir nicht länger glauben, dass wir alles wissen müssen, und eine Coaching-Routine institutionalisieren, die uns nicht nur hilft, bessere Manager zu werden, sondern auch selbst Coaches zu werden, damit wir wiederum Mitglieder unserer Teams coachen können.

Eine effektive Führungskraft, die den Leuten um sich herum hilft, sollte tun, was jeder gute Coach tut: Fragen stellen, die den Sportler durch den Lernprozess geleiten, ihm sein Verhalten bewusst machen und helfen, einen Weg zu seinen eigenen Lernzielen zu finden. Gleichzeitig ermutigt eine effektive Führungskraft ihre Schützlinge, neue Arten der Problembetrachtung anzuwenden, sodass diese lernen, Voreingenommenheit zu vermeiden und strukturell an Problemen zu arbeiten. Auf diese Art werden sie kreativere und fähigere Problemlöser und werden praktisch in die Lage versetzt, diese Fähigkeit auch an andere in Ihrer Organisation weiterzugeben.

Das Team im Obeya zu coachen, ist im Grunde ziemlich unkompliziert. Wenn Sie die Routinen und die Verbesserungsdenkweise in Ihrem System verankert haben (nach ein paar Jahren Praxis), sind Sie bereits auf einem guten Weg, ein effektiver Coach im Obeya zu werden. Kenntnisse und Erfahrungen im Einzel- und Teamcoaching sind ein großes Plus.

Wenn Sie in Ihrer Organisation nicht über diese Fähigkeiten verfügen, wird Ihnen ein externer Coach beim Einstieg hilfreich sein. Der Ziel-Zustand muss allerdings sein, dass das Coaching eine Fähigkeit ist, die innerhalb der Organisation entwickelt wird. Sie könnten sich von einer internen Gruppe engagierter Coaches auf die Sprünge helfen lassen, aber denken Sie daran, dass die Coaching-Fähigkeit Teil der Führungskompetenzen sein sollte, damit Sie skalieren können.

Das Coaching und Moderieren eines Führungsteams kann eine schwierige Aufgabe sein, vor allem wenn man es mit verbalen Schnelldenkern und Alpha-Tieren* zu tun hat. Wichtig ist, stetig über das (Team-) Verhalten nachzudenken und dem Team effektiv durch die Routine zu helfen.

Es dauert locker fünf Jahre, ein wirklich kompetenter Coach zu werden. Toyota nutzt dieses Modell schon seit geraumer Zeit und baut Management- und Coaching-Kompetenzen von innen auf, statt Manager von außen zu gewinnen (Rother, 2009). Daher gibt es dort vielleicht das größte Coaching-fähige Führungsteam der Welt.

Virtuelles Obeya und Zusammenarbeit auf Distanz

Wie wir gelernt haben, sollte der Obeya so eingerichtet und genutzt werden, dass er unser Gehirn bei der effektiven Entscheidungsfindung unterstützt. Am besten werden unser Gehirn und unsere Interaktion mit Inhalten und Teamkollegen in einem physischen Obeya unterstützt, wenn man also in einem großen Raum gemeinsam sieht, lernt und handelt.

Wenn wir zusammen in einem Raum stehen können, läuft die verbale und non-verbale Kommunikation wie von selbst und die kraftvolle Wirkung der visuellen Materialien an der Wand ist unverkennbar. Denn hier passiert die Magie im Obeya.

Doch was soll man machen, wenn man nicht gemeinsam in einem Raum stehen kann?

* Der Begriff Alpha-Tier kommt aus der Tierwelt und bezieht sich auf den Anführer einer Gruppe, der zur Führungsperson wird, indem er sich anderen gegenüber dominant verhält. In unserem Kontext sind die Alpha-Tiere nicht physisch, sondern verbal dominant, rechthaberisch, sie arbeiten mit Strafen (Groll) und Belohnungen für das Verhalten anderer.

Was Virtualisierung und Team-Interaktion betrifft, sollten wir drei Obeya-Formen unterscheiden:

Lokal – Ein physischer Raum an einem Ort, wo sich das Führungsteam persönlich trifft. Informationen können physisch oder digital auf Bildschirmen präsentiert werden (ersteres wird allerdings bevorzugt).

Hybrid – Die Leute treffen sich entweder in dem Raum oder nehmen aus der Ferne per Videokonferenz teil. Der physische Raum wird dadurch zugänglich oder kann virtuell und/oder physisch an einen anderen Ort gespiegelt werden. Damit die Teilnehmer aus der Ferne die Informationen an der Wand sehen und mit ihnen interagieren können, wird ein zentrales (digitales) Archiv geschaffen, oder man richtet eine virtuelle Version des Obeya ein, die genauso aussieht wie der echte.

Virtuell – Der Raum existiert nur virtuell und die Leute treffen sich so weit wie möglich in einem Sitzungsraum oder nehmen aus der Ferne teil. Es gibt keinen physischen Raum für den Obeya. Hier ist es wichtig, dass der Obeya möglichst dem physischen Original ähnelt und sich auch so anfühlt. Das heißt, dass Informationen aus verschiedenen Quellen (Informationssystemen) an einer zentralen ‚Wand' geteilt werden, die einen optimalen visuellen Flow ermöglicht, wie er in diesem Buch beschrieben wird.

Von diesen drei Optionen haben die physische Zusammenarbeit mit dem Team in einem Raum und die Interaktion mit den Inhalten auf Papier absoluten Vorrang. Die Menschen interagieren und verbinden sich einfach besser miteinander, wenn sie im selben Raum sein können. Was die Arbeit mit den Informationen an den Wänden angeht, können die Vielfalt der Interaktion, das Tempo und der mühelose Gebrauch von Papier und Whiteboard-Wänden auf einem Bildschirm erweitert werden, aber das ist einfach (noch) nicht dasselbe Niveau.

Nun, vielleicht haben Sie ja keine Wahl. Worauf müssen Sie also achten, wenn Sie zu einem hybriden oder virtuellen Obeya wechseln? Hier ein paar Tipps:

Tipp 1 – Sorgen Sie mit einem Context Sharing System dafür, dass ihr virtueller Obeya aussieht wie der Echte

Nicht ohne Grund haben Sie beim Betreten eines Obeya das Gefühl, in den visuellen kollektiven Gedankenraum des Führungsteam zu spazieren, das ihn benutzt. Dieses Gefühl bekommen Sie nicht, wenn Sie sich an einem Bildschirm Excel-Tabellen, Powerpoints und Portfolio-Tools anschauen. Obgleich letztere grundsätzlich das Material einfangen, das Sie im physischen Obeya sehen, und wahrscheinlich auch dessen Quelle sind, liegt der Zauber in der Art und Weise, wie diese Informationen extrahiert, visualisiert und mit allem anderen im Obeya in einen Kontext gebracht werden.

Aber wie schaffen Sie es, dass Ihr virtueller Obeya genauso aussieht wir der echte? Das lässt sich mit einem – wie ich es nenne – ‚Context Sharing System' bewerkstelligen. Anders als ‚Informationssysteme', die bestimmte Informationen speichern, verarbeiten und präsentieren, sind solche Context Sharing Systems speziell im Hinblick auf die Nutzung von visuellem Management entwickelt worden. Sie starten mit einem leeren Feld, ähnlich einem physischen Whiteboard oder einer weißen Wand. Dann kann der Nutzer Linien, Strukturen und Bilder hinzufügen, um dieselbe visuelle Struktur zu erstellen wie im realen Obeya. Per Drag & Drop von Bildern, PDFs oder Excel-Tabellen lassen sich Inhalte ganz einfach in die virtuelle Obeya-Struktur einfügen. Zu guter Letzt können auch noch Teamkollegen hinzugefügt werden, die ihre eigenen Informationen aktualisieren, Sitzungen moderieren und Gäste in den Obeya einladen können.

Tools, die das Teilen von Kontext in einer Whiteboard-ähnlichen Umgebung erleichtern, sind beispielsweise iObeya, Miro, Mural und Nureva.

Wenn Sie es tatsächlich hinbekommen, dass Ihr virtueller und Ihr physischer Obeya gleich aussehen, so wird das für das Team von Nutzen sein, da es so auf sein Vorwissen und sein räumliches Gedächtnis des Obeya bauen kann, um sofort zu wissen, wo die Informationen an den Wänden angebracht sind. Das verbessert nicht nur die Benutzerfreundlichkeit deutlich, sondern begünstigt auch eine Übernahme der virtuellen Lösung und maximiert die Vorteile der Anwendung der visuellen Managementstruktur des Obeya. Wenn Ihr Team teilweise oder hauptsächlich aus weit verstreuten Teilnehmern besteht, könnte es sich lohnen, sowohl den virtuellen als auch den physischen Obeya einzurichten und zu pflegen.

Denken Sie nicht, dass es übermäßig viel Zeit kosten wird, sowohl einen virtuellen als auch einen physischen Obeya zu pflegen, denn sämtliche Informationen sind sogleich verfügbar und das Nachverfolgen von Änderungen an den Obeya-Wänden, ob virtuell oder physisch, sollte eh weitgehend auf den Sitzungen erledigt werden, damit sie von einem kompetenten Moderator erfasst und verwaltet werden können, der dafür sorgt, dass Änderungen sowohl im physischen als auch im virtuellen Obeya in Echtzeit vorgenommen werden.

Tipp 2 – Sorgen Sie bei Audio und Video für Top-Qualität

So trivial es auch erscheinen mag, eine erstklassige Audio- und Video-Qualität bei Ihren Online-Sitzungen bringt dem Team wirklichen Mehrwert. Das ist aus zwei Gründen wichtig:

1. Je besser das Team in der Lage ist, einander so gut zu sehen und zu hören wie im echten Leben, desto besser, denn das wird besagte ‚Bindung und Interaktion' soweit wie möglich bewahren. Sorgen Sie also für einen guten Aufbau mit passender Beleuchtung, einer guten Kamera und gutem Sound. Je mehr Sie den Eindruck erwecken können, alle stünden beieinander, desto besser. Dieser Effekt wird oft noch durch ‚Mirroring' verstärkt, was zum Beispiel gelingen kann, wenn Sie an beiden Enden der Leitung dieselben Räume, Wand-Layouts, Tische etc. nutzen. Dann wirkt es so, als wäre Ihr Bildschirm ein ‚Spiegel' in den anderen Raum hinein, wodurch der sich ‚näher' anfühlt.

2. Andersherum ist es wichtig, in Sachen Audio und Video jegliche Ablenkungen zu vermeiden. Schon kleinste Geräusche, Mikroruckler oder visuelle Störungen ziehen direkt etwas von der wertvollen Verarbeitungsleistung Ihres Gehirns ab und stören auch die anderen Meeting-Teilnehmer. Dieser Verlust an Verarbeitungsleistung passiert vielleicht unbemerkt, kann Sie aber bei der Online-Sitzung sehr ermüden. Ganz deutlich kann er zutage treten, wenn Sie einander beispielsweise nicht mehr hören können, weil ein Teilnehmer sein Mikrofon nicht auf stumm geschaltet hat und es deshalb zu viele Hintergrundgeräusche gibt.

Bei einer guten Audio- und Videonutzung geht es um zwei Dinge: (1) die Leute haben das richtige Equipment und den geeigneten physischen Raum, um sich online zu treffen, (2) die Leute kennen die Funktionen von Hardware und Software und können damit umgehen.

Es lohnt sich für die Führung, etwas Zeit und Geld in die Ausstattung der Teilnehmer mit dem richtigen Equipment zu investieren. Sie sollte außerdem dafür sorgen, dass alle eine Basisschulung in der Anwendung der Funktionalitäten dieser Tools bekommen, damit sie in der Lage sind, in bestmöglicher Art und Weise an den Obeya-Sitzungen teilzunehmen.

Tipp 3 – Eine gute Moderation gewährleisten

Einen fähigen Moderator zu bestimmen, ist bei einer Online-Zusammenarbeit vielleicht noch wichtiger. Diese Person sollte sich auf jeden Fall bestens mit den Tools auskennen, die Sie zur Zusammenarbeit nutzen, um anderen zu helfen. Der Moderator kann ebenfalls dabei helfen, Meetings mit dem Kommunikations-Tool zu planen und durchzuführen und mit den Informationen im Obeya zu interagieren.

Mit den bereits besprochenen Context-Sharing-Tools hat der Moderator oft zusätzliches ‚Equipment' für die Moderation, wie etwa Timer oder die Fähigkeit, alle Teilnehmer in bestimmte Bereiche des Obeya zu beordern.

Während der Meetings sollte man sich zusätzlich darum bemühen, dass die Teilnehmer miteinbezogen werden, dass jeder zu Wort kommt, dass Aktionen und Entscheidungen ordnungsgemäß in den vorgesehenen Bereichen abgelegt werden etc.

Hybride und virtuelle Obeyas machen gerade einen großen Entwicklungssprung und es gibt noch einiges zu erwarten in Bezug auf die Möglichkeiten der erweiterten und virtuellen Realität zum Scannen von QR-Codes etc. Mehr zu diesen Entwicklungen und einen Vergleich der Tools gibt es in meinem Blog unter ObeyaCoaching.com.

Abschließend noch ein paar Insider-Tipps

Ausgehend von meinen Erfahrungen und meinen Gesprächen mit anderen Obeya-Coaches und Führungskräften, habe ich hier noch ein paar Tipps, die so manchen Stolperstein zu umgehen helfen. Bedenken Sie dabei, dass viele Tücken und Tipps in diesem Buch bereits behandelt worden sind, dies also keine vollständige Liste ist.

Führungs- und Mitarbeiterengagement sichern

Die Wand muss widerspiegeln, wie das Team die Funktionsweise seines Systems zum Erreichen der strategischen Ziele versteht. Ist das Team nicht involviert, wird das auf keinen Fall passieren. Versuchen Sie, möglichst viel Mitgestaltung zu unterstützen. Dasselbe gilt für die Einbeziehung der operativen Teams. Wenn die tagein tagaus ihrer Arbeit nachgehen, diese aber nicht mit dem in Verbindung bringen können, was sich im Obeya ihres Managers abspielt, haben Sie das Prinzip der Kaskadierung nicht richtig verstanden.

Vertrauen aufbauen

Führungsteams sollten ihre Absicht, Obeya zu implementieren, proaktiv kommunizieren. Wenn es in der Organisation an Vertrauen mangelt, wenn beispielsweise in der Vergangenheit KPIs als Belohnungs- oder Bestrafungssystem genutzt worden sind, können Sie sicher sein, dass die Teams die Obeya-Initiative mit einer gesunden Portion Misstrauen betrachten werden.

Das klare Ziel des Führungsteams sollte darin liegen, durch Transparenz Vertrauen aufzubauen – vermutlich ist das der Schlüssel zu allen Transformationen, wenn Sie sie zum Erfolg führen wollen, aber vor allem zu Lean- bzw. agilen Transformationen, die durchaus auch schon dafür missbraucht wurden, Personal zu entlassen.

Sorgen Sie für Zustimmung und machen Sie es gleich beim ersten Mal richtig

Wenn Sie Ihre Arbeitsweise transformieren und deshalb mit der Nutzung von Obeya beginnen möchten, sorgen Sie dafür, dass die Erwartungen an das Obeya-Konzept klar sind. Hier können Sie sich des Referenzmodells bedienen, um den Ziel-Zustand der Nutzung von Obeya mit dem Führungsteam zu erklären, sodass sie die Unterschiede und Auswirkungen begreifen, die es auf ihre derzeitige Arbeitsweise haben wird.

Sie müssen voll und ganz dahinterstehen. Meiner Erfahrung nach ist es nicht produktiv, das Ganze mit Rosinenpicken anzugehen (z.B. zuerst nur das Aktions-Board zu implementieren, danach die Leistungswand einzurichten etc.), und obendrein führt das zu einem raschen Abfall oder völligen Fehlen von Effektivität, womit auch das versprochene Ergebnis der Arbeit mit Obeya ausbleibt.

Wenn Sie sich die Rosinen herauspicken, werden die Leute keine umfassende Vorstellung von der Funktionsweise des Obeya bekommen und das Gefühl haben, dass die Vorteile für sie begrenzt sind. Das Führen mit Obeya, wie es in diesem Buch beschrieben wird, erfordert die Übernahme eines kompletten Systems. Wenn Sie sich nur eine oder zwei Komponenten davon aussuchen, werden Sie feststellen, dass das System nicht läuft.

Einmal habe ich persönlich miterlebt, dass einer der Manager aus dem Team, nachdem auf Wunsch des Seniorchefs nur das Aktions-Board im Obeya errichtet worden war, nach nur drei Wochen erklärte: „Bei uns funktioniert der Obeya nicht, ich sehe keinen Mehrwert darin, wir sollten den Laden wieder auf herkömmliche Art schmeißen."

Ich bemerkte, dass dieser Manager keine Ahnung von Obeya hatte, obwohl alle eine ausführliche Einführung in das Konzept erhalten hatten. Nun haben wir ja, wenn wir nur das Aktions-Board nutzen, gerade mal ein Fünftel der visuellen Bereiche des Obeya! So wurde das Konzept, schon bevor das Ganze richtig losging, als gescheitert hingestellt, soweit es den Manager anging, und der hatte großen Einfluss auf das Team. Stellen Sie also sicher, dass das Team weiß, worauf es sich einlässt, und schüren Sie Erwartungen für die bevorstehende Reise.

Informationsaufnahme durch das Team

Das visuelle Management im Obeya zielt darauf ab, das Team zu unterstützen. Gleichwohl bringt es niemandem etwas, wenn Sie jede Information, die Sie in die Finger bekommen, an die Wand klatschen, denn das führt nur zu einem unstrukturierten Übermaß an Informationen. Informationen sollten schlüssig zusammengefasst und präsentiert sowie strukturiert und in akzeptabler Weise genutzt werden, damit das Team sie effektiv verarbeiten kann.

Die Fähigkeit des Teams, die verfügbaren Informationen zu konsumieren, ist immer der primäre Maßstab für die Zulassung visueller Materialien. Ich habe schon gehört, wie Besucher von einem Obeya behauptet haben, dass er bei weitem zu komplex wäre. Deshalb noch einmal: wenn ein Managementteam regelmäßig in dem Raum arbeitet, gewöhnt sich deren Gehirn daran und sieht somit die Struktur und die Logik dahinter viel müheloser.

Allerdings wäre es das Beste für jedes Team, das neu in Obeya einsteigt, mit den ganz grundlegenden Informationen anzufangen, im weiteren Verlauf auf diese aufzubauen und sie zu erweitern, wobei eine zumutbare Übernahmerate durch alle Mitglieder des Teams eingehalten wird.

Vorsicht vor Überproduktion

Diese Diskussion kann zu übergroßen Obeyas mit vielen Einzelheiten von der Führung bis hin zu den operativen Teams führen. Deshalb müssen aufwändige Aktualisierungen vorgenommen werden und so gelangt statt einer Wertschöpfung eine administrative Überlast in die Organisation. Wenn Teams andererseits versuchen, die die Dinge (zu) klein zu halten, laufen sie Gefahr, vor einem aktualisierten Bereich des Obeya zu stehen und weder die Probleme visuell ausmachen zu können, noch deren Ursprung oder die Verantwortlichen. Und damit sind sie nicht in der Lage, eine produktive Sitzung durchzuführen, weil sie eigentlich nur vermuten können, wo sich ein Problem oder eine potenzielle Verbesserung wirklich versteckt.

Die Auswahl der richtigen Informationen hängt in erster Linie von dem Ziel, den Beteiligten, dem Kontext und den next-in-line für Ihren Obeya ab.

Nachdem die Informationen auf eine Baseline gebracht worden sind, und während sich das Team an die Informationen an den Wänden gewöhnt und mehr damit arbeitet, werden die Leute auch feststellen, dass sie im Kopf noch genügend Kapazitäten haben, um detailliertere Informationen zu verarbeiten, mit deren Hilfe sie auf ein sinnvolles und machbares Level gelangen, auf dem sie noch mehr bewirken können. Das wird mit der Zeit merklich besser, und deshalb empfiehlt es sich, auf einem Level zu beginnen, auf dem das Team einen Überblick darüber bekommt, wie die Dinge im Hinblick auf ihre Ziele laufen, und dann die Problemerkennung zu nutzen, um zu sehen, ob auf ihrem Level der Visualisierung noch detailliertere Informationen benötigt werden.

Auseinandersetzungen über die Informationen an der Wand

Wenn die Informationen an der Wand nicht aktualisiert sind oder wenn deren Richtigkeit bezweifelt wird, kann es nur eine Vorgehensweise geben, um überflüssige Konversationen im Team zu vermeiden: die Grundursache für den verspäteten oder inkorrekten Bericht ermitteln und dafür sorgen, dass sie beim nächsten Meeting besprochen wird. Wenn die Informationen korrekt sind, es aber Fragen gibt, die eine weitere Vertiefung in die Fakten erfordern, um zu einer vernünftigen Antwort zu gelangen, sollte die Diskussion so bald wie möglich beendet und Aktionen zur weiteren Klärung der Zahlen vereinbart werden. Sind diese Aktionen auf dem Aktions-Board registriert, kann das Team noch vor dem nächsten Meeting den Fortschritt verfolgen.

Eine wichtige Regel zur Vermeidung inhaltlicher Auseinandersetzungen besteht darin, dass der Inhaltseigentümer die Informationen selbst platziert (oder zumindest für die Platzierung verantwortlich ist).

Die wahre Herausforderung liegt darin, das visuelle Material so zu nutzen, dass es das Team in einem Dialog unterstützt, durch den es seine derzeitige

Position auf dem Weg zum Erreichen seiner strategischen Ziele erfassen und natürlich auf dem Weg mögliche Probleme aufdecken kann.

Bezüglich der visuellen Materialien und Routinen im Obeya Verschwendung vermeiden

Es empfiehlt sich, stets auf eine eventuelle Verschwendung im Obeya zu achten. Ich habe Teams erlebt, die wiederholt eine Stunde pro Woche dafür aufbringen mussten, ihre Portfoliowand zu aktualisieren, nur um nicht eine Sekunde dafür zu verwenden, sie während des Portfoliowand-Meetings zu nutzen oder auch nur anzuschauen. Warum also überhaupt die Informationen aktualisieren? Um zu verhindern, dass man in verschwenderischer Weise den nicht-wertschöpfenden Verwaltungsaufwand aus dem herkömmlichen PPT-Bericht an die Obeya-Wand verlagert, besinnen wir uns noch einmal darauf, warum wir überhaupt Informationen an die Wand bringen:

1. Um unseren Fortschritt im Hinblick auf unsere strategischen Ziele zu verstehen und mit unseren Teamkollegen Kontext zu schaffen;
2. Um Probleme zu erkennen, die wir verbessern müssen, um unsere Ziele besser zu erreichen;
3. Um zu lernen und die Fähigkeit zu verbessern, unsere Ziele zu erreichen.

Sobald das im Team gefestigt ist, muss der Inhaltseigentümer seiner Verantwortung gerecht werden und die Informationen tatsächlich aktualisieren, verbessern und darstellen. Das kann zwar delegiert werden, aber um Kontext zu schaffen, muss ein Eigentümer immer in der Lage sein, den übrigen Teilnehmern die Geschichte des visuellen Elements zu erklären. Versäumt er das, so läuft es auf eine Verschwendung für das Meeting und somit auch für andere Teilnehmer hinaus.

Es kommt in allererster Linie darauf an, die richtigen Informationen zu finden, die wirklich wichtig sind und für das Meeting Mehrwert schaffen. Sie werden merken, dass das der Fall ist, wenn die Informationen genutzt werden, um während der Updates und Diskussionen den Kontext zu unterstützen, und vor allem, um Probleme zu erkennen. Wenn beispielsweise die Auswirkungen eines verspäteten Features oder Meilensteins an der Änderungs-Portfoliowand diskutiert werden, würde man von den Teilnehmern erwarten, dass sie sich die Wand genauer anzuschauen, um eventuelle Konsequenzen der verspäteten Lieferung dieses Meilensteins für andere Meilensteine zu erkennen.

Knüpfen Sie an ihr bestehendes Führungsmodell an, um die Effektivität zu maximieren

Die Art und Weise, wie Sie Ihre Organisation führen, steht damit in Zusammenhang, wie Sie Zuständigkeit, Verantwortlichkeit und Autorität verteilen. Diese werden in Funktionen, Prozessen und Richtlinien verteilt und in Ad-hoc- oder strukturellen Meetings ausgeübt. Im Obeya wird sich Ihr

Führungsmodell auf dieser Ebene nicht sehr verändern, wobei vielleicht etwas besser sichtbar wird, wer wofür verantwortlich ist und wer an welchem Meeting teilnehmen sollte. Allerdings wird es in Sachen Meeting-Struktur definitiv ein paar Änderungen geben. Außerdem wollen Sie in diesen Meetings die Autorität sicher so verteilen, dass Sie die Entscheidungen schnell treffen können oder die Entscheidungen auf eine Ebene bekommen, auf der ihnen schnell Taten folgen können.

Schlusswort und Danksagungen

Dieses Buch ist mein gelungenster Versuch, die Dinge, die ich im Laufe der Jahre durch Lesen, Experimentieren und Gespräche mit anderen Coaches und Nutzern von Obeya gelernt habe, in etwas zu übertragen, das Ihnen helfen wird, hinter die visuellen Materialien an der Wand eines Obeya zu blicken.

Ich hoffe, es hat Ihnen geholfen zu verstehen, wozu Obeya fähig ist, wenn es zur Führung von Organisationen eingesetzt wird. Die Arbeit mit Obeya betrifft so viele Aspekte, und einige der Denkweisen und Methoden, die ich in diesem Buch behandelt habe, konnten wir bestenfalls streifen. Ich ermuntere Sie dazu, sich mit ihnen zu beschäftigen und mit Ihrem Team zu lernen, zu experimentieren und an ihnen zu arbeiten.

Ich hoffe, dieses Buch hat Ihr Interesse an der Arbeit mit Obeya und der Maximierung des menschlichen Führungspotenzials in Ihren Führungsteams geweckt. Es gibt auf diesem Gebiet und in den vielen Aspekten von Führung noch so viel mehr zu entdecken. Ich glaube, wir werden im Zusammenhang mit Obeya in Zukunft noch etliche großartige Entwicklungen im Führungsmetier sehen.

Wenn Sie jetzt inspiriert sind, mit Ihrem Team zu experimentieren und das Obeya-Konzept zu entwickeln, und wenn uns das hilft, die Menschheit auf die nächste Stufe zu heben, indem es die Führung bei der Schaffung von Organisationen unterstützt, die einen besseren und verantwortungsvolleren Einfluss auf unsere Welt ausüben, dann hat dieses Buch seine Mission erfüllt!

Dank an alle, die in irgendeiner Weise zu diesem Buch beigetragen haben

Ich möchte ein paar anderen Menschen dafür danken, dass sie mir in den Jahren meiner Arbeit an diesem Buch geholfen haben, mitunter sogar schon bevor ich mich ernsthaft dem Schreiben gewidmet habe. Sie haben mir geholfen, mein Verständnis von Obeya und von Führung zu entwickeln, und deshalb möchte ich ihnen für die Zeit danken, in der wir gemeinsam Ideen ausgetauscht und über Erkenntnisse nachgedacht haben – in zufälliger Reihenfolge:

Mein besonderer Dank geht an:

- Meine Eltern Hans und Janny Wiegel, dafür dass ich tagelang in dem Haus schreiben durfte, in dem ich aufgewachsen bin, und auch für ihre Hilfe bei der Reflexion über Ideen und der Verbesserung des Referenzmodells.
- Bart Stofberg und Pieter Krop für den Spaß und die wertvollen Lernerfahrungen mit Barts ‚Success Breakdown Structure'. Diese Erfahrungen

haben in großem Maße zu den Überlegungen beigetragen, über die ich in diesem Buch schreibe.

- Koen de Keersmaecker, für die coolen Zeichnungen in diesem Buch und die gemeinsame Leidenschaft für Obeya.
- David Bogaerts, Liedewij van der Scheer, Paul Wolhoff, Leendert Kalfsbeek, Jannes Smit, Ingeborg ten Berge, Annemiek Quirijns und Nienke Alma für die Gelegenheiten, bei der ING Bank gemeinsam zu sehen, zu lernen und zu handeln, sowie für die Interviews mit mir.
- Emiel van Est, dafür dass er mich die Toyota Kata und das Verbesserungsmuster gelehrt hat, und für die wertvolle Kritik an den Ideen in diesem Buch.
- Benjamin de Jong und Sytze Hiemstra für ihre Geschichte über ihre Obeya-Reise, die für sie nach dem Training im Sommer 2019 begann.
- Sven Dill und Jeroen Venneman für ihre inspirierenden Worte und dafür, dass sie sich Zeit genommen haben, ein Interview mit mir zu führen. Sven hat darüber hinaus einen wichtigen Beitrag zum Entstehen der deutschen Ausgabe geleistet, indem er die Übersetzung auf seine fachliche Richtigkeit überprüft hat.
- Die Teilnehmer des Obeya Knowledge Network (Meetup- und LinkedIn-Gruppen) für ihr Feedback zu den Ideen, die ich für dieses Buch hatte.
- Fred Mathyssen für seine Zeit, in der er mir von seinen umfangreichen Erfahrungen mit Obeya als Seniorchef von Nike erzählt hat, und für das Interview als Beitrag zu diesem Buch.
- Steve Bell für die Durchsicht des Buches und dafür, dass er sich Zeit für die Korrespondenz und den Gedankenaustausch genommen hat. Besonders möchte ich ihm dafür danken, dass er mich überzeugt hat, Obeya stärker mit den OKRs in Beziehung zu setzen und speziell auf Hoshin Kanri zu verweisen. Er hat mir auch geholfen, wichtige Aspekte der strukturierten Problemlösung zu erkennen, die hervorgehoben werden mussten. Steves umfassendes Wissen und seine Erfahrungen mit Lean-Konzepten und vor allem auch mit Obeya waren überaus hilfreich und inspirierend für einige Abschnitte in diesem Buch.
- Mieke Storms-Wiegel, meiner wunderschönen Frau, für ihre endlose Geduld mit mir, ihre Hilfe beim Nachdenken über die Ideen und ihre fortwährende Unterstützung für mich und meine verrückte Ambition, ein Buch schreiben zu wollen. Sie ist zweifellos der Grund dafür, dass dieses Buch die Ziellinie erreicht hat. ;-)

Glossar

Agil Die agilen Werte und Prinzipien, wie sie im Agile Manifesto beschrieben sind (agilemanifesto.org).

Autorität Sie können Entscheidungen über etwas treffen.

Bereich Eine Stelle im Obeya, an dem die visuellen Materialien so platziert werden, dass sie die kognitiven Fähigkeiten des Teams unterstützen.

DevOps Eine Bewegung von Lean- und agilen Praktikern, die die Prinzipien und Methoden mit Technologie und Automation kombinieren, wie im *Das DevOps Handbuch* beschrieben.

Ergebnismetrik Misst das Ergebnis im Hinblick auf eine strategische Kompetenz oder ein Ziel. Sie ist ein Ergebnis zugrunde liegender Elemente Ihres Systems, die Sie mittels einer oder mehrerer unterstützender Metriken messen können.

Führungsform Die Art und Weise, wie Sie in Ihrer Organisation die Führung organisiert haben – mit der Verteilung von Verantwortlichkeit, Zuständigkeit und Autorität.

Führungskraft Jeder, der sich verantwortlich fühlt, andere Menschen zu einem bestimmten Ziel zu führen. In diesem Buch betrachten wir das Führen von anderen Menschen (einschließlich sich selbst), Teams und Organisationen vom Standpunkt der Führungskraft.

Führungs-Obeya Ein Obeya, der zum Führen von Organisationen in der weitgefassten Definition genutzt wird (also über ein einzelnes Produkt oder Projekt hinaus).

Führungsteam Das Team, dessen vorrangiges Ziel darin besteht, die Organisation zu führen (wenn es nur ein Team gibt, wird das mit den Zuständigkeiten des operativen Teams kombiniert).

Heuristik Denkwege, die wir gern einschlagen, wenn wir getriggert werden.

Kaskade In diesem Buch meinen wir damit einen Flow an Verantwortlichkeiten durch die Organisation hindurch.

Kata Stammt aus der Kampfkunst, bedeutet: „Form" und wird beim Lehren von Fähigkeiten genutzt. Im Obeya wird es genutzt, um zu lehren, wie man mit den Informationen in den Bereichen arbeitet.

Kognition Unsere Fähigkeit festzustellen, was wirklich passiert.

KPI Key Performance Indicator, eine Metrik mit einer Zielvorgabe oder Zielsetzung, die das Ergebnis von etwas misst. Leider übergeht sie oft die Art und Weise, wie das Ergebnis festgelegt wird, und knüpft allzu oft an persönliche Leistungen von Leuten, weshalb die Zahl wahrscheinlich manipuliert wird.

Lean Die Interpretation der Arbeitsweise von Toyota, wie sie von zahlreichen Autoren in Büchern wie *The Machine That Changed the World*, *The Toyota Way* und *Lean Thinking* beschrieben wurde.

Metrik Alles, was gemessen werden kann, um zu studieren, zu lernen und sich zu verbessern.

Operatives Team Teams, die die eigentliche Arbeit verrichten, die für Kunden Mehrwert schafft.

Referenzmodell Bezieht sich auf das Führen mit Obeya-Referenzmodell.

Scrum Ein Referenzmodell, um in der Software-Entwicklung agile Arbeitsweisen zu übernehmen.

Unterstützende Metrik Diese Metriken nutzen wir, um die Teile des Systems aufzudecken, die uns helfen, im Hinblick auf die strategischen Kompetenzen bessere Ergebnisse zu erzielen. Die unterstützenden Metriken repräsentieren die Teile des Systems, die wir meinen, beeinflussen zu können, um ein besseres Ergebnis zu erzielen. Das Ergebnis wird dann in den Ergebnismetriken gemessen.

Team In diesem Buch ist damit das Führungsteam gemeint.

Transformationsansatz Sieben Schritte, die kombiniert oder über längere Zeit verteilt werden können und die dabei helfen, die Arbeitsweise eines Teams effektiv zu transformieren, indem bestimmte Fallstricke umgangen werden.

Verantwortlichkeit Menschen (oder Sie selbst) verlassen sich darauf, dass Sie sich darum kümmern, es kann nicht delegiert werden.

Verantwortlichkeit/Zuständigkeit Sie sind dafür zuständig, sich auf bestmögliche Art darum zu kümmern, sie kann von jemandem mit der Endverantwortlichkeit delegiert werden.

Visuelle Bereiche Die Bereiche, die im Führen mit Obeya-Referenzmodell zu sehen sind.

Voreingenommenheit/Verzerrung Verknüpfungen in unserem Gehirn, die uns beim Überleben helfen, aber auch dazu neigen, unser bewusstes Denken, unser Lernen und unsere Fähigkeit, effektive Entscheidungen zu treffen, negativ zu beeinflussen.

Endnoten

1 Toyota (2017): „The Story Behind the Birth of the Prius, Part 2", https://global.toyota/en/ detail/20209735
2 Greimel, H. (2012): „Takeshi Uchiyamada helped pilot Toyota through turbulent times", https://www.autonews.com/article/20120521/OEM02/305219959/takeshi-uch-yamada-helped-pilot-toyota-through-turbulent-times
3 Sutherland, J. (2008): „The First Scrum: Was it Scrum or Lean?", https://www.scruminc. com/is-it-scrum-or-lean/
4 Lamonte, B. & Niven, P. R. (2016): *Objectives and key results: driving focus, alignment, and engagement with OKRs*, John Wiley & Sons, Hoboken, NJ.
5 Wikipedia.org, https://en.wikipedia.org/wiki/Strategy
6 Leicht adaptiert von: Johnson, S. (2019): „What is the Meaning of Organizational Strategy?", https://smallbusiness.chron.com/meaning-organizational-strategy-59427.html
7 Rigby, D. & B. Bilodeau (2018): „Management Tools & Trends", https://www.bain.com/insights/management-tools-and-trends-2017/
8 Kruse, K. (2012): „What is Employee Engagement", https://www.forbes.com/sites/kevinkruse/2012/06/22/employee-engagement-what-and-why/
9 Beck, R. & J. Harter (2014): „Why Good Managers Are So Rare", https://hbr.org/2014/03/why-good-managers-are-so-rare
10 Wiegel, T.P. (2020): Leadership Systems Survey 2020.
11 Psychology Today, https://www.psychologytoday.com/intl/basics/burnout
12 Wiegel, T.P. (2020): Leadership Systems Survey 2020.
13 Kim, G. & P. Debois et al. (2013). *The DevOps Handbook: How to Create World-Class Agility, Reliability, and Security in Technology Organizations*. IT Revolution Press, Portland, OR.
14 Larman, C.: „Larman's Law of Organizational Behavior", https://www.craiglarman.com/wiki/index.php?title=Larman%27s_Laws_of_Organizational_Behavior
15 Stofberg, B. (2017): *Iedereen kan innoveren. Stuur op innovatievermogen en niet op innovatie.* Uitgeverij Haystack, Zaltbommel, Niederlande.
16 Taleb, N.N. (2012). *Antifragile: Things That Gain from Disorder.* Random House, New York, NY.
17 Volksgezondheidszorg.info: „Toekomstige trend overspannenheid en burn-out door demografische ontwikkelingen", https://www.volksgezondheidenzorg.info/onderwerp/overspannenheid-en-burn-out/cijfers-context/trends#node-toekomstige- trendoverspannenheid-en-burn-out-door-demografische-ontwikkelingen
18 Robbins, S. & T.A. Judge (2013): *Organizational Behavior.* Pearson, London, UK. S. 11, Reference 13.
19 Kahneman, D. (2006): *Thinking, Fast and Slow.* Farrar, Straus & Giroux, New York, NY.
20 Benson, B. (2016): „Cognitive bias cheat sheet", https://medium.com/better-humans/cognitive-bias-cheat-sheet-55a472476b18
21 Horgan, S. (2016): „Defeating the Delmore Effect", https://seanhorgan.wordpress.com/2016/10/25/defeating-the-delmore-effect/
22 Wikipedia.org, https://en.wikipedia.org/wiki/Hyperbolic_discounting
23 Kahneman, D. (2006): *Thinking, Fast and Slow.* Farrar, Straus & Giroux, New York, NY.
24 Bocian K. & B. Wojciszke (2014): „Self-Interest Bias in Moral Judgments of Others' Actions", https://journals.sagepub.com/doi/abs/10.1177/0146167214529800
25 DeAngelis, T. (2003): „Why we overestimate our competence", https://www.apa.org/monitor/feb03/overestimate
26 Attolico, L. (2018): *Lean Development and Innovation: Hitting the Market with the Right Products at the Right Time.* Routledge, London, UK.
27 Wikipedia.org, https://en.wikipedia.org/wiki/Motivational_salience

28 Franco-Santos, M. & M. Bourne (2008): „The impact of performance targets on behaviour: A close look at sales force contexts", https://dspace.lib.cranfield.ac.uk/bitstream/handle/1826/4222/Impact_of_performance_targets_on_behaviour.pdf;sequence=1

29 Franco-Santos, M. & M. Bourne (2008): „The impact of performance targets on behaviour: A close look at sales force contexts", https://dspace.lib.cranfield.ac.uk/bitstream/handle/1826/4222/Impact_of_performance_targets_on_behaviour.pdf;sequence=1

30 Haslam, S.A., S.D. Reicher & M.J. Platow (2010): *The New Psychology of Leadership: Identity, Influence and Power.* Psychology Press, London, UK.

31 Haslam, S.A., S.D. Reicher & M.J. Platow (2010): *The New Psychology of Leadership: Identity, Influence and Power.* Psychology Press, London, UK.

32 Robbins, S. & T.A. Judge (2013): *Organizational Behavior.* Pearson, London, UK.

33 Wiegel, T.P. (2020): Leadership Systems Survey 2020.

34 Gharajedaghi, J. (2006): *Systems Thinking: Managing Chaos and Complexity: A Platform for Designing Business Architecture.* Morgan Kaufmann, Burlington, MA.

35 Hutchins, D. (2008): *Hoshin Kanri, The Strategic Approach to Continuous Improvement,* Routledge, London, UK.

36 Taleb, N.N. (2012): *Antifragile: Things That Gain from Disorder.* Random House, New York, NY.

37 Elmansy, R. (2017): „How to Create the Systems Thinking Diagrams", https://www.designorate.com/system-thinking-diagrams/

38 Witten, I.B. & E.I. Knudsen (2005): „Why Seeing is Believing: Merging Auditory and Visual Worlds", https://www.cell.com/neuron/fulltext/S0896-6273(05)00885-8

39 Wikipedia.org, https://en.wikipedia.org/wiki/Visual_system

40 Robbins, S. & T.A. Judge (2013): *Organizational Behavior.* Pearson, London, UK.

41 Robbins, S. & T.A. Judge (2013): *Organizational Behavior.* Pearson, London, UK.

42 Todd, J.J. & R. Marois (2004): „Capacity limit of visual short-term memory in human posterior parietal cortex", https://www.nature.com/articles/nature02466

43 Masai, P. (2017): „Modelling the Lean organization as a complex system. Computational Complexity".

44 Rother, M. (2009): *Toyota Kata.* McGraw-Hill, New York, NY.

45 Gladwell, M. (2018): „Malcolm Gladwell Demystifies 10,000 Hours Rule", https://www.youtube.com/watch?v=1uB5PUpGzeY

46 Liker, J.T. (2004): *The Toyota Way, 14 Management Principles from the World's Greatest Manufacturer.* McGraw-Hill, New York, NY.

47 Kahneman, D. (2006): *Thinking, Fast and Slow.* Farrar, Straus & Giroux, New York, NY.

48 Sutherland, J. & B. Bennett (2007): *The Seven Deadly Wastes of Logistics: Applying Toyota Production System Principles to Create Logistics Value.*

49 Taylor, F.W. (1911): *The Principles of Scientific Management.* Harper & Brothers, New York/London.

50 Deming, W.E. (1993): *The New Economics for Industry, Government, and Education.* MIT Press, Cambridge, MA. S. 135.

51 Chakravorty, S.S. (2010): „Where Process-Improvement Projects Go Wrong", https://www.wsj.com/articles/SB10001424052748703298004574457471313938130

52 Shook, J. (2008): *Managing to Learn: Using the A3 Management Process to Solve Problems, Gain Agreement, Mentor and Lead,* Lean Enterprise Institute US, Boston, MA.

53 Rother, M. (2009): *Toyota Kata.* McGraw-Hill, New York, NY. S. 17-18

54 devopsdays, Detroit (2017), 28. September

55 Marquet, L.D. (2013): *Turn the Ship Around!: A True Story of Turning Followers into Leaders.* Portfolio, New York, NY.

56 McDermott, R. (1980): „Profile: Ray L. Birdwhistell", *Kinesis report,* Bd. 2, Nr. 3.

57 Greimel, H. (2012): „Takeshi Uchiyamada helped pilot Toyota through turbulent times", https://www.autonews.com/article/20120521/OEM02/305219959/ takeshiuchiyamada-helped-pilot-toyota-through-turbulent-times

58 Buckingham, M. (1999): *First, Break All The Rules: What the World's Greatest Managers Do Differently*. Gallup Press, Princeton, NJ.
59 Sinek, S. (2009): *Start with Why: How Great Leaders Inspire Everyone to Take Action*. Penguin Random House, New York, NY.
60 Lencioni, P. (2002): *The Five Dysfunctions of a Team: A Leadership Fable*. Jossey-Bass, Hoboken, NJ.
61 Johnson, G., K. Scholes & R. Whittington (2009): *Fundamentals of Strategy with MyStrategyLab*. Prentice Hall, Upper Saddle River, NJ.
62 Kniberg, H. & Ivarsson, A., 2012: 'Scaling Agile @ Spotify with Tribes, Squads, Chapters & Guilds', blog.crisp.se
63 Department of Trade and Industry (2015): „Achieving Best Practice in Your Business: Quality, cost, delivery: measuring business performance", https://www.industryforum. co.uk/wp-content/uploads/sites/6/2015/07/QCD.pdf
64 Deming, W.E. (1993): *The New Economics for Industry, Government, and Education*. MIT Press, Cambridge, MA. S. 135.
65 Ridgway, V.F. (1956): „Dysfunctional Consequences of Performance Measurements", *Administrative Science Quarterly*, Bd. 1, Nr. 2, S. 240-247.
66 Ries, E. (2013): *The Lean Startup: How Today's Entrepreneurs Use Continuous Innovation to Create Radically Successful Businesses*. Currency, New York, NY.
67 Shook, J. (2008): *Managing to learn: using the a3 management process to solve problems, gain agreement, mentor & lead*, Lean Enterprise Institute US, Boston, MA.
68 Pink, D. (2009): Drive: *The Surprising Truth About What Motivates Us*. Riverhead Books, New York, NY.
69 Kahneman, D. (2006): *Thinking, Fast and Slow*. Farrar, Straus & Giroux, New York, NY.

Über den Autor

Tim Wiegel ist ein engagierter Obeya-Coach, der die bahnbrechenden Veränderungen innerhalb von Teams aus erster Hand miterlebt hat – wenn Strategie zu sinnvollem Handeln und Leistung führt.

Er verfügt über mehr als zehn Jahre Coaching- und Beratungserfahrungen aus seiner Arbeit in Banken, öffentlichen Diensten, im Gesundheitswesen, in der Regierung, der Industrie und in Telekommunikationsunternehmen. Als er erkannte, dass die Probleme bei vielen seiner angefragten Projekte tiefer lagen, begab er sich 2012 auf eine Lernreise über Lean- und agile Arbeitsweisen. Richtig Klick gemacht hat es aber erst 2014, als er auf dem Lean IT Summit in Paris von Obeya hörte. Seither hat er studiert, experimentiert und Teams beim Einstieg in Obeya geholfen – von Start-ups bis in die Vorstandsetagen.

Tim hat viele Teams erlebt, die die erstaunliche Bemerkung gemacht haben: „Wir können uns gar nicht mehr vorstellen, wie wir unsere Organisation ohne Obeya geführt haben". *Führen mit Obeya* baut auf ein breites Spektrum von Erfahrungen und Erkenntnissen aus Tims gesamter Karriere auf und liefert Führungsteams einen auf dem gesunden Menschenverstand basierenden Ansatz, mit dem sie in dieser Welt etwas bewegen können.

Tim leitet ein Coaching-Netzwerk, das unter ObeyaCoaching.com Trainings und Coachings anbietet und eine wachsende Gemeinschaft interessierter Menschen dazu anregt, ihre Organisationen mit Obeya zu führen.